AF306970

Yamuna Manimuthu
Karthika Kumarasamy

A elegância da teoria dos grafos

Yamuna Manimuthu
Karthika Kumarasamy

A elegância da teoria dos grafos

Como uma chave de encriptação

ScienciaScripts

Imprint

Any brand names and product names mentioned in this book are subject to trademark, brand or patent protection and are trademarks or registered trademarks of their respective holders. The use of brand names, product names, common names, trade names, product descriptions etc. even without a particular marking in this work is in no way to be construed to mean that such names may be regarded as unrestricted in respect of trademark and brand protection legislation and could thus be used by anyone.

Cover image: www.ingimage.com

This book is a translation from the original published under ISBN 978-620-6-17261-1.

Publisher:
Sciencia Scripts
is a trademark of
Dodo Books Indian Ocean Ltd. and OmniScriptum S.R.L publishing group

120 High Road, East Finchley, London, N2 9ED, United Kingdom
Str. Armeneasca 28/1, office 1, Chisinau MD-2012, Republic of Moldova, Europe
Printed at: see last page
ISBN: 978-620-6-20976-8

Copyright © Yamuna Manimuthu, Karthika Kumarasamy
Copyright © 2023 Dodo Books Indian Ocean Ltd. and OmniScriptum S.R.L publishing group

A elegância da teoria dos grafos

- Como uma chave de encriptação

Prefácio

A criptografia é uma parte vital do atual sistema de informação, que inclui desde o correio eletrónico às comunicações móveis, do acesso à Web ao dinheiro digital. Num futuro próximo, à medida que as comunicações se orientam mais para as redes informáticas, a criptografia tornar-se-á mais essencial. Os utilizadores honestos causam mais ameaças, pois escrevem as suas palavras-passe, dão-nas a familiares e amigos e deixam os sistemas ligados. A parte mais difícil da criptografia é fazer com que o homem comum a utilize, convencendo-o da sua necessidade. Consequentemente, os sistemas de segurança são muitas vezes ameaçados pelos seus utilizadores. Qualquer sistema de segurança concebido será utilizado durante, pelo menos, alguns anos. Por isso, é sempre melhor ter mais segurança do que aquela de que necessitamos atualmente. A cifra inquebrável é o principal objetivo da criptografia atual. Muitas técnicas novas são desenvolvidas para este fim. A maior parte delas envolve algoritmos matemáticos fortes e a sua implementação num hardware ou software.

A criptografia combina vários domínios da matemática: Teoria dos números, teoria das probabilidades, álgebra abstrata e teoria dos grafos, entre outras. Os bons criptógrafos sabem que não há substituto para anos de análise. Os modelos utilizados com menos frequência podem ser uma boa ideia para começar com modelos menos ameaçadores. Neste livro, utilizámos a nossa compreensão e os nossos conhecimentos em matemática para desenvolver uma nova técnica criptográfica que utiliza basicamente relações parcialmente ordenadas e a teoria dos grafos. Acreditamos que este modelo proporcionará uma nova dimensão para explorar e utilizar a matemática numa dimensão diferente.

O Capítulo - 1 fornece as notações e definições básicas necessárias para uma leitura confortável do livro.

O Capítulo - 2 apresenta um breve resumo de diferentes técnicas criptográficas que utilizam a teoria dos grafos como ferramenta. Neste estudo, apresentamos algumas destas técnicas e algoritmos de criptografia, que utilizam a teoria dos grafos como parte dinâmica. O inquérito também fornece pormenores sobre grandes matemáticos e criptógrafos que desempenharam um papel crucial no crescimento da criptografia.

No Capítulo - 3, uma nova técnica de encriptação de uma sequência de ADN é modelada utilizando relações e grafos parcialmente ordenados.

M. Yamuna, K. Karthika

maio de 2023

ÍNDICE

Capítulo - 1

Preliminares

Nesta secção, fornecemos as definições básicas necessárias para uma leitura confortável do livro. Referimo-nos a [1] [2] para estas definições. Para a maioria das imagens deste capítulo, referimo-nos ao Wolfram Math World [3].

Gráfico

Um grafo G é definido como G = (V, E), em que V = { v_1 , v_2 , ..., v_n } representa um conjunto de vértices e E = { e_1 , e_2 , ..., e_m } um conjunto de arestas. Um vértice é definido como um ponto no plano bidimensional e uma aresta é uma linha que liga dois vértices. O grau de qualquer vértice de um grafo é definido como o número de arestas incidentes em qualquer vértice. Um grafo ponderado é aquele em que são atribuídos pesos às arestas do grafo.

Instantâneo - 1.1 apresenta um exemplo de um gráfico.

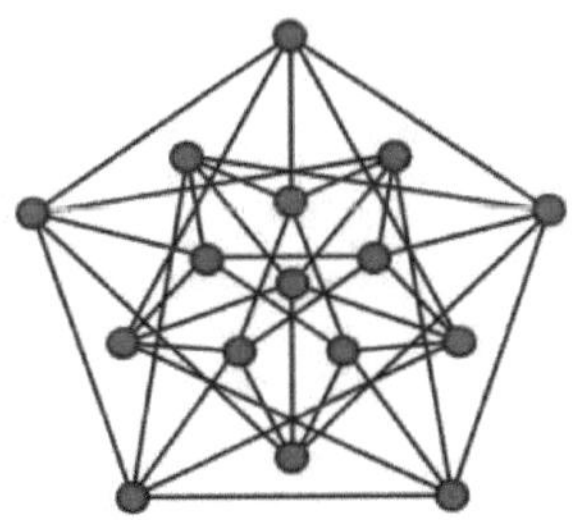

Instantâneo - 1.1

Passeios, percursos e circuitos

Uma trajetória P_n com n vértices é definida como uma sequência alternada de vértices e arestas que começa e termina num vértice, em que um vértice e uma aresta são traçados exatamente uma vez. O número de arestas de um caminho é definido como o comprimento do caminho. Um caminho fechado é designado por ciclo. Um ciclo com n - vértices é designado por C_n. Um percurso é definido como uma sequência alternada de vértices e arestas que começa e termina num vértice. Num percurso, um vértice pode ser repetido mais do que uma vez, se necessário.

Instantâneo - 1.2 apresenta exemplos de ciclos.

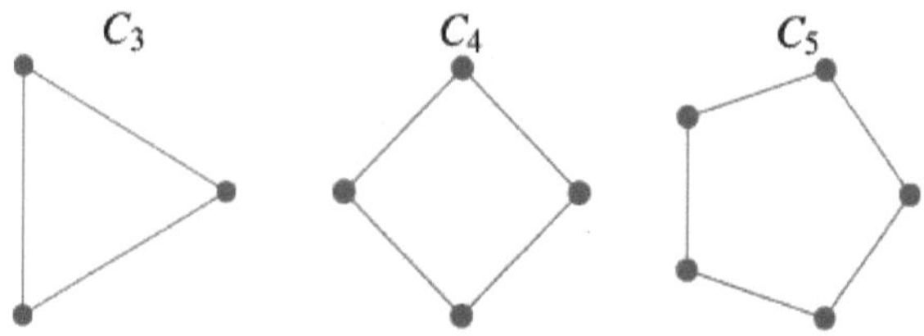

Instantâneo - 1.2

Gráfico completo

Um grafo completo K_n com n - vértices é um grafo em que existe uma aresta entre cada par de vértices.

Instantâneo - 1. 3 fornece exemplos de gráficos completos.

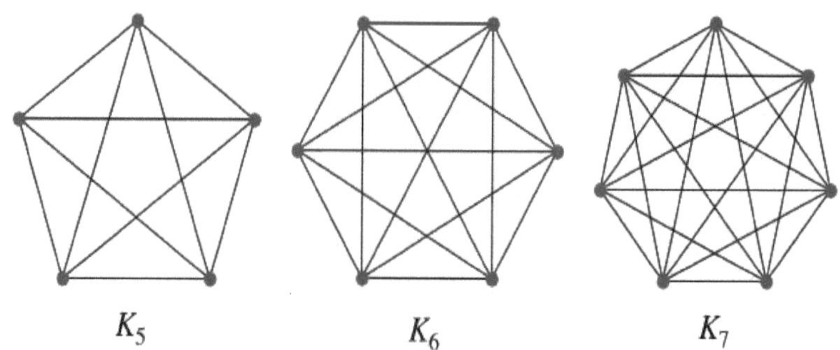

Instantâneo - 1.3

Gráfico Hamiltoniano

Um grafo G é definido como um grafo hamiltoniano, se G tiver um circuito que cubra todos os vértices de G. Um caminho num grafo G que cubra todos os vértices de G é chamado um caminho hamiltoniano.

Instantâneo - 1. 4 apresenta exemplos de gráficos hamiltonianos.

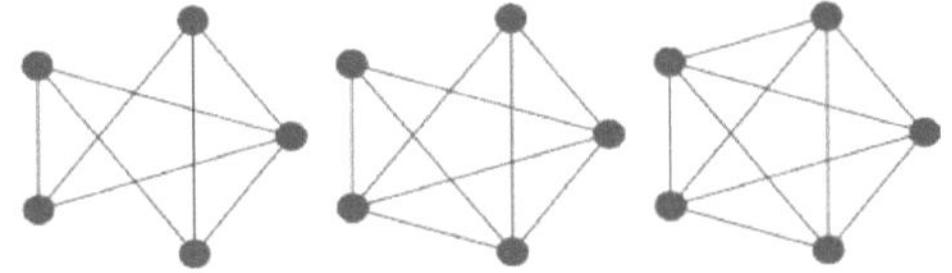

Instantâneo - 1.4

Gráfico de Euler

Diz-se que um grafo G é de Euler, se G tem um percurso fechado que cobre todas as arestas de G.

Instantâneo - 1.5 apresenta exemplos de gráficos de Euler.

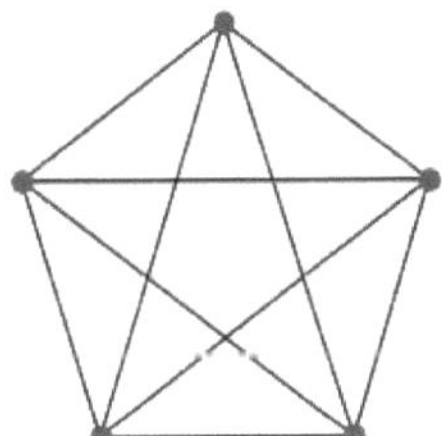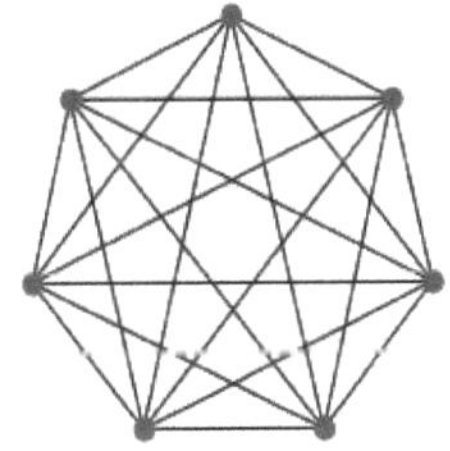

Instantâneo - 1. 5

Gráfico cúbico

Se todos os vértices de um grafo tiverem grau 3, o grafo é designado por grafo cúbico.

Instantâneo - 1. 6 apresenta exemplos de gráficos cúbicos.

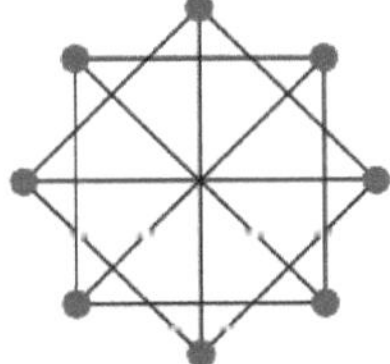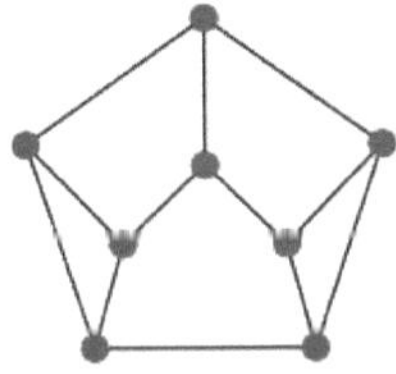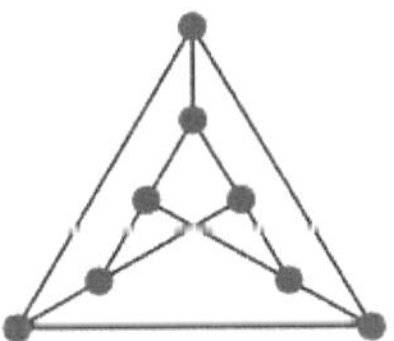

Instantâneo - 1. 6

Gráfico Corona

O grafo corona $G_1 \odot G_2$ de dois grafos G_1 (com n vértices$_1$ e m arestas$_1$) e G_2 (com n vértices$_2$ e m arestas$_2$) é o grafo obtido tomando n cópias$_1$ de G_2 e juntando o vértice i^{th} de G_1 com todos os vértices da cópia i^{th} de G_2 . A Fig. 1.1 apresenta um exemplo de gráfico corona de G_1 e G_2 .

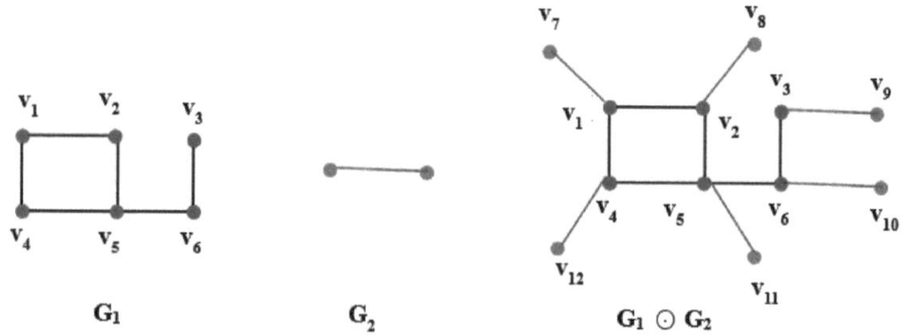

Fig. 1.1

Árvore de varrimento mínimo ponderado

Uma árvore é um grafo conexo, sem circuitos. Uma árvore de cobertura para um grafo é um subgrafo de G, ou seja, uma árvore que cobre todos os vértices de G. Para um grafo ponderado G, uma árvore de cobertura mínima ponderada é uma árvore de cobertura para G com o mínimo peso possível.

Os gráficos da Fig. 1.2 apresentam uma árvore, uma árvore de extensão para um grafo G (a negrito), um grafo ponderado e a sua árvore de extensão ponderada mínima (em linhas a negrito).

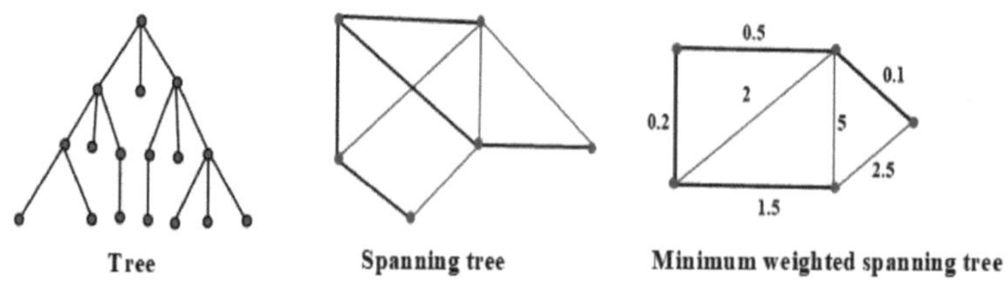

Fig. 1.2

Matriz de Adjacência

A matriz de adjacência A = [a_{ij}] de um grafo G com n - vértices e e - arestas é definida como uma matriz n x n tal que

$$a_{ij} = \begin{cases} 1 & \text{if there is an edge between vertex } v_i \text{ and } v_j \\ 0 & \text{otherwise} \end{cases}.$$

Instantâneo - 1.7 apresenta exemplos de grafos e das suas matrizes de adjacência.

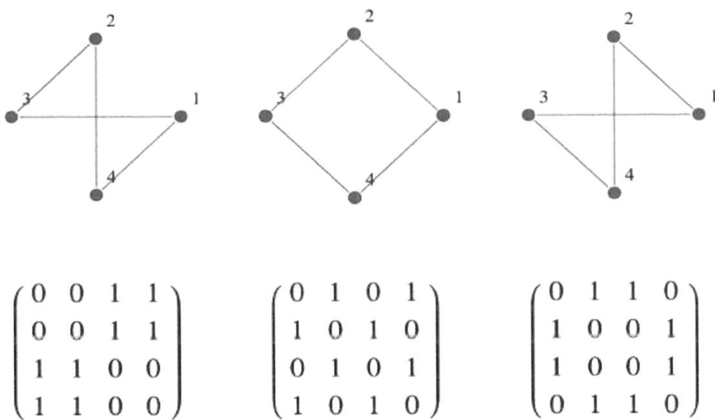

$$\begin{pmatrix} 0 & 0 & 1 & 1 \\ 0 & 0 & 1 & 1 \\ 1 & 1 & 0 & 0 \\ 1 & 1 & 0 & 0 \end{pmatrix} \qquad \begin{pmatrix} 0 & 1 & 0 & 1 \\ 1 & 0 & 1 & 0 \\ 0 & 1 & 0 & 1 \\ 1 & 0 & 1 & 0 \end{pmatrix} \qquad \begin{pmatrix} 0 & 1 & 1 & 0 \\ 1 & 0 & 0 & 1 \\ 1 & 0 & 0 & 1 \\ 0 & 1 & 1 & 0 \end{pmatrix}$$

Instantâneo - 1.7

Rotulagem de gráficos

Na teoria dos grafos, a rotulagem é um processo através do qual são atribuídos pesos aos vértices e/ou arestas do grafo. As etiquetas são atribuídas com base em determinadas regras. Por exemplo, na rotulagem graciosa, para qualquer grafo G = (V, E) os vértices recebem rótulos de 1 a | V | e as arestas recebem a diferença positiva dos rótulos dos dois vértices sobre os quais incidem. Da mesma forma, existem muitos tipos de etiquetagem na literatura da teoria dos grafos, em que são utilizadas diferentes propriedades para atribuir etiquetas [4].

A Fig. 1.3 apresenta exemplos de rotulagem graciosa de K_3 e K_4.

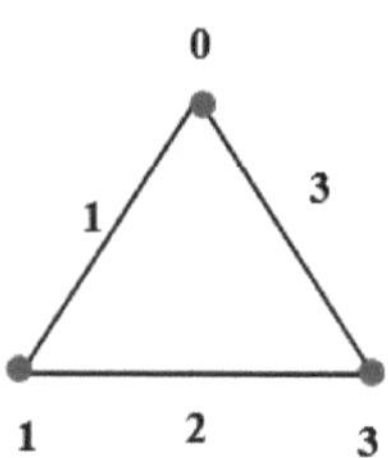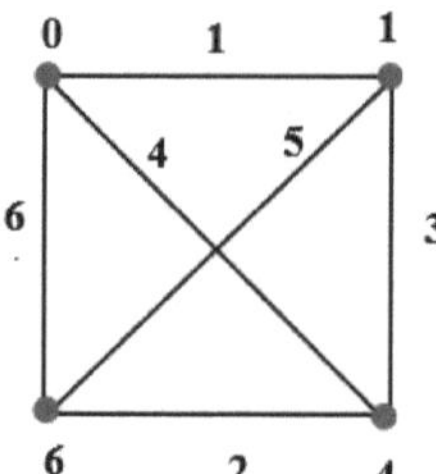

Fig. 1.3

Conjunto dominante

Um conjunto D$\subseteq$ V (G) para qualquer grafo G é considerado um conjunto dominante se todos os vértices de V - D forem adjacentes a pelo menos um vértice de D. A cardinalidade do conjunto dominante mínimo possível para qualquer grafo G é definida como o número de dominação de G [5].

A Fig. 1.4 apresenta um exemplo de conjunto dominante e de conjunto dominante mínimo. Os vértices circulados pertencem a um conjunto dominante.

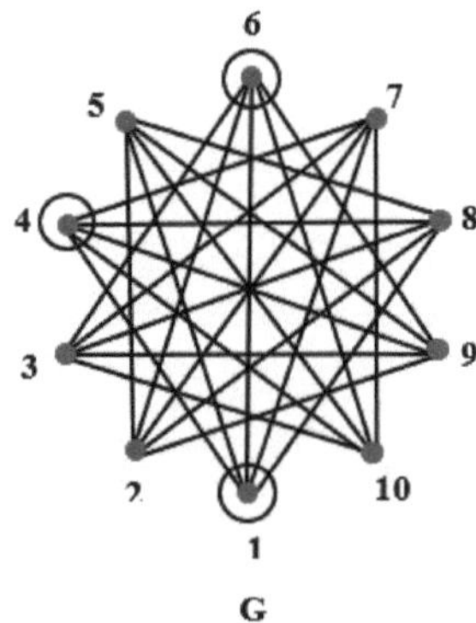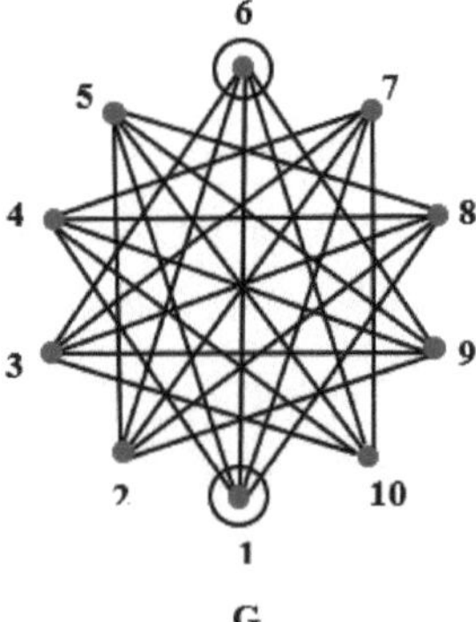

Fig. 1.4

Número cromático

Diz-se que um grafo G está corretamente colorido se não houver dois vértices adjacentes de G com a mesma cor. O número cromático de G é o número mínimo de cores necessárias para uma coloração correcta de G.

Os gráficos do Instantâneo - 1.8 estão corretamente coloridos. Os números cromáticos também são apresentados.

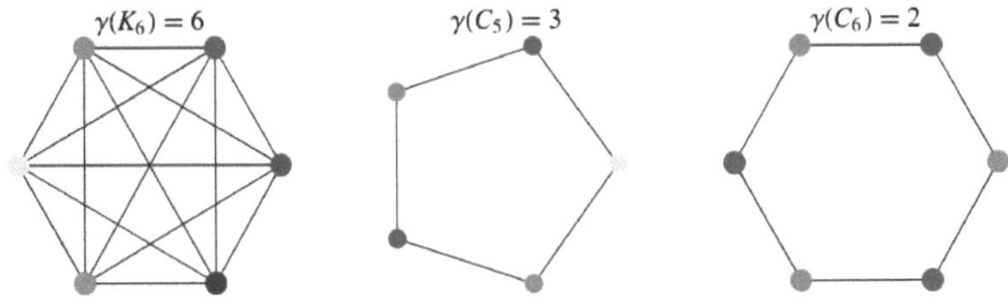

Instantâneo - 1. 8

Gráfico da roda

Um grafo de roda W_n de ordem n, é um grafo que contém um ciclo de ordem C_{n-1} e para o qual cada vértice do grafo no ciclo está ligado a um outro vértice do grafo conhecido como o centro.

Os gráficos do Instantâneo - 1.9 apresentam exemplos de gráficos de rodas.

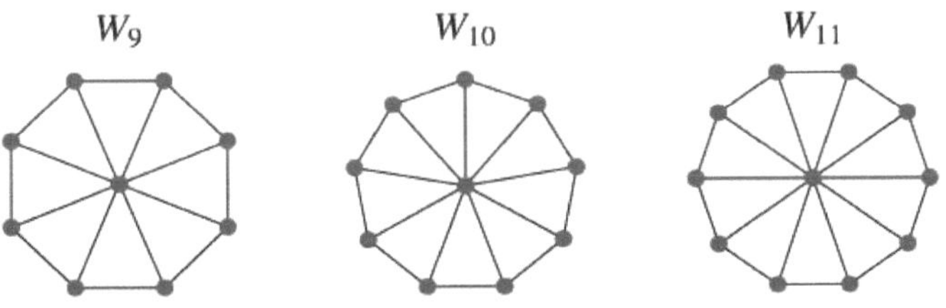

Instantâneo - 1. 9

Gráfico de fãs

Um grafo de fã é $F_{m,n}$ é definido como a junção do grafo $\overline{K_m} + Pn$, onde $\overline{K_m}$ é o grafo vazio em m nós e P_n é o grafo de caminho em n nós.

Os gráficos do Instantâneo - 1. 10 apresentam exemplos de gráficos de ventoinhas.

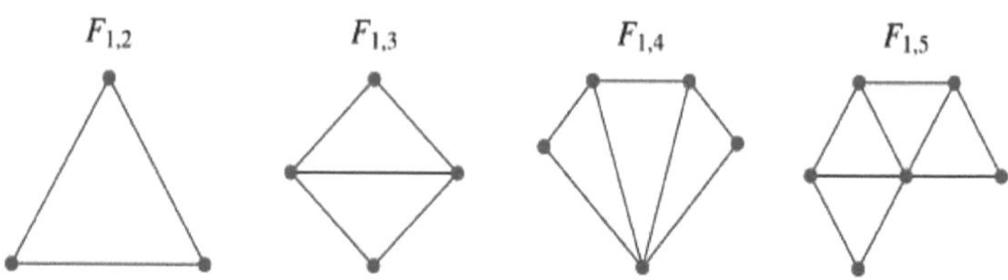

Instantâneo - 1.10

Relação Parcialmente Ordenada

Uma relação R definida num conjunto X é considerada uma relação parcialmente ordenada se R for reflexiva, anti-simétrica e transitiva. Uma relação parcialmente ordenada definida num conjunto X é geralmente designada por $< X, \leq >$, em que '$\leq$' designa a relação definida no conjunto X.

Diagrama de Hasse

Um conjunto parcialmente ordenado é geralmente representado confortavelmente por um diagrama chamado diagrama de Hasse.

Para qualquer relação parcialmente ordenada $< X, \leq >$, o diagrama de Hasse é construído do seguinte modo

• Os elementos de X são representados por pontos.

• Estes pontos são representados de tal forma que se a, b$\in$ X tal que a < b, a$\neq$ b, então o ponto b é representado por cima dos pontos a e b unindo a e b por um segmento de reta.

• Se a < b e b < c, então, certamente, a < c mas, nesse caso, não juntamos a e c apenas para evitar a confusão de linhas no diagrama de Hasse.

Como ilustração, consideremos X = { 1, 2, 3, 5, 6, 10, 15, 30 } o conjunto de todos os números inteiros positivos e '$\leq$' a relação " divisor de ". A Fig. 1.5 apresenta o diagrama de Hasse de $< X , \leq >$.

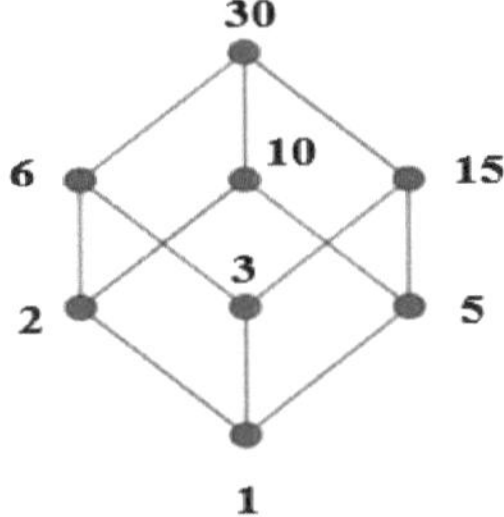

Fig. 1.5

Limites mínimos superiores e limites mínimos superiores

Sejam < X, ≤ > um conjunto parcialmente ordenado e Y ⊆ X. x ∈ X é um limite superior de Y se y ≤ x para todo y ∈ Y. Um limite superior x de Y é dito ser seu menor limite superior se x ≤ z para cada limite superior z de Y. x ∈ X é um limite inferior de Y se x ≤ y para todo y ∈ Y. Um limite inferior x de Y é dito ser o seu maior limite inferior se z ≤ x para cada limite inferior z de Y. O maior limite inferior (GLB) de a, b ∈ X será denotado por a∧ b e o menor limite superior (LUB) por a∨ b.

Malha

Diz-se que uma relação parcialmente ordenada < X,≤ > é uma grelha se, para cada par de elementos a, b∈ X, existirem tanto um∨ b como um∧ b. Os gráficos da Fig. 1.6 apresentam um exemplo de uma grelha e não de uma grelha.

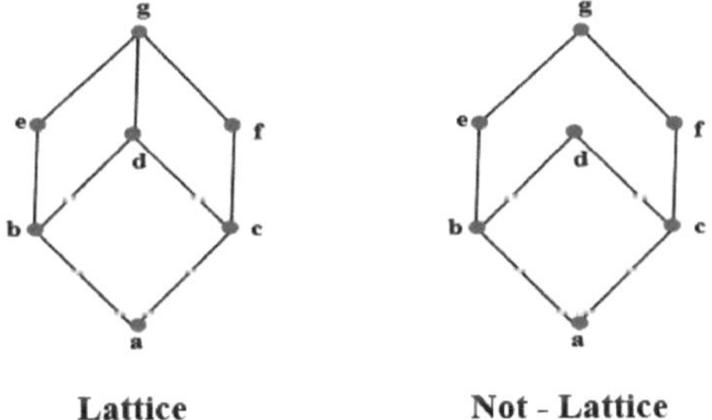

Lattice   **Not - Lattice**

Fig. 1.6

Encriptação

A criptografia é a ciência que utiliza a matemática para encriptar e desencriptar dados. A criptografia permite armazenar informações sensíveis ou transmiti-las através de redes inseguras, de modo a que não possam ser lidas por ninguém, exceto o destinatário pretendido. Em criptografia, a encriptação é o processo de codificação de mensagens ou informações, de modo a que apenas as partes autorizadas as possam ler. O processo de reverter o texto cifrado para o seu texto simples original é designado por desencriptação [6].

ADN

O ácido desoxirribonucleico (abreviadamente designado por ADN) é a molécula que transporta a informação genética necessária ao desenvolvimento e funcionamento de um organismo. O ADN é constituído por dois filamentos ligados que se enrolam um em torno do outro para se assemelharem a uma escada torcida, uma forma conhecida como dupla hélice.

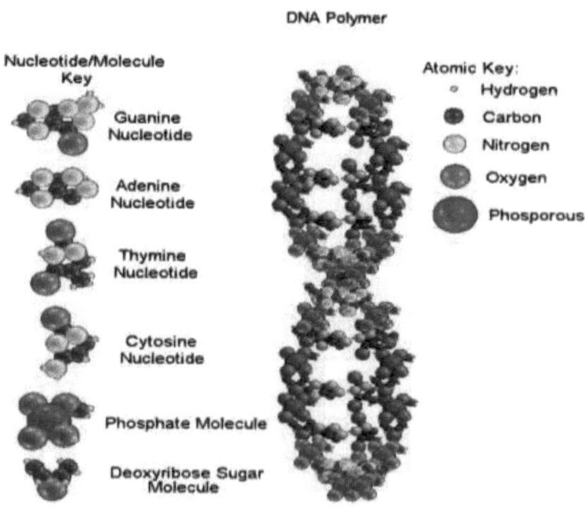

Instantâneo - 1.11

Cada cadeia tem uma espinha dorsal constituída por grupos alternados de açúcar (desoxirribose) e fosfato. A cada açúcar está ligada uma de quatro bases: adenina (A), citosina (C), guanina (G) ou timina (T). As duas cadeias estão ligadas por ligações químicas entre as bases: a adenina liga-se à timina e a citosina liga-se à guanina. A sequência das bases ao longo da espinha dorsal do ADN codifica a informação biológica, tal como as instruções para a produção de uma proteína ou de uma molécula de ARN [7].

Instantâneo - 1.11 apresenta a estrutura helicoidal dupla do ADN.

Códão

Um códão é uma sequência específica de nucleótidos num ARNm que corresponde a um aminoácido específico ou a um sinal de paragem durante a tradução de uma proteína. Um nucleótido, por sua vez, é constituído por uma nucleobase (ou simplesmente base), um açúcar e um grupo fosfato [8].

Instantâneo - 1.12 apresenta a mudança do ADN para o ARN e para a proteína.

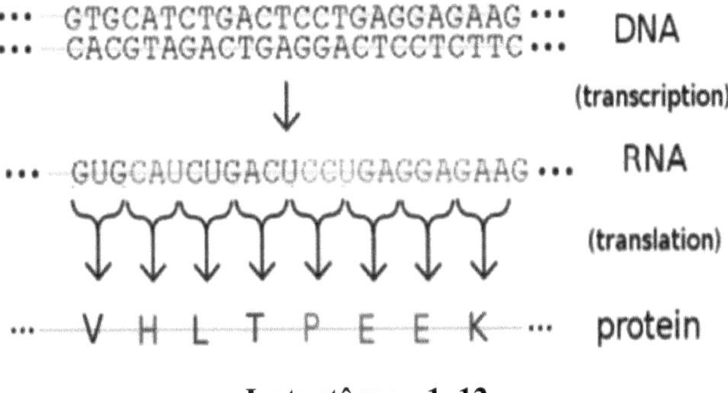

Instantâneo - 1. 12

Vamos agora continuar a fazer um breve levantamento da forma como a teoria dos grafos evoluiu no apoio à criptografia. Para o efeito, são utilizadas várias propriedades da teoria dos grafos. Este inquérito fornece uma nota clara da evoluçao da teoria dos grafos na criptografia.

Capítulo - 2
A beleza da teoria dos grafos como ferramenta de encriptação

2.1 Introdução

Muitos de nós não se esquecem dos velhos tempos em que tínhamos cacifos em casa onde o dinheiro era guardado. Nessa altura, ninguém imaginava que chegaria o dia em que o dinheiro estaria num pequeno cartão. Há algumas décadas atrás, nunca teríamos confiado que o nosso escritório poderia ser fechado numa pequena caixa e que poderíamos trabalhar em qualquer lugar, mesmo em viagem. Estamos agora na era da terceira revolução industrial e caminhamos para algo desconhecido no futuro. Talvez, no futuro, o mundo possa estar sob uma pequena partícula de átomo ou algo que hoje não conseguimos imaginar. A necessidade de segurança da informação passou de documentos físicos e administrativos para a segurança dos dados em trânsito. Esta era da digitalização coloca uma grande pressão e responsabilidade sobre quem é contratado para a manter e a criptografia desempenha aqui um papel vital [9]. Do correio eletrónico ao dinheiro digital e à comunicação celular, a criptografia desempenha um papel crucial. Os investigadores e os peritos consideram que a maior parte dos sistemas são concebidos e implementados por engenheiros e não por criptógrafos, o que pode ser a razão pela qual o mercado atual não oferece o nível de segurança que anuncia [10]. Ninguém pode prometer uma segurança a 100%, mas o que a criptografia tem de bom é o facto de já existirem algoritmos desenvolvidos para proteger os nossos sistemas. Embora a matemática desempenhe um papel importante no desenvolvimento dos protocolos, temos de aceitar o facto de que existe uma enorme diferença entre um algoritmo matemático e a sua aplicação num sistema. O facto de um protocolo ser logicamente seguro não significa que seja o mesmo na sua implementação. Com esta ideia do cenário atual, são desenvolvidas muitas técnicas pelos investigadores. A teoria dos grafos é um tema com uma bela representação de vértices e arestas e está lentamente a difundir o seu conhecimento na criptografia e na segurança da informação, o que pode não ter tido um papel de destaque até à data. Este pequeno inquérito tem como objetivo apresentar algumas partes interessantes da teoria dos grafos na criptografia, na expetativa de que as várias ideias aqui apresentadas conduzam, num futuro próximo, a novos resultados que, quando implementados, abrirão uma nova era de segurança dos dados. Nem todos os resultados podem ser incluídos aqui, uma vez que se trata de um pequeno levantamento e pedimos desculpa aos autores por omitir muitos resultados. Vamos agora prosseguir com o inquérito.

2.2 Inquérito

A teoria da cifragem e da decifragem remonta a 1900 a.C., numa inscrição gravada na câmara do túmulo do nobre Khnumhotep II, no Egipto. O escriba utilizou aqui e ali alguns símbolos hieroglíficos invulgares em vez de outros mais comuns. O objetivo não era esconder a mensagem, mas talvez alterar a sua forma de modo a que parecesse digna. No entanto, a inscrição não era uma forma de escrita secreta, mas incorporava uma espécie de transformação do texto original, sendo o texto mais antigo que se conhece. Desde então, os mecanismos criptográficos percorreram um longo caminho [9]. A criptografia moderna tem um período posterior e um período anterior a Claude Elwood Shannon. Qualquer coisa relacionada com a criptografia estaria incompleta sem mencionar as contribuições deste grande homem, um homem que foi o pai da criptografia. Claude Elwood Shannon nasceu a 30 de abril de 1916, em Petoskey, Michigan, Estados Unidos. A sua carreira científica foi desenvolvida nos domínios da matemática e da engenharia eletrónica [11]. A primeira revolução de sempre no mundo da criptografia foi efectuada por um matemático é a melhor forma de compreender a contribuição da matemática para a informática. Instantâneo - 2.1 apresenta um pouco do primeiro artigo sobre criptografia de Shannon, publicado em julho de 1948. Além disso, o instantâneo permite vislumbrar a carta de Shannon ao Dr. Bush e a fotografia de Shannon. Shannon mostrou a Bush um diagrama de um sistema de comunicação generalizado. Podemos ver claramente que Shannon já tinha começado a abstrair camadas na hierarquia da comunicação para chegar à raiz do problema por detrás da comunicação. Vemos também a primeira página da sua tese de doutoramento, com a sua assinatura [12] [13] 14].

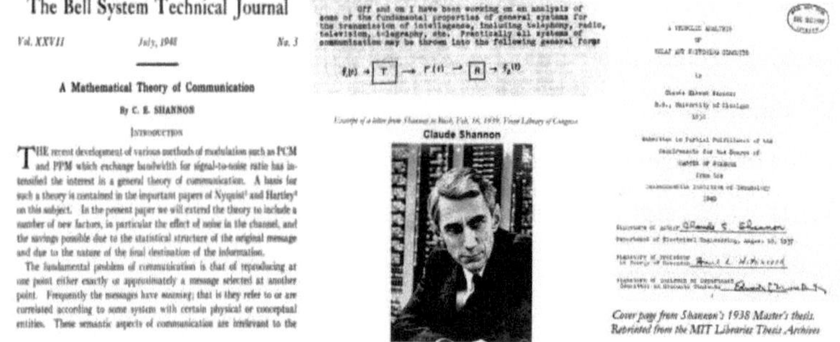

Instantâneo - 2.1

Claude Elwood Shannon foi galardoado com o Prémio Nobel pelos seus contributos. O título do artigo é "A Mathematical Theory of Communication" (Uma teoria matemática da comunicação). Assim, a criptografia em geral tem traços da matemática, que é a ferramenta forte da criptografia moderna.

Embora a teoria dos grafos remonte ao ano de 1735, quando o matemático suíço Leonard Euler resolveu o famoso problema da ponte de Konigsberg, o primeiro artigo registado na história da teoria dos grafos foi o do matemático dinamarquês Julius Peterson, no ano de 1891, intitulado "Die

Theorie der regulären graphs". O Instantâneo - 2.2 dá-nos um vislumbre do seu primeiro artigo, que foi comunicado por Henry Martyn Mudler, no ano de 1990. O instantâneo também apresenta uma fotografia de Peterson[15] [16].

Discrete Mathematics 100 (1992) 157–175
North-Holland

157

Julius Petersen's theory of regular graphs

Henry Martyn Mulder

Econometrisch Instituut, Erasmus Universiteit, P.O. Box 1738, NL-3000 DR Rotterdam, Netherlands

Received 1 July 1990
Revised 17 May 1991

Abstract

Mulder, H.M., Julius Petersen's theory of regular graphs, Discrete Mathematics 100 (1992) 157–175.

In 1891 the Danish mathematician Julius Petersen (1839–1910) published a paper on the factorization of regular graphs. This was the first paper in the history of mathematics to contain fundamental results explicitly in graph theory. In this report Petersen's results are analysed and their development in subsequent decades are followed.

Julius Petersen.

Instantâneo - 2.2

Desde a contribuição destes dois matemáticos, houve uma revolução em ambos os domínios. Lentamente, os dois domínios começaram a integrar-se. Neste estudo, vamos analisar os contributos da teoria dos grafos para a criptografia na era da terceira revolução industrial, sob a forma de digitalização.

Foram utilizadas várias propriedades dos grafos para a encriptação, juntamente com as técnicas de encriptação normais. Femina. P et al, propõem uma técnica de cifragem utilizando o grafo cúbico. É determinado um caminho hamiltoniano para o grafo cúbico. Os vértices do caminho são etiquetados com etiquetas antimagia. Este caminho hamiltoniano é utilizado como entrada na forma binária de 64 bits, que é a chave secreta. 16 mapeamentos arbitrários são armazenados numa tabela secreta para produzir subchaves de 16 rondas. O artigo é apoiado pelo algoritmo de transformação de chaves e por uma ilustração [17].

Shubham Agarwal et al utilizaram grafos de peso primo para a cifragem. Um grafo de peso primo é um grafo em que as arestas recebem pesos primos. A mensagem a cifrar é primeiro convertida em valores ASCII e depois em números primos, a partir dos quais se constrói o grafo de peso primo e se envia para o recetor. Os autores desenvolveram um programa JAVA tanto para a encriptação como para a desencriptação. Ambos os programas são apresentados no artigo, o que será de imensa utilidade para os leitores desenvolverem programas para os seus próprios métodos propostos. Temos de agradecer aos autores pelo seu esforço sincero em colocar o seu programa no domínio público [18]. Yishu Wang et al fizeram uma revisão sobre o uso de gráficos dependentes do tempo. Embora o artigo não se refira às aplicações de encriptação e desencriptação, dá nota das suas contribuições para a criptografia. Mencionamos algumas palavras sobre este artigo na expetativa de que os gráficos dependentes do tempo variem ao longo do tempo e, por isso, possam ser uma ferramenta melhor para a encriptação de mensagens. O Instantâneo - 2.3 apresenta um exemplo de um grafo dependente do tempo [19].

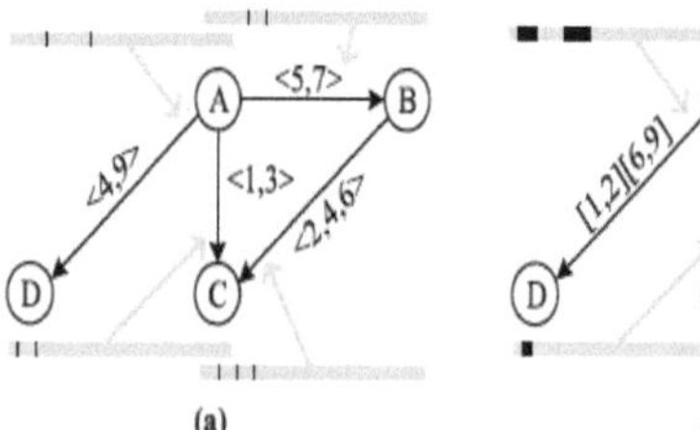

Fig. 1 Two fundamental time-dependent graphs. Here, a shows a time-dependent graph on which the weight on each edge is a sequence of time instances. These instances are marked by black lines in the timelines (gray bars). b Shows a time-dependent graph on which the weight on each edge is a set of time intervals. These intervals are marked by black bars in the timelines (gray bars). Note that these time intervals can be either continuous or discrete

Instantâneo - 2.3

O algoritmo para a árvore de extensão mínima ponderada foi descoberto pela primeira vez por Otakar Boruvka em 1926. O segundo algoritmo é o algoritmo de Prim, desenvolvido por Vojtech Jarnik em 1930, redescoberto por Prim em 1957 e por Dijikstra em 1959. O terceiro algoritmo, normalmente utilizado, é o algoritmo de Kruskal, descoberto por Kruskal. O instantâneo - 2.4 fornece a fotografia destes grandes descobridores que acrescentaram penas às grandes descobertas [20] [21].

Otakar Borůvka was a Czech mathematician best known today for his work in graph theory, long before this was an established mathematical discipline.

Vojtěch Jarnik was a Czech mathematician who worked for many years as a professor and administrator at Charles University, and helped found the Czechoslovak Academy of Sciences. He is the namesake of Jarnik's algorithm for minimum spanning trees.

Joseph Berbard Kruskal, Jr. an American mathematician, statistician, computer scientist and psychometrician

Instantâneo - 2.4

Estes algoritmos foram contributos notáveis para a matemática, que mais tarde foram utilizados na partilha de informação. Estes são os mais frequentemente citados e utilizados. O algoritmo de encriptação também tem o seu papel a desempenhar na encriptação. Sumathy et al apresentaram um mecanismo de cifragem que utiliza árvores de extensão mínima. O método destaca-se pelo facto de cada vértice ter a sua própria chave simétrica, denominada chave simétrica de vizinhança. Para a cifragem e a decifragem, cada nó deve ter acesso à chave de vizinhança dos outros nós. Os autores descrevem que, na origem, a chave de vizinhança é cifrada com a chave pública do recetor e transmitida ao nó de destino. No destino, a chave do vizinho é desencriptada com a chave privada do próprio nó. Além disso, são apresentados os resultados da simulação. A árvore de cobertura é construída utilizando o simulador NS2. O simulador NS baseia-se em duas linguagens: um simulador orientado para objectos, escrito em C++, e o interpretador OTcl (uma extensão orientada para objectos do Tcl), utilizado para executar os scripts de comando do utilizador. Os autores afirmam que, como os nós estão organizados numa topologia de árvore, os nós só trocam chaves e dados com os seus vizinhos autenticados. Isto evita operações dispendiosas de rechaveamento global quando os membros da rede mudam ou quando a rede é particionada. O instantâneo - 2.5 apresenta o resultado da simulação [22].

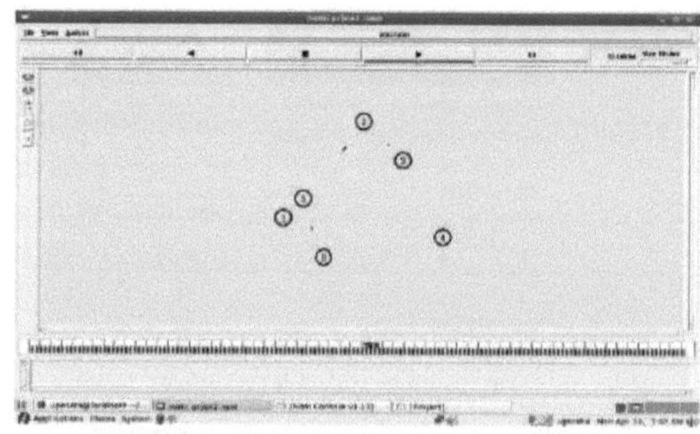

Figure 7. Packet transfer between nodes in spanning tree

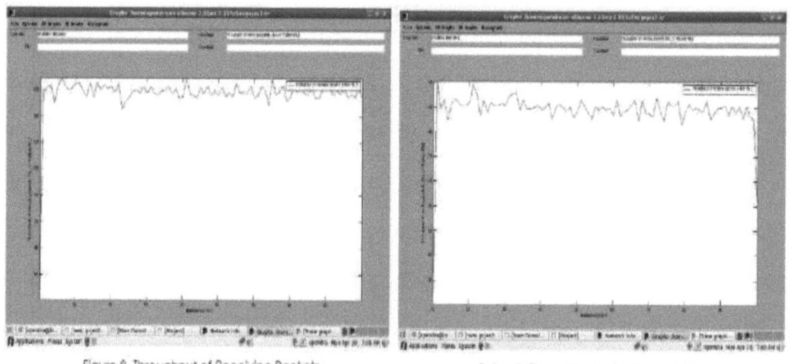

Figure 8. Throughput of Receiving Packets

Figure 9. Throughput of Sending Packets

Instantâneo - 2.5

Wael Mahmoud Al Etaiwi desenvolveu uma técnica de encriptação utilizando um ciclo gráfico. O autor criou um circuito, cujo comprimento é igual ao comprimento da mensagem. Os pesos são atribuídos às arestas do grafo utilizando a diferença entre os valores atribuídos aos alfabetos nos vértices. Em seguida, o grafo é convertido num grafo completo com um vértice especial. É determinada uma árvore de extensão mínima para o grafo resultante. Posteriormente, a mensagem é encriptada utilizando a multiplicação de matrizes. O autor desenvolveu um algoritmo. Os pormenores de execução do algoritmo podem ser vistos no Snapshot - 2.6 [23].

Plain text size	Cipher text size	Time / Milliseconds
4	118	15
6	269	18
12	1016	41
19	2767	105
28	6512	199
56	30318	947

Instantâneo - 2.6

Uma Dixit propôs um método semelhante ao de Wael Mahmoud Al Etaiwi, exceto que Uma Dixit não criou qualquer algoritmo para o mesmo [24].

Najlea Falah Hameed Al Saffar propôs uma técnica de cifragem através da construção de uma árvore binária. Inicialmente, a mensagem a cifrar é convertida numa sequência binária. Posteriormente, esta sequência é colocada numa matriz. Esta é depois traduzida numa árvore binária. Este método utiliza um sistema de criptografia de chave pública [25].

Os investigadores são inteligentes ao introduzir uma matemática inesperada na criptografia. Parijit Kedia et al propuseram um tipo diferente de técnica de encriptação, em que os diagramas de Venn foram utilizados juntamente com a teoria dos grafos. Para o efeito, foram utilizadas as propriedades da teoria dos conjuntos, como a união, a intersecção e a diferença simétrica. Inicialmente, a mensagem a cifrar foi convertida em sistema hexadecimal e, posteriormente, em grafos. Em seguida, foram utilizadas as propriedades dos conjuntos para gerar o texto cifrado [26].

Um dos algoritmos mais importantes e frequentemente utilizados é o algoritmo RSA, desenvolvido no ano de 1977, que é um algoritmo para criptografia de chave pública. Todo o protocolo é desenvolvido a partir de dois números primos enormes, utilizados como chave privada e pública. Este algoritmo explorou resultados da teoria dos números e do pequeno teorema de Fermat, o que demonstra a força da matemática na criptografia [27][28][29]. Instantâneo - 2.7 apresenta a primeira página do artigo original de R.L. Rivest, A. Shamir e L. Adleman e uma fotografia dos autores [29][30].

Desde esta descoberta, foram publicados vários artigos para melhorar

A Method for Obtaining Digital Signatures and Public-Key Cryptosystems

R.L. Rivest, A. Shamir, and L. Adleman*

Abstract

An encryption method is presented with the novel property that publicly revealing an encryption key does not thereby reveal the corresponding decryption key. This has two important consequences:

1. Couriers or other secure means are not needed to transmit keys, since a message can be enciphered using an encryption key publicly revealed by the intended recipient. Only he can decipher the message, since only he knows the corresponding decryption key.

2. A message can be "signed" using a privately held decryption key. Anyone can verify this signature using the corresponding publicly revealed encryption key. Signatures cannot be forged, and a signer cannot later deny the validity of his signature. This has obvious applications in "electronic mail" and "electronic funds transfer" systems.

Figure 15. Ron Rivest, Adi Shamir, and Leonard Adleman

Instantâneo - 2.7

esta técnica. Vamos agora dar uma vista de olhos num artigo que utiliza a teoria dos grafos e o algoritmo RSA. Sadhu Narayana Naidu et al criaram uma técnica de encriptação muito diferente. Os autores forneceram um algoritmo chamado algoritmo KAN, que é uma versão modificada do algoritmo RSA. Consideraram um grafo cujos graus dos vértices são convertidos em números. Em seguida, inseriram nomes químicos aleatórios a partir da tabela criada por eles e continuaram a processar com o algoritmo RSA. Por fim, a mensagem encriptada é desenhada como um gráfico utilizando o MATLAB e é enviada para o recetor. O gráfico da teoria dos gráficos e o gráfico final do MATLAB para a mensagem DDCDC podem ser vistos no Instantâneo - 2.8 [31].

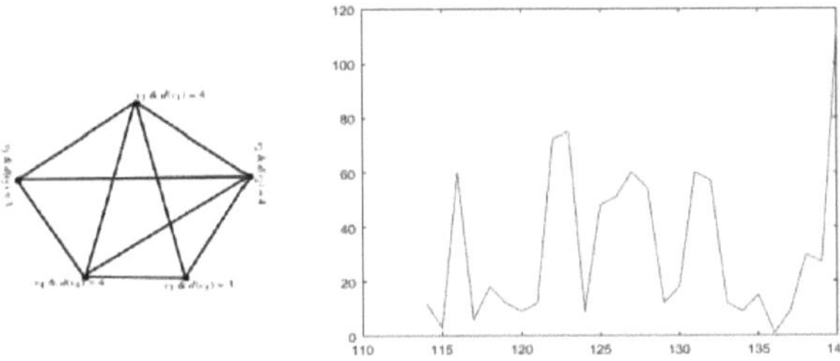

Instantâneo - 2.8

Uma comparação do tempo de execução dos algoritmos implementados utilizando JAVA é apresentada no Instantâneo - 2.9.

Table 3. Time performance of both KAN & RSA

KAN algorithm		RSA algorithm
Input Size	Total Execution Time	Total Execution Time
1kb	2 seconds	26 seconds
14kb	50 seconds	1 minute 18 seconds
24kb	1 minute	1 minute 32 seconds
30kb	1 minute 16 seconds	1 minute 33 seconds
39kb	2 minutes 15 seconds	3 minutes 5 seconds
62kb	3 minutes 25 seconds	3 minutes 26 seconds

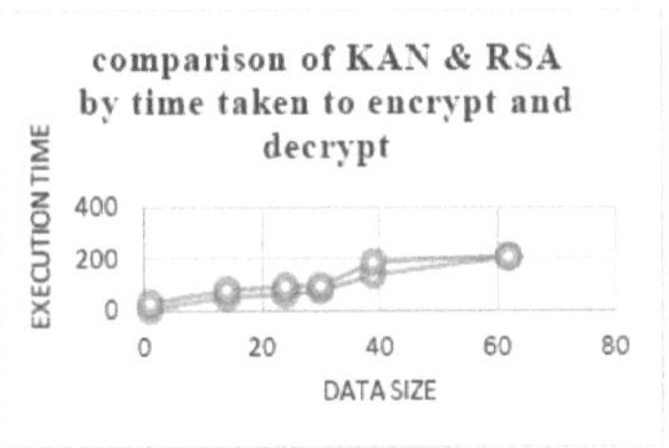

Fig 6 Time performance of KAN & RSA.

Table 4. Accuracy table.

words	Accuracy
10	100%
15	100%
20	100%
50	100%

Instantâneo - 2.9

A matemática pura também tem os seus contributos para a criptografia. V. Kala Devi et al apresentam uma nova abordagem utilizando a dimensão métrica do desvio. Inicialmente, os autores determinaram a dimensão métrica do desvio para alguns grafos padrão. Alguns dos resultados são apresentados aqui

- Para o gráfico de Jahangir $J_{2,m}, m \geq 3, D\beta(J_{2,m}) = 2m-1$.

- Para o gráfico do ventilador
$$F_{m,n}, m,n \geq 2, D\beta(F_{m,n}) = \begin{cases} m+n-1, & m \neq n \\ m+n-2, & m=n \end{cases}$$

- Para o gráfico da roda
$$W_{n,m}, 1 \leq m \leq n, n \geq 3, D\beta(W_{m,n}) = \begin{cases} m+n-1, & m \neq n \\ m+n-2, & m=n \end{cases}$$

em que $D\beta(G)$ denota a dimensão métrica de desvio de G. Escolhem então o grafo corona do ciclo C_n. Determinam então a dimensão métrica de desvio deste grafo. A ideia de utilizar este método é que os valores da dimensão métrica são únicos para cada vértice e, por conseguinte, podem ser atribuídos aos caracteres de qualquer mensagem normal e utilizados para a cifragem. Esta abordagem é distinta na sua própria forma de utilizar as dimensões métricas [32]. Kamil Kulesza et al discutiram a forma de partilhar uma chave privada que é desenvolvida utilizando a coloração de grafos. Embora o processo de encriptação e desencriptação não seja discutido, o método de partilha de chaves pode ser útil para os interessados em utilizar a coloração de grafos como ferramenta para gerar chaves [33]. Awni M. Gaftan et al têm uma ideia diferente, que consiste em utilizar grafos criados a partir do módulo inteiro n. Em seguida, criaram o polinómio de Hosoya para este grafo. A mensagem é ainda encriptada utilizando o grupo diedro como ferramenta. Esta técnica é diferente na sua forma de introduzir propriedades algébricas na encriptação de mensagens. É diferente das técnicas de cifragem tradicionais [34].

As matrizes de adjacência também desempenham um papel fundamental na criptografia, uma vez que são computacionalmente fáceis. CH. Suneetha et al forneceram um método diferente de encriptação utilizando grafos e a sua matriz de adjacência. A forma como as chaves são escolhidas é única. O remetente escolhe um grafo e a sua matriz de adjacência. A primeira ronda de chaves é gerada a partir da matriz de adjacência, tomando o equivalente decimal da cadeia binária de 4 bits. A segunda ronda da chave é a sequência de potências a que a matriz é elevada em cada ronda de encriptação. A mensagem é dividida em n blocos de dados, cada um com 49 caracteres. Cada bloco é então convertido num equivalente decimal utilizando a tabela de códigos ASCII. Finalmente, a mensagem é convertida em texto cifrado utilizando a multiplicação de matrizes e a operação XOR. A escolha da chave é única e a mensagem é cifrada utilizando vários níveis de cifragem, o que torna a técnica matematicamente mais forte [35]. Amudha et al propuseram um esquema que utiliza gráficos de Euler. Inicialmente, convertem o texto dado em cadeia binária, que é posteriormente XOR' ed. É criada uma matriz de adjacência para cada carácter da mensagem e enviada como cifra para o recetor, que pode ser desencriptada [36].

A criptografia de curvas elípticas (ECC) foi descoberta independentemente por Victor S. Miller em 1986 e Neal Koblitz em 1987, embora as propriedades das curvas elípticas sejam utilizadas na matemática há 150 anos. A CCE baseia-se nas propriedades de um tipo particular de equação, criada a partir de um grupo matemático derivado dos pontos onde a linha intersecta o eixo. A multiplicação de um ponto na curva produzirá outro ponto na curva que é muito difícil de determinar, mesmo que o ponto original seja conhecido. As equações baseadas em curvas elípticas são muito fáceis de utilizar, mas muito difíceis de inverter [37] Snapshot - 2.10 fornece os primeiros artigos de Victor S. Miller e Neal Koblitz e suas fotos [38] [39] [40].

Elliptic curve cryptosystems

Author: Neal Koblitz
Journal: Math. Comp. 48 (1987), 203-209
MSC: Primary 94A60; Secondary 11T71, 11Y16, 68P25
DOI: https://doi.org/10.1090/S0025-5718-1987-0866109-5
Math SciNet review: 866109
Full-text PDF Free Access

Abstract | References | Similar Articles | Additional Information

Abstract: We discuss analogs based on elliptic curves over finite fields of public key cryptosystems which use the multiplicative group of a finite field. These elliptic curve cryptosystems may be more secure, because the analog of the discrete logarithm problem on elliptic curves is likely to be harder than the classical discrete logarithm problem, especially over $GF(2^n)$. We discuss the question of primitive points on an elliptic curve modulo p, and give a theorem on nonsmoothness of the order of the cyclic subgroup generated by a global point.

Use of Elliptic Curves in Cryptography

Victor S. Miller

Exploratory Computer Science, IBM Research, P.O. Box 218, Yorktown Heights, NY 10598

ABSTRACT

We discuss the use of elliptic curves in cryptography. In particular, we propose an analogue of the Diffie-Hellmann key exchange protocol which appears to be immune from attacks of the style of Western, Miller, and Adleman. With the current bounds for infeasible attack, it appears to be about 20% faster than the Diffie-Hellmann scheme over GF(p). As computational power grows, this disparity should get rapidly bigger.

Neal Koblitz (1948-) [3]

Victor S. Miller (1947-)

Instantâneo - 2.10

Fatima AMOUNAS, têm uma abordagem diferente na utilização de grafos. A autora combina ideias de curvas elípticas e teoria dos grafos. O autor considera uma curva elíptica e fixa um ponto como ponto de base. A mensagem dada é transformada num gráfico. O grafo é então transformado num grafo completo, com valores atribuídos às arestas. Posteriormente, é construída a matriz de adjacência, a partir da qual é considerada a árvore de extensão mínima ponderada. De seguida o autor cria uma matriz de dados utilizando pontos da curva elíptica. Os dados são então convertidos em texto cifrado usando a multiplicação de matrizes. Esta breve nota sobre a técnica de cifragem explica o esforço a vários níveis para cifrar uma mensagem. O autor desenvolveu ainda um programa em JAVA. O Instantâneo - 2.11 apresenta um exemplo da encriptação e da desencriptação [41].

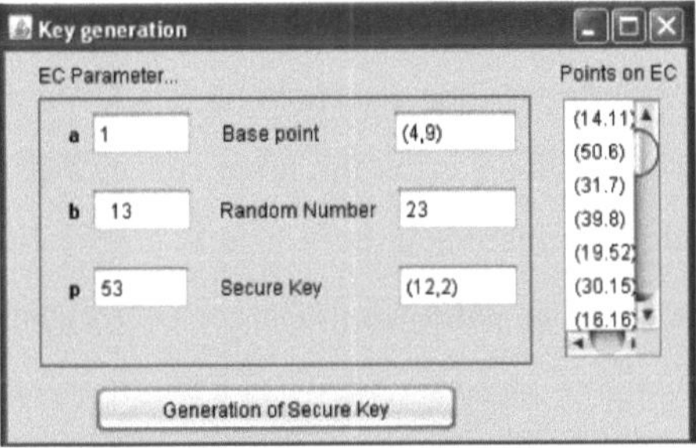

Figure 6. Generation of secure key.

Figure 7. Encryption Process

Figure 8. Decryption Process.

Instantâneo - 2.11

2.3 Conclusão

Quando os computadores passaram a ser utilizados em locais comuns, como centros comerciais, teatros e até em pequenas mercearias, o mundo começou a aperceber-se de que estávamos a entrar numa nova forma de vida. Nunca teríamos imaginado que teríamos de criar várias palavras-passe no dia a dia, recordá-las e actualizá-las regularmente. O crescimento exponencial da utilização de telemóveis digitalizou a vida quotidiana. Num dia, transferimos dinheiro, compramos coisas online, reservamos bilhetes de cinema, reservamos lugares em hotéis, usamos o paytm, pagamos contas online e assim por diante. Vivemos agora num mundo em que podemos ver os nossos entes queridos no ecrã quando estão longe. Isto tornou-se uma parte da vida quotidiana. Já não podemos voltar ao tempo em que tudo era manual. Talvez sejamos a última geração a sentir o dinheiro na mão, uma vez que a tecnologia nos levou a uma vida sem dinheiro. O surto de covid-19 criou um novo conceito de distanciamento social, empurrando a humanidade para a vida com a Internet, onde as conversas, as reuniões e as palestras passaram a ser efectuadas em linha. O conceito de trabalho a partir de casa está a surgir lentamente na nossa sociedade. Atualmente, esta tecnologia criou uma enorme pressão sobre a personalização dos dados e um aumento da criminalidade informática. As indústrias investem enormes quantias no desenvolvimento de novos esquemas de cifragem, porque o mercado atual envolve a segurança digital. Este breve estudo apresenta novas técnicas de cifragem desenvolvidas por matemáticos e engenheiros utilizando a teoria dos grafos. Este estudo é apresentado na esperança de que estas ideias da teoria dos grafos conduzam, num futuro próximo, a uma descoberta extraordinária no domínio da criptografia com o auxílio da teoria dos grafos, que será referida e utilizada durante séculos.

Este estudo ensinou-nos que o segredo de uma mensagem deve depender sempre do segredo da chave e não do segredo do sistema de cifragem. Com isto em mente, continuamos agora a desenvolver uma técnica de encriptação para comunicar qualquer sequência de ADN. Planeamos a técnica de forma a que um grafo desempenhe um papel vital como chave de encriptação e desencriptação. Como se pode ver neste estudo, as relações parcialmente ordenadas não são utilizadas com frequência na maioria das técnicas de cifragem. Tencionamos continuar a escolher diferentes relações parcialmente ordenadas e as suas propriedades para comunicar qualquer sequência de ADN.

Capítulo - 3
A graça da teoria dos grafos como chave secreta

3.1 Introdução

O genoma contém muitas coisas importantes sobre qualquer pessoa, desde os seus antepassados até à forma como o nosso corpo reage às doenças, à medicação e ao envelhecimento. Um genoma é o manual de instruções que contém todas as instruções que nos ajudam a evoluir de uma única célula para o que somos hoje. Orienta o nosso crescimento, ajuda os nossos órgãos a desempenharem as suas funções e a repararem-se a si próprios quando se danificam.

A privacidade genética é o conceito de privacidade de uma pessoa no que diz respeito à sequência, reutilização, fornecimento a terceiros e apresentação de informações relativas à sua informação genética. A privacidade de um indivíduo deve ser respeitada quando a sua informação genómica é utilizada para fins de investigação, aplicação clínica ou outros utilizadores. As amostras recolhidas, como o sangue e os tecidos obtidos durante a biópsia, podem constituir excelentes fontes de amostras para a investigação genética e genómica.

Na investigação genómica avançada existem várias bases de dados onde se partilham dados genómicos desidentificados. Por vezes, o genoma utilizado pode ser reidentificado utilizando os dados genómicos com bases de dados genealógicas e de referência pública. No entanto, existem políticas de controlo do acesso a informações sensíveis. A segurança destes dados é sempre uma questão. Neste livro, fornecemos um método para comunicar os pormenores de um ADN de forma segura. Para o efeito, utilizamos relações parcialmente ordenadas e a teoria dos grafos, na esperança de que o método proposto possa ser utilizado para manter a privacidade genética.

Vamos agora continuar a determinar um método para encriptar uma dada sequência de ADN.

3.2 Encriptação de ADN

O objetivo deste capítulo é determinar uma forma segura de transferir qualquer sequência de ADN. Como observámos no Capítulo - 2, a matemática forte constitui uma ferramenta básica para qualquer encriptação forte. A teoria da rede é um domínio forte da matemática, mas talvez não seja muito utilizado na criptografia. Por isso, planeamos desenvolver um método que utilize relações parcialmente ordenadas. As contribuições da teoria dos grafos ajudaram a melhorar muitos sistemas de segurança. Por isso, quisemos incluir também os grafos no método planeado. Este capítulo tem como objetivo desenvolver um método de transferência de qualquer sequência de ADN utilizando relações parcialmente ordenadas e a teoria dos grafos.

3.2.1 CONSTRUÇÃO DA TABELA DE CÓDONS

Para começar, vamos converter os nucleótidos A, T, G e C em cadeias binárias distintas. Podemos converter estas cadeias em cadeias de qualquer comprimento. Dado um n qualquer, sabemos que existem 2^n cadeias binárias distintas. Assim, a possibilidade mínima é converter estes nucleótidos em cadeias binárias de comprimento dois, como se pode ver na Tabela - 3.1.

Quadro - 3.1

Alfabeto	Representação binária
A	00
T	11

G	10
C	01

Quando falamos de código genético, referimo-nos frequentemente ao fenómeno do ADN, que contém um código informativo para criar as proteínas de que um organismo necessita para funcionar. Sabemos que o ADN serve de padrão para a produção de ARN mensageiro e que este serve ainda de padrão para a produção de uma proteína específica. Este ARN mensageiro contém um conjunto de três bases que constituem um códão. Existem 64 codões diferentes, 61 especificam aminoácidos e 3 são utilizados como sinais de paragem. Um vislumbre desta situação pode ser visto no Instantâneo - 3.1 [42].

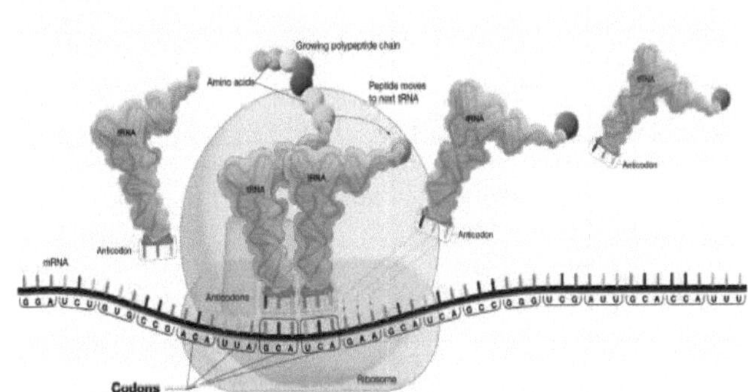

Instantâneo - 3.1

Quadro - 3.2

	T		C		A		G		
T	TTT - 111111	6	TCT - 110111	5	TAT - 110011	5	TGT - 111011	5	T
	TTC - 111101	3	TCC - 110101	5	TAC - 110001	1	TGC - 111001	9	C
	TTA - 111100	6	TCA -	5	TAA - 110000	4	TGA - 111000	5	A
	TTG - 111110	1	110100	3	TAG - 110010	9	TGG - 111010	7	G
		6	TCG -	5		4		5	
		0	110110	2		8		6	
		6		5		5		5	
		2		4		0		8	
C	CTT - 011111	3	CCT - 010111	2	CAT - 010011	1	CGT - 011011	2	T
	CTC - 011101	1	CCC -	3	CAC - 010001	9	CGC - 011001	7	C
	CTA -	2	010101	2	CAA -	1	CGA - 011000	2	A
	011100	9	CCA -010100	1	010000	7	CGG - 011010	5	G
	CTG -	2	CCG -010110	2	CAG -	1		2	
	011110	8		0	010010	6		4	
		3		2		1		2	
		0		2		8		6	
A	ATT - 001111	1	ACT -	7	AAT - 000011	3	AGT - 001011	1	T
	ATC -	5	000111	5	AAC -	1	AGC - 001001	1	C
	001101	1	ACC -000101	4	000001	0	AGA -	9	A
	ATA -001100	3	ACA -000100	6	AAA -000000	2	001000	8	G
	ATG -001110	1	ACG -000110		AAG -000010		AGG -	1	
		2					001010	0	
		1							
		4							
G	GTT - 101111	4	GCT -	3	GAT - 100011	3	GGT - 101011	4	T
	GTC -	7	100111	8	CAG -	5	GGC - 101001	3	C
	101101	4	CCG -100101	3	100001	3	GGA -	4	A
	GTA -101100	5	GCA -100100	6	GAA -	3	101000	1	G
	GTG -101110	4	GCG -100110	3	100000	3	GGG -	4	
		4		5	GAG -100010	2	101010	0	
		4		3		3		4	
		6		7		4		2	

Vamos agora converter todos os 63 codões em cadeias binárias de comprimento 6 utilizando a Tabela - 3.1 e continuar a converter estas cadeias binárias em decimais. A tabela de conversão é apresentada na Tabela - 3.2.

Observamos que cada codão está relacionado com uma cadeia binária única e, por conseguinte, com um número decimal único Y = { 0, 1, 2, ..., 63 }. Analisamos agora as possibilidades de utilizar uma relação parcialmente ordenada. Quando se fala de uma relação parcialmente ordenada, os exemplos familiares que passam pela cabeça de alguém são

1. $\langle \rho \ (\ x\ ), \leq \rangle$, em que $\rho\ (\ x\ )$ denota o conjunto de potências de qualquer conjunto X e ' $\leq$ ' denota a relação parcialmente ordenada, " é um subconjunto de " e

2. $\langle\ D_n\ , \leq \rangle$, em que D_n denota todos os divisores de n e ' $\leq$ ' denota a relação parcialmente ordenada " é um divisor de ".

Recordaremos $\langle \rho\ (\ x\ ), \leq \rangle$ na parte final da discussão e começaremos com $\langle D_n\ , \leq \rangle$. Como ilustração, quando n = 12, D_n = { 1, 2, 3, 4, 6, 12 }. O diagrama de Hasse para $\langle D_{12}\ , \leq \rangle$ é apresentado na Fig. 3.1.

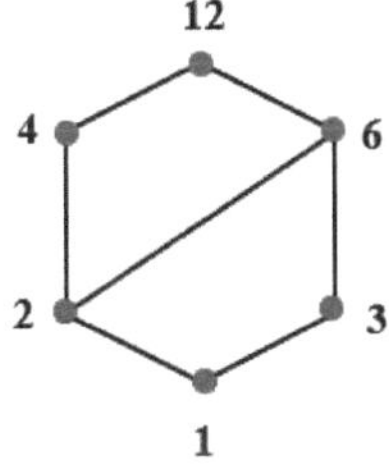

Fig. 3.1

3.2.2 DIAGRAMA HASSE PARA A ENCRIPTAÇÃO DE ADN

Vejamos agora a possibilidade de utilizar esta relação parcialmente ordenada para a encriptação de sequências de ADN. Para o efeito, escolhamos todas as 63 casas decimais que representam os códons e construamos o diagrama de Hasse para $\langle\ X, \leq \rangle$, onde X = {1, 2, 3 ..., 63 }, ' $\leq$ ' denota a relação, " é um divisor de ". O diagrama de Hasse está representado na Fig. 3.2.

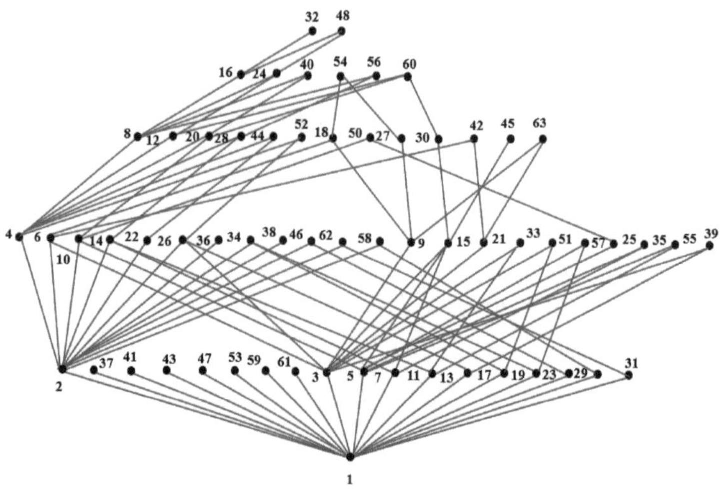

Fig. 3.2

O diagrama de Hasse na Fig. 3.2 revela como deve ser habilidosa a pessoa que pensa em representar uma relação parcialmente ordenada como um diagrama.

Neste momento, recordamos Helmut Hasse pelo seu contributo para a representação de uma relação parcialmente ordenada num diagrama simples. Helmut Hasse nasceu a 25th de agosto de 1898 em Kassel, Alemanha. É reconhecido pelo seu trabalho fundamental no domínio da álgebra e da teoria dos números. Descobriu um resultado importante, conhecido atualmente como princípio de Hasse. O princípio global local e as suas aplicações são uma parte importante da sua tese de doutoramento. Com a longa viagem desde então, com um número n de contribuições para a matemática, em 1950, foi nomeado para Hamburgo, onde continuou a ensinar até se reformar em 1966. As suas contribuições são resumidas pelas palavras de Edwards "Um dos mais importantes matemáticos do século XX, Helmut Hasse foi um homem cujas realizações abrangeram a investigação, a exposição matemática, o ensino e o trabalho editorial" [43]. O instantâneo - 3.2 apresenta uma fotografia de Hasse e um vislumbre da sua tese de doutoramento [44].

Über die Darstellbarkeit von Zahlen durch quadratische Formen im Körper der rationalen Zahlen.

Von Herrn *Helmut Hasse* in Marburg a. L.

Inhalt.

A. Einleitung.

§ 1. Fragestellung und Behandlungsmethode.

Ich will in dieser Arbeit folgende Frage vollständig beantworten:

(I) *Welches sind die notwendigen und hinreichenden Bedingungen dafür, daß eine rationale Zahl m durch eine quadratische Form mit rationalen Koeffizienten*

$$ f = \sum_{i,k}^{n} a_{ik}\, x_i\, x_k; \quad (a_{ik} = a_{ki}) $$

rational (d. h. mit rationalen Werten der Variablen x_i) darstellbar ist?

In der klassischen, auf *Gauß* fußenden Theorie der Darstellung von Zahlen durch quadratische Formen wird die entsprechende Frage behandelt, wenn für Koeffizienten, Variable und dargestellte Zahlen der Ring $R(1)$ aller ganzen Zahlen

Instantâneo - 3.2

Voltando ao nosso diagrama de Hasse na Fig. 3.2, observamos que não existe uma relação parcialmente ordenada entre números múltiplos. Digamos, por exemplo, que não existe uma relação parcialmente ordenada entre os elementos do conjunto { 16, 24, 40, 54, 56, 60 }. Por agora, vamos ver os elementos que partilham uma relação parcialmente ordenada. Por exemplo, 1 - partilha a relação parcialmente ordenada com todos os restantes números 2, 3, ..., 63. Do mesmo modo, 2 - partilha a relação parcialmente ordenada com 2, 4, 6, ... 62.

3.2.3 CONSTRUÇÃO DO GRÁFICO DA CHAVE DE ENCRIPTAÇÃO

Com base nestas propriedades, constrói-se uma relação parcialmente ordenada. Para efeitos de codificação, representaremos esta relação parcialmente ordenada como um grafo, em que os vértices representam elementos do diagrama de Hasse e as arestas representam a relação parcialmente ordenada entre os vértices. Note-se que, neste caso, também se evitam as arestas directas entre vértices que satisfazem a relação parcialmente ordenada. Vamos agora desenhar o grafo dispondo os vértices na circunferência de um círculo, que será utilizado para efeitos de codificação. A representação gráfica da relação parcialmente ordenada da Fig. 3.2 é apresentada na Fig. 3.3.

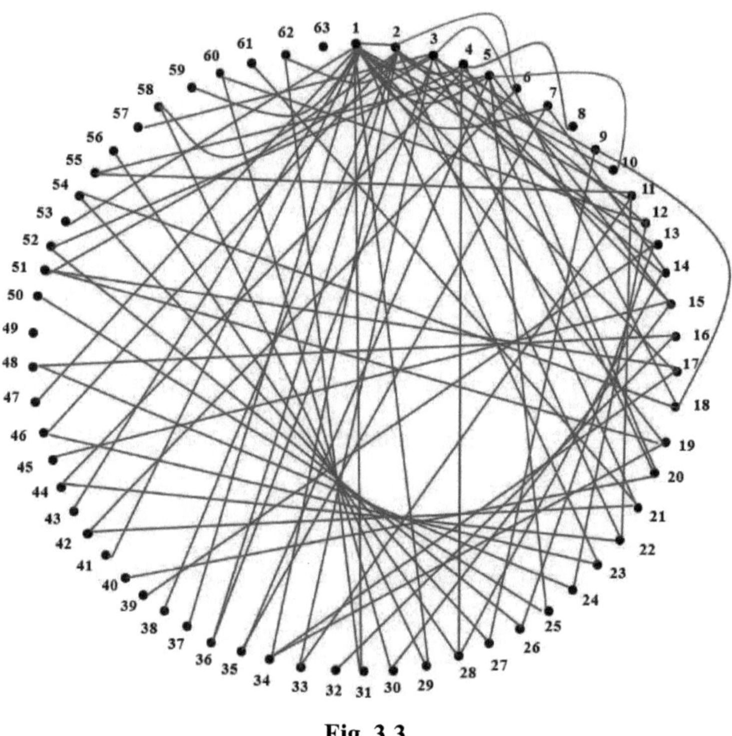

Fig. 3.3

3.2.4 CONSTRUÇÃO DA TABELA DE ENCRIPTAÇÃO

Vamos agora construir a tabela de ordem 63× 63 que suportará a encriptação da sequência de ADN. Vamos agora construir uma tabela de 63× 63 seguindo os seguintes passos.

1. Fixar um vértice na representação gráfica como vértice-chave.

2. Organizar a linha e a coluna no cabeçalho da tabela a partir do vértice-chave, seguindo a rotulagem do gráfico no sentido dos ponteiros do relógio.

3. Para facilitar a representação, dispusemos os vértices a partir de 1 por ordem crescente no sentido dos ponteiros do relógio. É de notar que este padrão não precisa de ser seguido, ordenando os vértices por índices crescentes.

Definamos cada entrada do Quadro - 3.3 do seguinte modo.

i. Denotemos as entradas da tabela por d_{ij} .

ii. d_{ij} é definido apenas quando existe uma relação parcialmente ordenada entre i e j, em que i representa o cabeçalho da linha e j representa o cabeçalho da coluna.

iii. Cada entrada da tabela d_{ij} é ij, em que i representa o cabeçalho da linha e j denota o cabeçalho da coluna.

Por exemplo, d $_{1810}$ entrada é 1810, uma vez que o cabeçalho da linha correspondente é 18 e o cabeçalho da coluna correspondente é 10.

Para o gráfico da Fig. 3.3, a tabela necessária é apresentada na Tabela - 3.3. Cada entrada nesta tabela segue o Passo - 3. Note-se que, nesta fase, a Tabela - 3.3. não está completa. Como não existe uma relação parcialmente ordenada entre muitos pares de elementos, as entradas correspondentes na tabela estão vazias. Para evitar quaisquer suposições das entradas da tabela relativas ao cabeçalho da linha e da coluna, dividimos todas as entradas da Tabela - 3.3 por 63. A tabela resultante é apresentada como Tabela - 3.4. Note-se que, como temos de completar a tabela, as entradas da tabela estão destacadas a vermelho. O diagrama de Hasse da Fig. 3.2 e o gráfico correspondente da Fig. 3.3 são representados com arestas vermelhas, para que seja fácil identificar a relação parcialmente ordenada utilizada.

Quadro 3.3

	1	2	3	4	5	6	7	8	9	10	11	12	13	14
1	11	12	13	14	15	16	17	18	19	110	111	112	113	114
2	21	22		24		26		28		210		212		214
3	31		33			36			39			312		
4	41	42		44				48				412		
5	51				55					510				
6	61	62	63			66						612		
7	71						77							714
8	81	82		84				88						
9	91		93						99					
10	101	102			105					1010				
11	111										1111			
12	121	122	123	124		126						1212		
13	131												1313	
14	141	142					147							1414
15	151		153		155									
16	161	162		164				168						
17	171													
18	181	182	183			186			189					
19	191													
20	201	202		204	205					2010				
21	211		213			217								
22	221	222										2211		

23	231													
24	241	242	243	244		246		248				2412		
25	251				255									
26	261	262											2613	
27	271		273						279					
28	281	282		284			287							2814
29	291													
30	301	302	303		305	306				3010				
31	311													
32	321	322		324				328						
33	331		333								3311			
34	341	342												
35	351				355		357							
36	361	362	363	364		366			369			3612		
37	371													
38	381	382												
39	391		393										3913	
40	401	402		404	405			408		4010				
41	411													

	1	2	3	4	5	6	7	8	9	10	11	12	13	14
42	421	422	423			426	427							4214
43	431													
44	441	442		444							4411			
45	451		453		455				459					
46	461	462												
47	471													
48	481	482	483	484		486		488				4812		
49	491						497							
50	501	502			505					5010				
51	511		513											
52	521	522		524									5213	
53	531													
54	541	542	543			546			549					
55	551				555						5511			
56	561	562		564			567	568						5614
57	571		573											
58	581	582												
59	591													
60	601	602	603	604	605	606				6010		6012		

	1	2	3	4	5	6	7	8	9	10	11	12	13
61	611												
62	621	622											
63	631		633				637		639				

Quadro - 3.3 (continuação)

	15	16	17	18	19	20	21	22	23	24	25	26	27
1	115	116	117	118	119	120	121	122	123	124	125	126	127
2		216		218		220		222		224		226	
3	315			318			321			324			327
4		416				420				424			
5	515					520					525		
6				618						624			
7							721						
8		816								824			
9				918									927
10						1020							
11								1122					
12										1224			
13												1326	
14													
15	1515												
16		1616											
17			1717										
18				1818									

19					191 9								
20						202 0							
21							212 1						
22								222 2					
23									232 3				
24										242 4			
25											252 5		
26												262 6	
27													272 7
28													
29													
30	301 5												
31													
32		321 6											
33													
34			341 7										
35													
36				361 8									
37													

38					381 9								
39													
40						402 0							
41													
42							422 1						
43													
44								442 2					
45	451 5												
46									462 3				
47													
48		481 6								482 4			
49													
50											502 5		
51			511 7										
52												522 6	
53													
54				541 8									542 7
55													
56													

57					5719								
58													
59													
60	6015				6020								
61													
62													
63							6321						

Quadro - 3.3 (continuação)

	28	29	30	31	32	33	34	35	36	37	38	39	40
1	128	129	130	131	132	133	134	135	136	137	138	139	140
2	228		230		232		234		236		238		240
3			330			333			336			339	
4	428				432				436				440
5			530					535					540
6			630						636				
7	728							735					
8					832								840
9									936				
10			1030										1040
11						1133							
12									1236				
13												1339	
14	1428												

15			1530										
16					1632								
17							1734						
18									1836				
19											1938		
20													2040
21													
22													
23													
24													
25													
26													
27													
28	2828												
29		2929											
30			3030										
31				3131									
32					3232								
33						3333							

34							3434						
35								3535					
36									3636				
37										3737			
38											3838		
39												3939	
40													4040
41													
42													
43													
44													
45													
46													
47													
48													
49													
50													
51													
52													

53												
54												
55												
56	5628											
57												
58		5829										
59												
60			6030									
61												
62				6231								
63												

Quadro - 3.3 (continuação)

	41	42	43	44	45	46	47	48	49	50	51	52
1	141	142	143	144	145	146	147	148	149	150	151	152
2		242		244		246		248		250		252
3		342			345			348			351	
4				444				448				452
5					545					550		
6		642						648				
7		742							749			
8								848				
9					945							
10										1050		
11				1144								
12								1248				

13												1352
14		1442										
15					1545							
16								1648				
17											1751	
18												
19												
20												
21		2142										
22				2244								
23						2346						
24								2448				
25										2550		
26												2652
27												
28												
29												
30												
31												
32												
33												
34												
35												
36												
37												
38												
39												
40												
41	4141											
42		4242										
43			4343									
44				4444								
45					4545							
46						4646						
47							4747					
48								4848				

49							4949				
50								5050			
51									5151		
52										5252	
53											
54											
55											
56											
57											
58											
59											
60											
61											
62											
63											

Quadro - 3.3 (continuação)

	53	54	55	56	57	58	59	60	61	62	63
1	153	154	155	156	157	158	159	160	161	162	163
2		254		256		258		260		262	
3		354			357			360			363
4				456				460			
5			555					560			
6		654						660			
7				756							763
8				856							
9		954									963
10								1060			
11			1155								
12								1260			
13											
14				1456							
15								1560			
16											
17											

18		1854									
19					1957						
20								2060			
21											2163
22											
23											
24											
25											
26											
27		2754									
28				2856							
29						2958					
30								3060			
31										3162	
32											
33											
34											
35											
36											
37											
38											
39											
40											
41											
42											
43											
44											
45											
46											
47											
48											
49											
50											
51											
52											
53	5353										

54		5454									
55			5555								
56				5656							
57					5757						
58						5858					
59							5959				
60								6060			
61									6161		
62										6262	
63											6363

Quadro - 3.4

	1	2	3	4	5	6	7	8	9	10	11	12	13
1	0.17	0.19	0.21	0.22	0.24	0.25	0.27	0.29	0.30	1.75	1.76	1.78	1.79
2	0.33	0.35		0.38		0.41		0.44		3.33		3.37	
3	0.49		0.52			0.57			0.62			4.95	
4	0.65	0.67		0.70				0.76				6.54	
5	0.81				0.87					8.10			
6	0.97	0.98	1.00			1.05						9.71	
7	1.13						1.22						
8	1.29	1.30		1.33				1.40					
9	1.44		1.48						1.57				
10	1.60	1.62			1.67					16.03			
11	1.76										17.63		
12	1.92	1.94	1.95	1.97		2.00						19.24	
13	2.08												20.84

14	2.24	2.25					2.33							
15	2.40		2.43		2.46									
16	2.56	2.57		2.60				2.67						
17	2.71													
18	2.87	2.89	2.90			2.95			3.00					
19	3.03													
20	3.19	3.21		3.24	3.25						31.90			
21	3.35		3.38				3.44							
22	3.51	3.52										35.10		
23	3.67													
24	3.83	3.84	3.86	3.87		3.90		3.94					38.29	
25	3.98				4.05									
26	4.14	4.16												41.48
27	4.30		4.33						4.43					
28	4.46	4.48		4.51			4.56							
29	4.62													
30	4.78	4.79	4.81		4.84	4.86					47.78			
31	4.94													
32	5.10	5.11		5.14				5.21						

33	5.25		5.29								52.56		
34	5.41	5.43											
35	5.57				5.63		5.67						
36	5.73	5.75	5.76	5.78		5.81			5.86			57.33	
37	5.89												
38	6.05	6.06											
39	6.21		6.24										62.11
40	6.37	6.38		6.41	6.43			6.48		63.65			
41	6.52												
42	6.68	6.70	6.71			6.76	6.78						
43	6.84												
44	7.00	7.02		7.05							70.02		
45	7.16		7.19		7.22				7.29				
46	7.32	7.33											
47	7.48												
48	7.63	7.65	7.67	7.68		7.71		7.75				76.38	
49	7.79						7.89						
50	7.95	7.97			8.02					79.52			
51	8.11		8.14										

	14	15	16	17	18	19	20	21	22	23	24	25
52	8.27	8.29		8.32								82.75
53	8.43											
54	8.59	8.60	8.62		8.67			8.71				
55	8.75				8.81					87.48		
56	8.90	8.92		8.95		9.00	9.02					
57	9.06		9.10									
58	9.22	9.24										
59	9.38											
60	9.54	9.56	9.57	9.59	9.60	9.62			95.40		95.43	
61	9.70											
62	9.86	9.87										
63	10.02		10.05			10.11		10.14				

Quadro - 3.4 (continuação)

	14	15	16	17	18	19	20	21	22	23	24	25
1	1.81	1.83	1.84	1.86	1.87	1.89	1.90	1.92	1.94	1.95	1.97	1.98
2	3.40		3.43		3.46		3.49		3.52		3.56	
3		5.00			5.05			5.10			5.14	
4			6.60				6.67				6.73	
5		8.17					8.25					8.33
6					9.81						9.90	
7	11.33							11.44				
8			12.95								13.08	

9					14.57							
10							16.19					
11									17.81			
12											19.43	
13												
14	22.44											
15		24.05										
16			25.65									
17				27.25								
18					28.86							
19						30.46						
20							32.06					
21								33.67				
22									35.27			
23										36.87		
24											38.48	
25												40.08
26												
27												

28	44.67										
29											
30		47.86									
31											
32			51.05								
33											
34				54.24							
35											
36					57.43						
37											
38						60.62					
39											
40							63.81				
41											
42	66.89							67.00			
43											
44									70.19		
45		71.67									
46										73.38	

	26	27	28	29	30	31	32	33	34	35	36	37
47												
48			76.44								76.57	
49												
50												79.76
51				81.22								
52												
53												
54					86.00							
55												
56	89.11											
57						90.78						
58												
59												
60		95.48					95.56					
61												
62												
63								100.33				

Quadro - 3.4 (continuação)

	26	27	28	29	30	31	32	33	34	35	36	37

1	2.00	2.02	2.03	2.05	2.06	2.08	2.10	2.11	2.13	2.14	2.16	2.17
2	3.59		3.62		3.65		3.68		3.71		3.75	
3		5.19			5.24			5.29			5.33	
4			6.79				6.86				6.92	
5					8.41					8.49		
6					10.00						10.10	
7			11.56							11.67		
8							13.21					
9		14.71									14.86	
10					16.35							
11								17.98				
12											19.62	
13	21.05											
14			22.67									
15					24.29							
16							25.90					
17									27.52			
18											29.14	
19												
20												
21												

22												
23												
24												
25												
26	41.68											
27		43.29										
28			44.89									
29				46.49								
30					48.10							
31						49.70						
32							51.30					
33								52.90				
34									54.51			
35										56.11		
36											57.71	
37												59.32
38												
39												
40												

41											
42											
43											
44											
45											
46											
47											
48											
49											
50											
51											
52	82.95										
53											
54		86.14									
55											
56			89.33								
57											
58				92.52							
59											

60					95.71							
61												
62						98.90						
63												

Quadro - 3.4 (continuação)

	38	39	40	41	42	43	44	45	46	47	48	49
1	2.19	2.21	2.22	2.24	2.25	2.27	2.29	2.30	2.32	2.33	2.35	2.37
2	3.78		3.81		3.84		3.87		3.90		3.94	
3		5.38			5.43			5.48			5.52	
4			6.98				7.05				7.11	
5			8.57					8.65				
6					10.19						10.29	
7					11.78							11.89
8			13.33								13.46	
9								15.00				
10			16.51									
11							18.16					
12											19.81	
13		21.25										
14					22.89							
15								24.52				

16											26.16	
17												
18												
19	30.76											
20			32.38									
21					34.00							
22							35.62					
23									37.24			
24											38.86	
25												
26												
27												
28												
29												
30												
31												
32												
33												
34												

35												
36												
37												
38	60.92											
39		62.52										
40			64.13									
41				65.73								
42					67.33							
43						68.94						
44							70.54					
45								72.14				
46									73.75			
47										75.35		
48											76.95	
49												78.56
50												
51												
52												
53												

54												
55												
56												
57												
58												
59												
60												
61												
62												
63												

Quadro - 3.4 (continuação)

	50	51	52	53	54	55	56	57	58	59	60	61
1	2.38	2.40	2.41	2.43	2.44	2.46	2.48	2.49	2.51	2.52	2.54	2.56
2	3.97		4.00		4.03		4.06		4.10		4.13	
3		5.57			5.62			5.67			5.71	
4			7.17				7.24				7.30	
5	8.73					8.81					8.89	
6					10.38						10.48	
7							12.00					
8							13.59					
9					15.14							

10	16.67										16.83	
11						18.33						
12											20.00	
13			21.46									
14							23.11					
15											24.76	
16												
17		27.79										
18					29.43							
19								31.06				
20											32.70	
21												
22												
23												
24												
25	40.48											
26			42.10									
27					43.71							
28							45.33					

29								46.95			
30										48.57	
31											
32											
33											
34											
35											
36											
37											
38											
39											
40											
41											
42											
43											
44											
45											
46											
47								46.95			

48												
49												
50	80.16											
51		81.76										
52			83.37									
53				84.97								
54					86.57							
55						88.17						
56							89.78					
57								91.38				
58									92.98			
59										94.59		
60											96.19	
61												97.79
62												
63												

Quadro - 3.4 (continuação)

	62	63		62	63		62	63
1	2.57	2.59	22			43		
2	4.16		23			44		

3		5.76	24			45		
4			25			46		
5			26			47		
6			27			48		
7		12.11	28			49		
8			29			50		
9		15.29	30			51		
10			31	50.19		52		
11			32			53		
12			33			54		
13			34			55		
14			35			56		
15			36			57		
16			37			58		
17			38			59		
18			39			60		
19			40			61		
20			41			62	99.40	
21		34.33	42			63		101.00

Vamos agora analisar a possibilidade de preencher as restantes entradas da tabela. Observamos que as entradas da Tabela - 3.4 representam pares de elementos com resto 0. Esta é uma das razões para a tabela estar incompleta. Vamos agora continuar a procurar pares de números a, b, $1 \leq$ a, b ≤ 63 tais que a não divide b, a $\equiv$ r (mod b).

Vamos agora construir o diagrama de Hasse para um$\equiv$ r (mod b), r = 1. Como 1 divide todos os números, o menor elemento neste caso será 2. O diagrama de Hasse resultante é apresentado na Fig. 3.4.

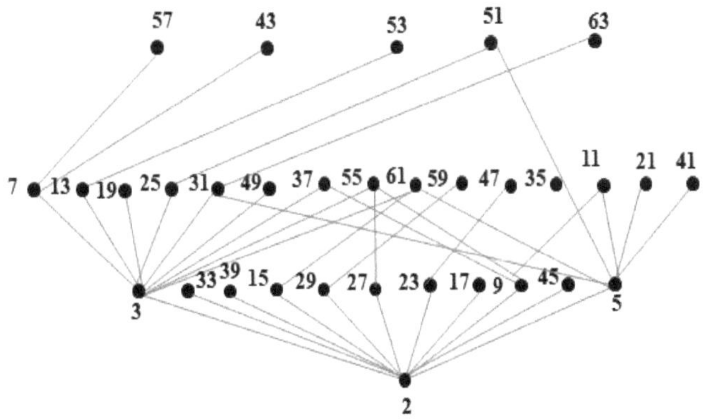

Fig. 3.4

Observamos que todas as combinações em falta na Fig. 3.2 não podem ser incluídas nestes casos. Por exemplo, quando 3 divide 4, o resto é 1, mas não há possibilidade de esta relação estar incluída na Fig. 3.4. Da mesma forma, quando 4 divide 5, o resto é 1, o que não aparece na Fig. 3.4. Note se que não há possibilidade de ambas as combinações aparecerem na Fig. 3.4. Para incluir todos os pares de números a, b tais que $a \equiv r \pmod{b}$ tal que r = 1, construímos diferentes diagramas de Hasse com os elementos mínimos 3, 4, 5, ..., 40. Estes são apresentados na Fig. 3.5.

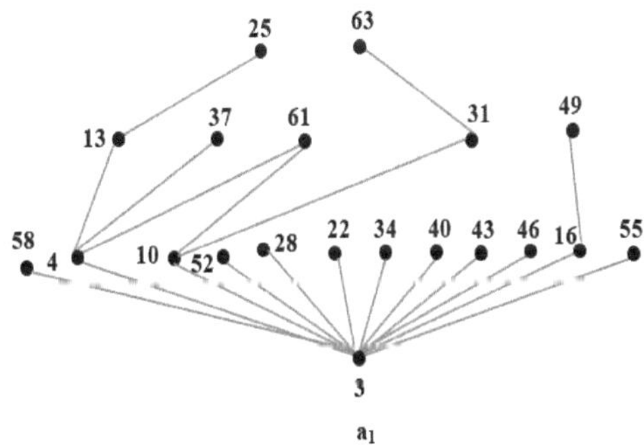

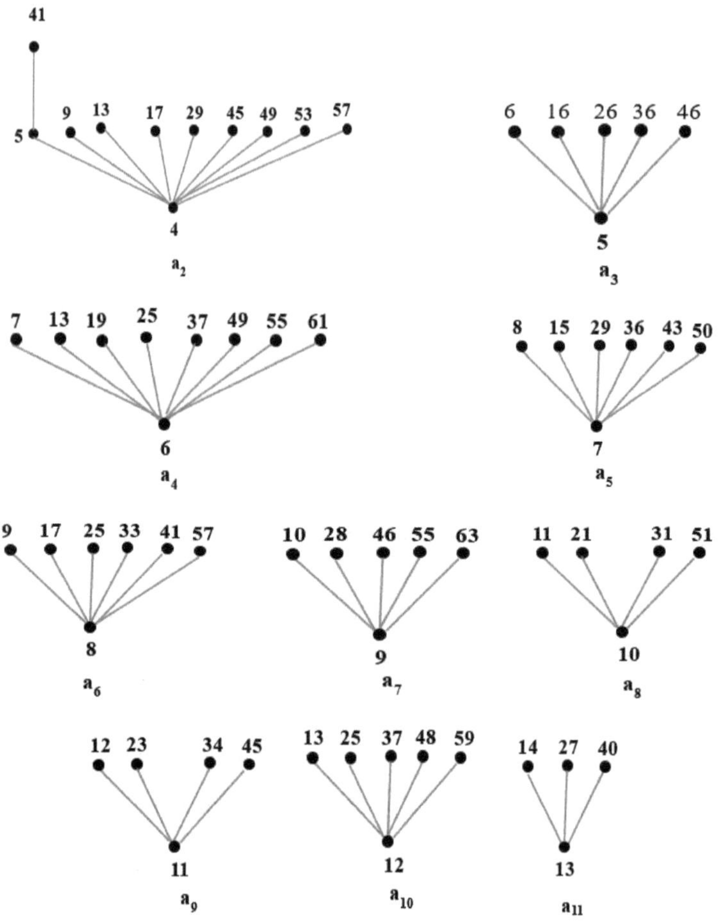

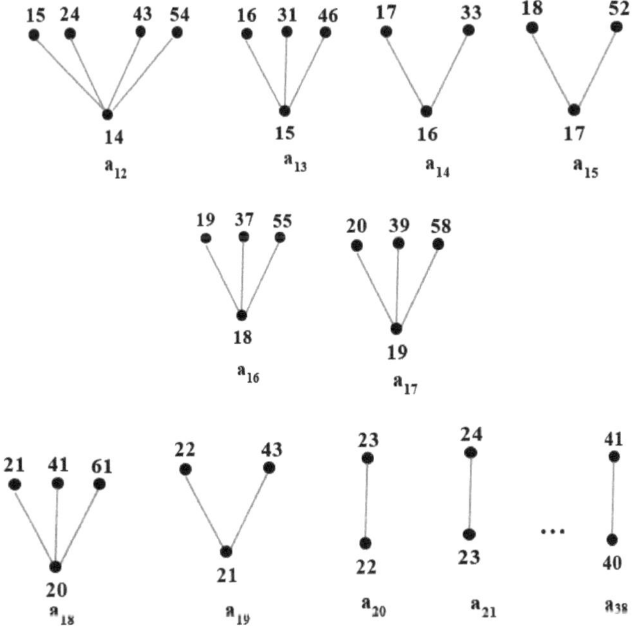

Fig. 3.5

Agora, como já foi discutido na Secção 3.2.3, temos de ir para a representação gráfica de todos estes diagramas de Hasse. Temos de fixar o vértice-chave. Como já foi decidido, vamos fixar o menor elemento como vértice-chave e ordenar os restantes números no sentido dos ponteiros do relógio com índices crescentes. Estas representações gráficas são apresentadas na Fig. 3.6. Todas estas arestas estão desenhadas a azul claro para especificar que o lembrete é 1.

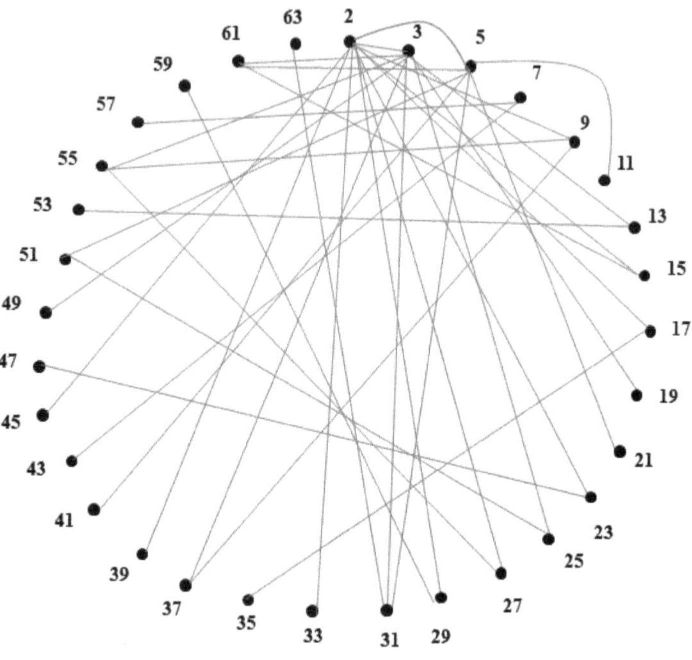

Fig. 3.6

Continuamos a incluir todos os pares de números a, b tais que a≡ r (mod b), r = 1 na Tabela - 3.3. Estas entradas são destacadas a azul claro (coincidindo com as cores das arestas na Fig. 3.5) para efeitos de compreensão. Para permitir o mesmo na Tabela - 3.5, continuamos. Para cada par de números a, b na Fig. 3.3 tal que a é parcialmente ordenado em relação a b, dividimos as entradas correspondentes na Tabela - 3.5 pelo menor elemento 2 e adicionamos-lhe o valor restante 1. Do mesmo modo, para cada par de números a, b na Fig. 3.5 (a₁) tal que a é parcialmente ordenado por b, dividimos as entradas correspondentes na Tabela - 3.5 pelo menor elemento 3 e adicionamos-lhe o valor restante 1. Continuamos assim para todo o diagrama de Hasse da Fig. 3.5, ou seja, dividimos pelo menor elemento de cada diagrama de Hasse e adicionamos-lhe o valor restante 1. As entradas resultantes são apresentadas na Tabela - 3.6. Note-

se que estas entradas estão destacadas a azul claro. As representações
gráficas da Fig. 3.5 são apresentadas na Fig. 3.7.

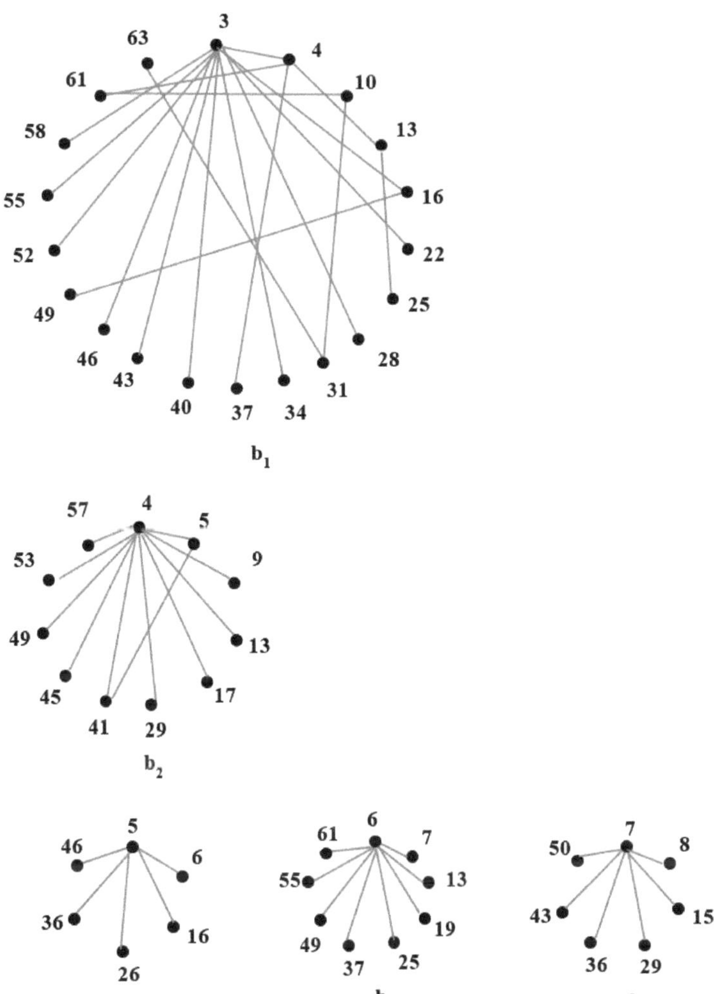

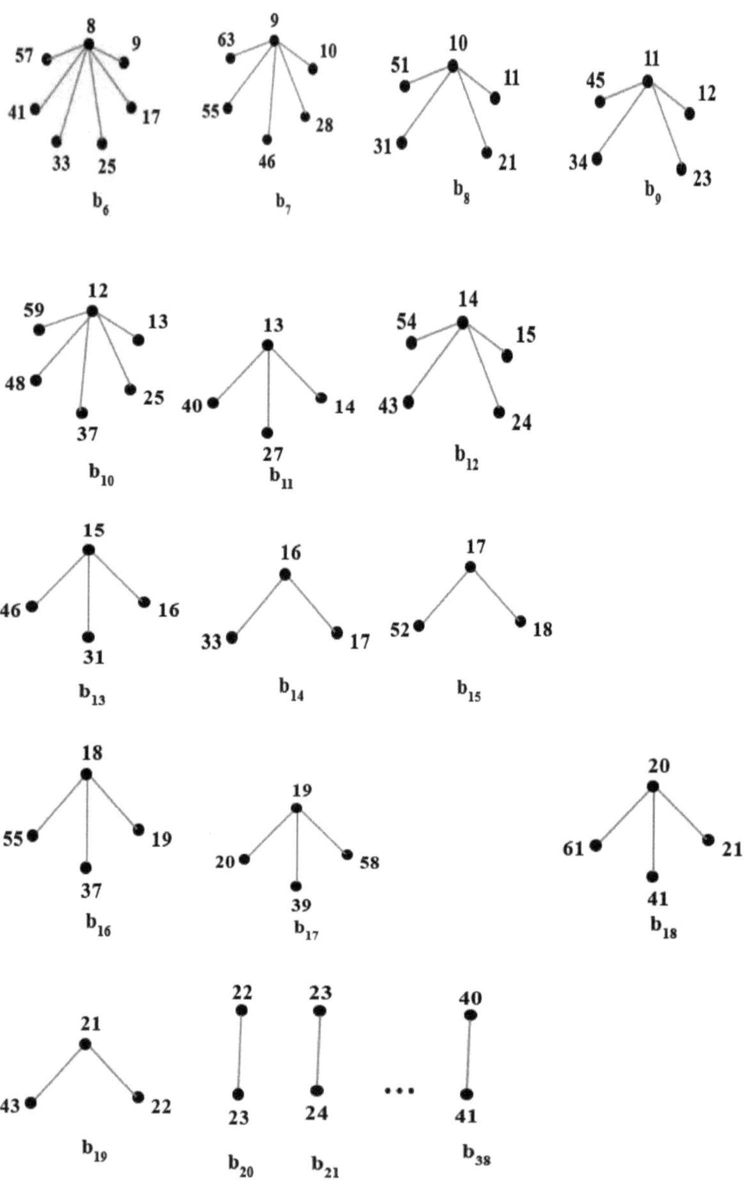

Fig. 3.7

Quadro - 3.5

	1	2	3	4	5	6	7	8	9	10	11	12	13	14

1	11	12	13	14	15	16	17	18	19	110	111	112	113	114
2	21	22	23	24	25	26	27	28	29	210	211	212	213	214
3	31	32	33	34		36	37		39	310		312	313	
4	41	42	43	44	45			48	49			412	413	
5	51	52		54	55	56				510	511			
6	61	62	63		65	66	67					612	613	
7	71	72	73			76	77	78						714
8	81	82		84			87	88	89					
9	91	92	93	94				98	99	910				
10	101	102	103		105				109	1010	1011			
11	111	112			115					1110	1111	1112		
12	121	122	123	124		126					1211	1212	1213	
13	131	132	133	134		136						1312	1313	1314
14	141	142				147							1413	1414
15	151	152	153		155		157							1514
16	161	162	163	164	165			168						
17	171	172		174				178						
18	181	182	183			186			189					
19	191	192	193			196			199					
20	201	202		204	205					2010				
21	211	212	213	214	215		217			2110				
22	221	222	223				227				2211			
23	231	232									2311			

24	241	242	243	244		246		248				2412		
25	251	252	253	254	255	256		258				2512		
26	261	262			265								2613	
27	271	272	273						279				2713	
28	281	282	283	284			287		289					2814
29	291	292		294			297							2914
30	301	302	303		305	306				3010				
31	311	312	313		315	316				3110				
32	321	322		324		326		328						
33	331	332	333	334				338			3311			
34	341	342	343								3411			
35	351	352			355		357							
36	361	362	363	364	365	366	367		369			3612		
37	371	372	373	374		376			379			3712		
38	381	382												
39	391	392	393		395								3913	
40	401	402	403	404	405			408		4010			4013	
41	411	412		414				418		4110				
42	421	422	423			426	427							4214

43	431	432	433			436	437							4314
44	441	442		444	445						4411			
45	451	452	453	454	455				459		4511			
46	461	462	463						469					
47	471	472												
48	481	482	483	484		486		488				4812		
49	491	492	493	494	495	496	497	498				4912		
50	501	502			505		507			5010				
51	511	512	513							5110				
52	521	522	523	524									5213	
53	531	532		534									5313	
54	541	542	543		545	546			549					
55	551	552	553		555	556			559		5511			
56	561	562		564	565		567	568			5611			5614
57	571	572		574			577	578						5714
58	581	582	583											
59	591	592			593									
60	601	602	603	604	605	606				6010		6012		
61	611	612	613	614		616				6110		6112		

62	621	622											
63	631	632	633				637		639				

Quadro - 3.5 (continuação)

	15	16	17	18	19	20	21	22	23	24	25
1	115	116	117	118	119	120	121	122	123	124	125
2	215	216	217	218	219	220	221	222	223	224	225
3	315	316		318	319		321	322		324	325
4		416				420	421			424	425
5	515	516				520					525
6				618	619					624	625
7	715						721	722			
8		816	817							824	825
9				918	919						
10							1021				
11								1122	1123		
12										1224	1225
13											
14	1415										
15	1515	1516									
16	1615	1616	1617								
17		1716	1717	1718							
18			1817	1818	1819						
19				1918	1919	1920					
20					2019	2020	2021				
21						2120	2121	2122			
22							2221	2222	2223		
23								2322	2323	2324	
24									2423	2424	2425
25										2524	2525
26											2625
27											
28											
29											

30	3015										
31	3115										
32		3216									
33		3316									
34											
35			3517								
36				3618							
37				3718							
38					3819						
39					3919						
40						4020					
41						4120					
42							4221				
43							4321				
44								4422			
45	4515							4522			
46	4615								4623		
47									4723		
48		4816								4824	
49		4916								4924	
50											5025
51			5117								5125
52											
53											
54				5418							
55				5518							
56											
57					5719						
58					5819						
59											
60	6015					6020					
61	6115					6120					
62											
63							6321				

Quadro - 3.5 (continuação)

	26	27	28	29	30	31	32	33	34	35	36	37	38
1	126	127	128	129	130	131	132	133	134	135	136	137	138
2	226	227	228	229	230	231	232	233	234	235	236	237	238
3		327	328		330	331		333	334		336	337	
4			428	429			432	433			436	437	
5	526				530	531				535	536		
6					630	631					636	637	
7			728	729						735	736		
8							832	833					
9		927	928								936	937	
10					1030	1031							
11								1133	1134				
12											1236	1237	
13	1326	1327											
14			1428	1429									
15					1530	1531							
16							1632	1633					
17									1734	1735			
18									1834		1836	1837	
19											1936		1938
20													2038
21													
22													

23													
24													
25	2526												
26	2626	2627											
27	2726	2727	2728										
28		2827	2828	2829									
29			2928	2929	2930								
30				3029	3030	3031							
31					3130	3131	3132						
32						3231	3232	3233					
33							3332	3333	3334				
34								3433	3434	3435			
35									3534	3535	3536		
36										3635	3636	3637	
37											3736	3737	3738
38												3837	3838
39													3938
40													
41													

42												
43												
44												
45												
46												
47												
48												
49												
50												
51												
52	5226											
53	5326											
54		5427										
55		5527										
56			5628									
57			5728									
58				5829								
59				5929								
60					6030							

6					6130								
1													
6 2					6231								
6 3					6331								

Quadro - 3.5 (continuação)

	39	40	41	42	43	44	45	46	47	48	49	50	51
1	139	140	141	142	143	144	145	146	147	148	149	150	151
2	239	240	241	242	243	244	245	246	247	248	249	250	251
3	339	340		342	343		345	346		348	349		351
4		440	441			444	445			448	449		
5		540	541				545	546				550	551
6				642	643					648	649		
7				742	743						749	750	
8		840	841							848			
9							945	946					
10		1040	1041									1050	1051
11						1144	1145						
12										1248	1249		
13	1339	1340											
14				1442	1443								
15							1545	1546					
16										1648	1649		
17													1751
18													

19	1939											
20		2040	2041									
21				2142	2143							
22						2244	2245					
23								2346	2347			
24										2448	2449	
25												2550	2551
26												
27												
28												
29												
30												
31												
32												
33												
34												
35												
36												
37												

38	3839												
39	3939	3940											
40	4039	4040	4041										
41		4140	4141										
42			4241	4242									
43					4343								
44						4444							
45							4545						
46								4646					
47									4747				
48										4848			
49											4949		
50												5050	
51													5151
52													
53													
54													
55													
56													

57													
58													
59													
60													
61													
62													
63													

Quadro - 3.5 (continuação)

	52	53	54	55	56	57	58	59	60	61	62	63
1	152	153	154	155	156	157	158	159	160	161	162	163
2	252	253	254	255	256	257	258	259	260	261	262	263
3	352		354	355		357	358		360	361		363
4	452	453			456	457			460	461		
5				555	556				560	561		
6			654	655					660	661		
7					756	757						763
8					856						862	863
9			954	955					960	961		
10									1060	1061		
11				1155	1156							
12									1260	1261		
13	1352	1353										
14					1456	1457						
15									1560	1561		
16												
17	1752											
18			1854	1855								
19						1957	1958					

20									2060	2061		
21												2163
22												
23												
24												
25												
26	2652	2653										
27			2754	2755								
28					2856	2857						
29							2958	2959				
30									3060	3061		
31											3162	
32												
33												
34												
35												
36												
37												
38												
39												
40												
41												
42												
43												
44												
45												
46												
47												
48												
49												
50												
51												
52	5252											
53		5353										
54			5454									
55				5555								

	1	2	3	4	5	6	7	8	9	10	11	12
56					5656							
57						5757						
58							5858					
59								5959				
60									6060			
61										6161		
62											6262	
63												6363

Quadro - 3.6

	1	2	3	4	5	6	7	8	9	10	11	12
1	0.17	0.19	0.21	0.22	0.24	0.25	0.27	0.29	0.30	1.75	1.76	1.78
2	0.33	0.35	12.50	0.38	13.50	0.41	14.50	0.44	15.50	3.33	106.50	3.37
3	0.49	17.00	0.52	12.33		0.57	19.50		0.62	104.33		4.95
4	0.65	0.67	15.33	0.70	12.25			0.76	13.25			6.54
5	0.81	27.00		14.50	0.87	12.20				8.10	256.50	
6	0.97	0.98	1.00		14.00	1.05	1.06					9.71
7	1.13	37.00	37.50			1.21	1.22	12.14				
8	1.29	1.30		1.33			13.43	2.40	12.13			
9	1.44	47.00	1.48	24.50				13.25	1.57	102.11		
10	1.60	1.62	35.33		1.67				13.11	16.03	102.10	
11	1.76	57.00			58.50					112.00	17.63	102.09
12	1.92	1.94	1.95	1.97		2.00					111.09	19.24
13	2.08	67.00	67.50	34.50		2.16						110.33
14	2.24	2.25					2.33					
15	2.40	77.00	2.43		2.46		23.43					
16	2.56	2.57	55.33	2.60	34.00			2.67				
17	2.71	87.00		44.50				23.25				
18	2.87	2.89	2.90			35.00			3.00			
19	3.03	97.00	97.50			36.67			100.50			
20	3.19	3.21		3.24	3.25					31.90		
21	3.35	107.00	3.38	54.50	108.50		3.44			212.00		
22	3.51	3.52	75.33				76.67				35.10	
23	3.67	117.00									211.09	

24	3.83	3.84	3.86	3.87		45.00		3.94				38.29
25	3.98	127.00	127.50	85.67	4.05	45.67		33.25				210.33
26	4.14	4.16			54.00							
27	4.30	137.00	4.33						4.43			
28	4.46	4.48	95.33	4.51			4.56		33.11			
29	4.62	147.00		74.50			43.43					
30	4.78	4.79	4.81		4.84	54.00				47.78		
31	4.94	157.00	157.50		158.50	55.67				1037.67		
32	5.10	5.11		5.14		57.33		5.21				
33	5.25	167.00	5.29	84.50				43.25			52.56	
34	5.41	5.43	115.33								311.09	
35	5.57	177.00			5.63		5.67					
36	5.73	5.75	5.76	5.78	74.00	63.00	53.43		5.86			57.33
37	5.89	187.00	187.50	125.67		64.67			190.50			310.33
38	6.05	6.06										
39	6.21	197.00	6.24		83.00							
40	6.37	6.38	135.33	6.41	6.43			6.48		63.65		
41	6.52	207.00		104.50				53.25		412.00		
42	6.68	6.70	6.71			73.00	6.78					
43	6.84	217.00	217.50			74.67	219.50					
44	7.00	7.02		7.05	93.00						70.02	
45	7.16	227.00	7.19	114.50	7.22				7.29		411.09	
46	7.32	7.33	155.33						53.11			
47	7.48	237.00										
48	7.63	7.65	7.67	7.68		82.00		7.75				76.38
49	7.79	247.00	247.50	124.50	103.00	100.20	7.89	63.25				410.33
50	7.95	7.97			8.02		73.43			79.52		
51	8.11	257.00	8.14							512.00		
52	8.27	8.29	175.33	8.32								
53	8.43	267.00		134.50								
54	8.59	8.60	8.62		113.00	110.20			8.71			
55	8.75	277.00	277.50		8.81	93.67				280.50	87.48	
56	8.90	8.92		8.95	114.00		9.00	9.02			1123.20	
57	9.06	287.00		192.33			289.50	73.25				

58	9.22	9.24	195.33									
59	9.38	297.00			122.60							
60	9.54	9.56	9.57	9.59	9.60	102.00				95.40		95.43
61	9.70	307.00	307.50	205.67		103.67				2037.67		510.33
62	9.86	9.87										
63	10.02	317.00	10.05				10.11		10.14			

Quadro - 3.6 (continuação)

	13	14	15	16	17	18	19	20	21	22	23	24
1	1.79	1.81	1.83	1.84	1.86	1.87	1.89	1.90	1.92	1.94	1.95	1.97
2	107.50	3.40	108.50	3.43	109.50	3.46	110.50	3.49	111.50	3.52	112.50	3.56
3	157.50		5.00	106.33		5.05	160.50		5.10	108.33		5.14
4	104.25			6.60				6.67	106.25			6.73
5			8.17	104.20				8.25				
6	9.73					107.00	107.17					108.00
7		11.33	103.14						11.44	241.67		
8				12.95	103.13							13.08
9						14.57	460.50					
10								16.19	103.10			
11										17.81	103.09	
12	102.08											19.43
13	20.84	102.08										
14	109.69	22.44	102.07									
15		109.14	24.05	102.07								

16			108.67	25.65	102.06							
17				108.25	27.25	102.06						
18					107.88	28.86	102.06					
19						107.56	30.46	102.05				
20							107.26	32.06	102.05			
21								107.00	33.67	102.05		
22									106.76	35.27	102.05	
23										106.55	36.87	102.04
24											106.35	38.48
25												106.17
26	41.48											
27	209.69											
28		44.67										
29		209.14										
30			47.86									
31			208.67									
32				51.05								
33				208.25								
34					54.24							

35					1759.50							
36						57.43						
37						207.56						
38							60.62					
39	62.11						207.26					
40	309.69							63.81				
41								207.00				
42		66.89							67.00			
43		309.14							206.76			
44										70.19		
45			71.67							206.55		
46			308.67								73.38	
47											206.35	
48				76.44								76.57
49				1639.67								206.17
50												
51					81.22							
52	82.75				307.88							
53	2657.50											

54						86.00					
55						307.56					
56		89.11									
57		409.14					90.78				
58							307.26				
59											
60			95.48					95.56			
61			3058.50					307.00			
62											
63									100.33		

Quadro - 3.6 (continuação)

	25	26	27	28	29	30	31	32	33	34
1	1.98	2	2.02	2.03	2.05	2.06	2.08	2.1	2.11	2.13
2	113.5	3.59	114.5	3.62	115.5	3.65	116.5	3.68	117.5	3.71
3	163.5		5.19	110.33		5.24	166.5		5.29	112.33
4	142.67			6.79	108.25			6.86	109.25	
5	8.33	106.2				8.41	266.5			
6	107.17					108	108.17			
7				11.56	105.14					
8	104.13							13.21	105.13	
9			14.71	104.11						
10						16.35	344.67			
11								17.98		104.09
12	103.08									
13		21.05	103.08							

14				22.67	103.07					
15						24.29	103.07			
16								25.9	103.06	
17										27.52
18										118.89
19										
20										
21										
22										
23										
24	102.04									
25	40.08	102.04								
26	106	41.68	102.04							
27		105.85	43.29	102.04						
28			105.7	44.89	102.04					
29				105.57	46.49	102.03				
30					105.45	48.1	102.03			
31						105.33	49.7	102.03		
32							105.23	51.3	102.03	
33								105.13	52.9	102.03
34									105.03	54.51
35										104.94
36										
37										
38										
39										
40										
41										
42										

43									
44									
45									
46									
47									
48									
49									
50	79.76								
51	2563.5								
52		82.95							
53		205.85							
54			86.14						
55			205.7						
56				89.33					
57				1910.33					
58					92.52				
59					2965.5				
60						95.71			
61						205.33			
62							98.9		
63							2111.33		

Quadro - 3.6 (continuação)

	35	36	37	38	39	40	41	42	43
1	2.14	2.16	2.17	2.19	2.21	2.22	2.24	2.25	2.27
2	110.5	3.75	119.5	3.78	120.5	3.01	121.5	3.84	122.5
3		5.33	169.5		5.38	114.33		5.43	172.5
4		6.92	146.67			6.98	111.25		
5	8.49	108.2				8.57	271.5		
6		108	108.17					109	109.17
7	11.67	106.14						11.78	372.5
8						13.33	106.13		
9		14.86	469.5						

10						16.51	105.1		
11									
12		19.62	104.08						
13					21.25	104.08			
14								22.89	104.07
15									
16									
17	868.5								
18		29.14	103.06						
19		118.89		30.76	103.05				
20				119.9		32.38	103.05		
21								34	103.05
22									
23									
24									
25									
26									
27									
28									
29									
30									
31									
32									
33									
34	102.03								
35	56.11								
36	104.86	57.71	102.03						
37		104.78	59.32	102.03					
38			104.7	60.92	102.03				
39				104.63	62.52	102.03			
40					104.56	64.13	102.03		
41						104.5	65.73		
42							103.44	67.33	
43									68.94
44									
45									
46									
47									
48									
49									
50									
51									
52									
53									
54									
55									
56		19.62	104.08						

57								
58								
59								
60								
61								
62								
63								

Quadro - 3.6 (continuação)

	44	45	46	47	48	49	50	51	52
1	2.29	2.30	2.32	2.33	2.35	2.37	2.38	2.40	2.41
2	3.87	123.50	3.90	124.50	3.94	125.50	3.97	126.50	4.00
3		5.48	116.33		5.52	175.50		5.57	118.33
4	7.05	112.25			7.11	113.25			7.17
5		8.65	110.20				8.73	276.50	
6					109.00	130.80			
7						11.89	108.14		
8					13.46				
9		15.00	106.11						
10							16.67	106.10	
11	18.16	105.09							
12					19.81	105.08			
13									21.46
14									
15		24.52	104.07						
16					26.16	550.67			
17								27.79	104.06
18									
19									
20									
21									
22	35.62	103.05							
23			37.24	103.04					
24					38.86	103.04			
25							40.48	1276.50	
26									42.10
27									

28									
29									
30									
31									
32									
33									
34									
35									
36									
37									
38									
39									
40									
41									
42									
43									
44	70.54								
45		72.14							
46			73.75						
47				75.35					
48					76.95				
49						78.56			
50							80.16		
51								81.76	
52									83.37
53									
54									
55									
56									
57									
58									
59									
60									
61									

62										
63										

Quadro - 3.6 (continuação)

	53	54	55	56	57	58	59	60	61	62	63
1	2.43	2.44	2.46	2.48	2.49	2.51	2.52	2.54	2.56	2.57	2.59
2	127.50	4.03	128.50	4.06	129.50	4.10	130.50	4.13	131.50	4.16	131.50
3		5.62	178.50		5.67	120.33		5.71	181.50		5.76
4	114.25			7.24	153.33			7.30	154.67		
5			8.81	112.20				8.89	281.50		
6		131.80	110.17					111.00	111.17		
7				12.00	379.50						12.11
8				13.59						113.75	114.88
9		15.14	478.50					112.67	113.78		
10								16.83	354.67		
11			18.33	232.20							
12								20.00	106.08		
13	677.50										
14				23.11	105.07						
15								24.76	781.50		
16											
17											
18		29.43	104.06								
19					31.06	104.05					
20								32.70	104.05		
21											34.33
22											
23											
24											
25											
26	103.04										
27		43.71	103.04								
28				45.33	953.33						
29					46.95	1480.50					

30							48.57	103.03			
31										50.19	1055.33
32											
33											
34											
35											
36											
37											
38											
39											
40											
41											
42											
43											
44											
45											
46											
47											
48											
49											
50											
51											
52											
53	84.97										
54		86.57									
55			88.17								
56				89.78							
57					91.38						
58						92.98					
59							94.59				
60								96.19			
61									97.79		
62										99.40	
63											101.00

Nesta fase, verificamos que a Tabela - 3.6 ainda está incompleta. Isto porque considerámos apenas os pares de números a, b tais que a≡ r (mod b), r = 1, 2. Ainda nos restam os números a, b, a≡ r (mod b), r = 3, 4, ..., 39. Continuamos a desenhar os diagramas de Hasse e, portanto, a representação gráfica resultante para todos os pares de elementos a, b, a≡ r (mod b), r = 3, 4, 5, ..., 39. Prosseguimos também com as entradas da tabela correspondente. Os valores resultantes podem ser vistos na Tabela - 3.7 e 3.8. As entradas estão destacadas a verde. Note-se que, ao determinar as entradas na Tabela - 3.8, as entradas correspondentes da Tabela - 3.7 são divididas pelo menor elemento do diagrama de Hasse relevante e adicionando-lhe o valor restante.

Quadro - 3.7

	1	2	3	4	5	6	7	8	9	10	11	12	13	14	15	16
1	11	12	13	14	15	16	17	18	19	110	111	112	113	114	115	116
2	21	22	23	24	25	26	27	28	29	210	211	212	213	214	215	216
3	31	32	33	34	35	36	37	38	39	310	311	312	313	314	315	316
4	41	42	43	44	45	46	47	48	49	410	411	412	413	414	415	416
5	51	52	53	54	55	56	57	58	59	510	511	512	513	514	515	516
6	61	62	63	64	65	66	67	68	69	610	611	612	613	614	615	616
7	71	72	73	74	75	76	77	78	79	710	711	712	713	714	715	716
8	81	82	83	84	85	86	87	88	89	810	811	812	813	814	815	816
9	91	92	93	94	95	96	97	98	99	910	911	912	913	914	915	916
10	101	102	103	104	105	106	107	108	109	1010	1011	1012	1013	1014	1015	1016
11	111	112	113	114	115	116	117	118	119	1110	1111	1112	1113	1114	1115	1116
12	121	122	123	124	125	126	127	128	129	1210	1211	1212	1213	1214	1215	1216
13	131	132	133	134	135	136	137	138	139	1310	1311	1312	1313	1314	1315	1316
14	141	142	143	144	145	146	147	140	149	1410	1411	1412	1413	1414	1415	1416
15	151	152	153	154	155	156	157	158	159	1510	1511	1512	1513	1514	1515	1516
16	161	162	163	164	165	166	167	168	169	1610	1611	1612	1613	1614	1615	1616
17	171	172	173	174	175	176	177	178	179	1710	1711	1712	1713	1714	1715	1716

18	181	182	183	184	185	186	187	188	189	1810	1811	1812	1813	1814	1815	1816
19	191	192	193	194	195	196	197	198	199	1910	1911	1912	1913	1914	1915	1916
20	201	202	203	204	205	206	207	208	209	2010	2011	2012	2013	2014	2015	2016
21	211	212	213	214	215	216	217	218	219	2110	2111	2112	2113	2114	2115	2116
22	221	222	223	224	225	226	227	228	229	2210	2211	2212	2213	2214	2215	2216
23	231	232	233	234	235	236	237	238	239	2310	2311	2312	2313	2314	2315	2316
24	241	242	243	244	245	246	247	248	249	2410	2411	2412	2413	2414	2415	2416
25	251	252	253	254	255	256	257	258	259	2510	2511	2512	2513	2514	2515	2516
26	261	262	263	264	265	266	267	268	269	2610	2611	2612	2613	2614	2615	2616
27	271	272	273	274	275	276	277	278	279	2710	2711	2712	2713	2714	2715	2716
28	281	282	283	284	285	286	287	288	289	2810	2811	2812	2813	2814	2815	2816
29	291	292	293	294	295	296	297	298	299	2910	2911	2912	2913	2914	2915	2916
30	301	302	303	304	305	306	307	308	309	3010	3011	3012	3013	3014	3015	3016
31	311	312	313	314	315	316	317	318	319	3110	3111	3112	3113	3114	3115	3116
32	321	322	323	324	325	326	327	328	329	3210	3211	3212	3213	3214	3215	3216
33	331	332	333	334	335	336	337	338	339	3310	3311	3312	3313	3314	3315	3316
34	341	342	343	344	345	346	347	348	349	3410	3411	3412	3413	3414	3415	3416
35	351	352	353	354	355	356	357	358	359	3510	3511	3512	3513	3514	3515	3516
36	361	362	363	364	365	366	367	368	369	3610	3611	3612	3613	3614	3615	3616
37	371	372	373	374	375	376	377	378	379	3710	3711	3712	3713	3714	3715	3716
38	381	382	383	384	385	386	387	388	389	3810	3811	3812	3813	3814	3815	3816
39	391	392	393	394	395	396	397	398	399	3910	3911	3912	3913	3914	3915	3916
40	401	402	403	404	405	406	407	408	409	4010	4011	4012	4013	4014	4015	4016
41	411	412	413	414	415	416	417	418	419	4110	4111	4112	4113	4114	4115	4116
42	421	422	423	424	425	426	427	428	429	4210	4211	4212	4213	4214	4215	4216
43	431	432	433	434	435	436	437	438	439	4310	4311	4312	4313	4314	4315	4316
44	441	442	443	444	445	446	447	448	449	4410	4411	4412	4413	4414	4415	4416
45	451	452	453	454	455	456	457	458	459	4510	4511	4512	4513	4514	4515	4516
46	461	462	463	464	465	466	467	468	469	4610	4611	4612	4613	4614	4615	4616
47	471	472	473	474	475	476	477	478	479	4710	4711	4712	4713	4714	4715	4716
48	481	482	483	484	485	486	487	488	489	4810	4811	4812	4813	4814	4815	4816
49	491	492	493	494	495	496	497	498	499	4910	4911	4912	4913	4914	4915	4916
50	501	502	503	504	505	506	507	508	509	5010	5011	5012	5013	5014	5015	5016
51	511	512	513	514	515	516	517	518	519	5110	5111	5112	5113	5114	5115	5116

52	521	522	523	524	525	526	527	528	529	5210	5211	5212	5213	5214	5215	5216
53	531	532	533	534	535	536	537	538	539	5310	5311	5312	5313	5314	5315	5316
54	541	542	543	544	545	546	547	548	549	5410	5411	5412	5413	5414	5415	5416
55	551	552	553	554	555	556	557	558	559	5510	5511	5512	5513	5514	5515	5516
56	561	562	563	564	565	566	567	568	569	5610	5611	5612	5613	5614	5615	5616
57	571	572	573	574	575	576	577	578	579	5710	5711	5712	5713	5714	5715	5716
58	581	582	583	584	585	586	587	588	589	5810	5811	5812	5813	5814	5815	5816
59	591	592	593	593	593	593	593	593	593	5910	5911	5912	5913	5914	5915	5916
60	601	602	603	604	605	606	607	608	609	6010	6011	6012	6013	6014	6015	6016
61	611	612	613	614	615	616	617	618	619	6110	6111	6112	6113	6114	6115	6116
62	621	622	623	624	625	626	627	628	629	6210	6211	6212	6213	6214	6215	6216
63	631	632	633	634	635	636	637	638	639	6310	6311	6312	6313	6314	6315	6316

Quadro - 3.7 (continuação)

	17	18	19	20	21	22	23	24	25	26	27	28	29	30	31
1	117	118	119	120	121	122	123	124	125	126	127	128	129	130	131
2	217	218	219	220	221	222	223	224	225	226	227	228	229	230	231
3	317	318	319	320	321	322	323	324	325	326	327	328	329	330	331
4	417	418	419	420	421	422	423	424	425	426	427	428	429	430	431
5	517	518	519	520	521	522	523	524	525	526	527	528	529	530	531
6	617	618	619	620	621	622	623	624	625	626	627	628	629	630	631
7	717	718	719	720	721	722	723	724	725	726	727	728	729	730	731
8	817	818	819	820	821	822	823	824	825	826	827	828	829	830	831
9	917	918	919	920	921	922	923	924	925	926	927	928	929	930	931
10	1017	1018	1019	1020	1021	1022	1023	1024	1025	1026	1027	1028	1029	1030	1031
11	1117	1118	1119	1120	1121	1122	1123	1124	1125	1126	1127	1128	1129	1130	1131
12	1217	1218	1219	1220	1221	1222	1223	1224	1225	1226	1227	1228	1229	1230	1231
13	1317	1318	1319	1320	1321	1322	1323	1324	1325	1326	1327	1328	1329	1330	1331
14	1417	1418	1419	1420	1421	1422	1423	1424	1425	1426	1427	1428	1429	1430	1431
15	1517	1518	1519	1520	1521	1522	1523	1524	1525	1526	1527	1528	1529	1530	1531
16	1617	1618	1619	1620	1621	1622	1623	1624	1625	1626	1627	1628	1629	1630	1631
17	1717	1718	1719	1720	1721	1722	1723	1724	1725	1726	1727	1728	1729	1730	1731
18	1817	1818	1819	1820	1821	1822	1823	1824	1825	1826	1827	1828	1829	1830	1831
19	1917	1918	1919	1920	1921	1922	1923	1924	1925	1926	1927	1928	1929	1930	1931

20	2017	2018	2019	2020	2021	2022	2023	2024	2025	2026	2027	2028	2029	2030	2031
21	2117	2118	2119	2120	2121	2122	2123	2124	2125	2126	2127	2128	2129	2130	2131
22	2217	2218	2219	2220	2221	2222	2223	2224	2225	2226	2227	2228	2229	2230	2231
23	2317	2318	2319	2320	2321	2322	2323	2324	2325	2326	2327	2328	2329	2330	2331
24	2417	2418	2419	2420	2421	2422	2423	2424	2425	2426	2427	2428	2429	2430	2431
25	2517	2518	2519	2520	2521	2522	2523	2524	2525	2526	2527	2528	2529	2530	2531
26	2617	2618	2619	2620	2621	2622	2623	2624	2625	2626	2627	2628	2629	2630	2631
27	2717	2718	2719	2720	2721	2722	2723	2724	2725	2726	2727	2728	2729	2730	2731
28	2817	2818	2819	2820	2821	2822	2823	2824	2825	2826	2827	2828	2829	2830	2831
29	2917	2918	2919	2920	2921	2922	2923	2924	2925	2926	2927	2928	2929	2930	2931
30	3017	3018	3019	3020	3021	3022	3023	3024	3025	3026	3027	3028	3029	3030	3031
31	3117	3118	3119	3120	3121	3122	3123	3124	3125	3126	3127	3128	3129	3130	3131
32	3217	3218	3219	3220	3221	3222	3223	3224	3225	3226	3227	3228	3229	3230	3231
33	3317	3318	3319	3320	3321	3322	3323	3324	3325	3326	3327	3328	3329	3330	3331
34	3417	3418	3419	3420	3421	3422	3423	3424	3425	3426	3427	3428	3429	3430	3431
35	3517	3518	3519	3520	3521	3522	3523	3524	3525	3526	3527	3528	3529	3530	3531
36	3617	3618	3619	3620	3621	3622	3623	3624	3625	3626	3627	3628	3629	3630	3631
37	3717	3718	3719	3720	3721	3722	3723	3724	3725	3726	3727	3728	3729	3730	3731
38	3817	3818	3819	3820	3821	3822	3823	3824	3825	3826	3827	3828	3829	3830	3831
39	3917	3918	3919	3920	3921	3922	3923	3924	3925	3926	3927	3928	3929	3930	3931
40	4017	4018	4019	4020	4021	4022	4023	4024	4025	4026	4027	4028	4029	4030	4031
41	4117	4118	4119	4120	4121	4122	4123	4124	4125	4126	4127	4128	4129	4130	4131
42	4217	4218	4219	4220	4221	4222	4223	4224	4225	4226	4227	4228	4229	4230	4231
43	4317	4318	4319	4320	4321	4322	4323	4324	4325	4326	4327	4328	4329	4330	4331
44	4417	4418	4419	4420	4421	4422	4423	4424	4425	4426	4427	4428	4429	4430	4431
45	4517	4518	4519	4520	4521	4522	4523	4524	4525	4526	4527	4528	4529	4530	4531
46	4617	4618	4619	4620	4621	4622	4623	4624	4625	4626	4627	4628	4629	4630	4631
47	4717	4718	4719	4720	4721	4722	4723	4724	4725	4726	4727	4728	4729	4730	4731
48	4817	4818	4819	4820	4821	4822	4823	4824	4825	4826	4827	4828	4829	4830	4831
49	4917	4918	4919	4920	4921	4922	4923	4924	4925	4926	4927	4928	4929	4930	4931
50	5017	5018	5019	5020	5021	5022	5023	5024	5025	5026	5027	5028	5029	5030	5031
51	5117	5118	5119	5120	5121	5122	5123	5124	5125	5126	5127	5128	5129	5130	5131
52	5217	5218	5219	5220	5221	5222	5223	5224	5225	5226	5227	5228	5229	5230	5231
53	5317	5318	5319	5320	5321	5322	5323	5324	5325	5326	5327	5328	5329	5330	5331

54	5417	5418	5419	5420	5421	5422	5423	5424	5425	5426	5427	5428	5429	5430	5431
55	5517	5518	5519	5520	5521	5522	5523	5524	5525	5526	5527	5528	5529	5530	5531
56	5617	5618	5619	5620	5621	5622	5623	5624	5625	5626	5627	5628	5629	5630	5631
57	5717	5718	5719	5720	5721	5722	5723	5724	5725	5726	5727	5728	5729	5730	5731
58	5817	5818	5819	5820	5821	5822	5823	5824	5825	5826	5827	5828	5829	5830	5831
59	5917	5918	5919	5920	5921	5922	5923	5924	5925	5926	5927	5928	5929	5930	5931
60	6017	6018	6019	6020	6021	6022	6023	6024	6025	6026	6027	6028	6029	6030	6031
61	6117	6118	6119	6120	6121	6122	6123	6124	6125	6126	6127	6128	6129	6130	6131
62	6217	6218	6219	6220	6221	6222	6223	6224	6225	6226	6227	6228	6229	6230	6231
63	6317	6318	6319	6320	6321	6322	6323	6324	6325	6326	6327	6328	6329	6330	6331

Quadro - 3.7 (continuação)

	32	33	34	35	36	37	38	39	40	41	42	43	44	45	46
1	132	133	134	135	136	137	138	139	140	141	142	143	144	145	146
2	232	233	234	235	236	237	238	239	240	241	242	243	244	245	246
3	332	333	334	335	336	337	338	339	340	341	342	343	344	345	346
4	432	433	434	435	436	437	438	439	440	441	442	443	444	445	446
5	532	533	534	535	536	537	538	539	540	541	542	543	544	545	546
6	632	633	634	635	636	637	638	639	640	641	642	643	644	645	646
7	732	733	734	735	736	737	738	739	740	741	742	743	744	745	746
8	832	833	834	835	836	837	838	839	840	841	842	843	844	845	846
9	932	933	934	935	936	937	938	939	940	941	942	943	944	945	946
10	1032	1033	1034	1035	1036	1037	1038	1039	1040	1041	1042	1043	1044	1045	1046
11	1132	1133	1134	1135	1136	1137	1138	1139	1140	1141	1142	1143	1144	1145	1146
12	1232	1233	1234	1235	1236	1237	1238	1239	1240	1241	1242	1243	1244	1245	1246
13	1332	1333	1334	1335	1336	1337	1338	1339	1340	1341	1342	1343	1344	1345	1346
14	1432	1433	1434	1435	1436	1437	1438	1439	1440	1441	1442	1443	1444	1445	1446
15	1532	1533	1534	1535	1536	1537	1538	1539	1540	1541	1542	1543	1544	1545	1546

16	1632	1633	1634	1635	1636	1637	1638	1639	1640	1641	1642	1643	1644	1645	1646
17	1732	1733	1734	1735	1736	1737	1738	1739	1740	1741	1742	1743	1744	1745	1746
18	1832	1833	1834	1835	1836	1837	1838	1839	1840	1841	1842	1843	1844	1845	1846
19	1932	1933	1934	1935	1936	1937	1938	1939	1940	1941	1942	1943	1944	1945	1946
20	2032	2033	2034	2035	2036	2037	2038	2039	2040	2041	2042	2043	2044	2045	2046
21	2132	2133	2134	2135	2136	2137	2138	2139	2140	2141	2142	2143	2144	2145	2146
22	2232	2233	2234	2235	2236	2237	2238	2239	2240	2241	2242	2243	2244	2245	2246
23	2332	2333	2334	2335	2336	2337	2338	2339	2340	2341	2342	2343	2344	2345	2346
24	2432	2433	2434	2435	2436	2437	2438	2439	2440	2441	2442	2443	2444	2445	2446
25	2532	2533	2534	2535	2536	2537	2538	2539	2540	2541	2542	2543	2544	2545	2546
26	2632	2633	2634	2635	2636	2637	2638	2639	2640	2641	2642	2643	2644	2645	2646
27	2732	2733	2734	2735	2736	2737	2738	2739	2740	2741	2742	2743	2744	2745	2746
28	2832	2833	2834	2835	2836	2837	2838	2839	2840	2841	2842	2843	2844	2845	2846
29	2932	2933	2934	2935	2936	2937	2938	2939	2940	2941	2942	2943	2944	2945	2946
30	3032	3033	3034	3035	3036	3037	3038	3039	3040	3041	3042	3043	3044	3045	3046
31	3132	3133	3134	3135	3136	3137	3138	3139	3140	3141	3142	3143	3144	3145	3146
32	3232	3233	3234	3235	3236	3237	3238	3239	3240	3241	3242	3243	3244	3245	3246
33	3332	3333	3334	3335	3336	3337	3338	3339	3340	3341	3342	3343	3344	3345	3346
34	3432	3433	3434	3435	3436	3437	3438	3439	3440	3441	3442	3443	3444	3445	3446

35	3532	3533	3534	3535	3536	3537	3538	3539	3540	3541	3542	3543	3544	3545	3546
36	3632	3633	3634	3635	3636	3637	3638	3639	3640	3641	3642	3643	3644	3645	3646
37	3732	3733	3734	3735	3736	3737	3738	3739	3740	3741	3742	3743	3744	3745	3746
38	3832	3833	3834	3835	3836	3837	3838	3839	3840	3841	3842	3843	3844	3845	3846
39	3932	3933	3934	3935	3936	3937	3938	3939	3940	3941	3942	3943	3944	3945	3946
40	4032	4033	4034	4035	4036	4037	4038	4039	4040	4041	4042	4043	4044	4045	4046
41	4132	4133	4134	4135	4136	4137	4138	4139	4140	4141					
42	4232	4233	4234	4235	4236	4237	4238	4239	4240	4241	4242				
43	4332	4333	4334	4335	4336	4337	4338	4339	4340			4343			
44	4432	4433	4434	4435	4436	4437	4438	4439	4440				4444		
45	4532	4533	4534	4535	4536	4537	4538	4539	4540					4545	
46	4632	4633	4634	4635	4636	4637	4638	4639	4640						4646
47	4732	4733	4734	4735	4736	4737	4738	4739	4740						
48	4832	4833	4834	4835	4836	4837	4838	4839	4840						
49	4932	4933	4934	4935	4936	4937	4938	4939	4940						
50	5032	5033	5034	5035	5036	5037	5038	5039	5040						
51	5132	5133	5134	5135	5136	5137	5138	5139	5140						
52	5232	5233	5234	5235	5236	5237	5238	5239	5240						
53	5332	5333	5334	5335	5336	5337	5338	5339	5340						

54	5432	5433	5434	5435	5436	5437	5438	5439	5440	5441					
55	5532	5533	5534	5535	5536	5537	5538	5539	5540	5541					
56	5632	5633	5634	5635	5636	5637	5638	5639	5640	5641					
57	5732	5733	5734	5735	5736	5737	5738	5739	5740	5741					
58	5832	5833	5834	5835	5836	5837	5838	5839	5840	5841					
59	5932	5933	5934	5935	5936	5937	5938	5939	5940	5941					
60	6032	6033	6034	6035	6036	6037	6038	6039	6040	6041					
61	6132	6133	6134	6135	6136	6137	6138	6139	6140	6141					
62	6232	6233	6234	6235	6236	6237	6238	6239	6240	6241					
63	6332	6333	6334	6335	6336	6337	6338	6339	6340	6341					

Quadro - 3.7 (continuação)

	47	48	49	50	51	52	53	54	55	56	57	58	59	60	61
1	147	148	149	150	151	152	153	154	155	156	157	158	159	160	161
2	247	248	249	250	251	252	253	254	255	256	257	258	259	260	261
3	347	348	349	350	351	352	353	354	355	356	357	358	359	360	361
4	447	448	449	450	451	452	453	454	455	456	457	458	459	460	461
5	547	548	549	550	551	552	553	554	555	556	557	558	559	560	561
6	647	648	649	650	651	652	653	654	655	656	657	658	659	660	661
7	747	748	749	750	751	752	753	754	755	756	757	758	759	760	761
8	847	848	849	850	851	852	853	854	855	856	857	858	859	860	861
9	947	948	949	950	951	952	953	954	955	956	957	958	959	960	961
10	1047	1048	1049	1050	1051	1052	1053	1054	1055	1056	1057	1058	1059	1060	1061
11	1147	1148	1149	1150	1151	1152	1153	1154	1155	1156	1157	1158	1159	1160	1161

12	1247	1248	1249	1250	1251	1252	1253	1254	1255	1256	1257	1258	1259	1260	1261
13	1347	1348	1349	1350	1351	1352	1353	1354	1355	1356	1357	1358	1359	1360	1361
14	1447	1448	1449	1450	1451	1452	1453	1454	1455	1456	1457	1458	1459	1460	1461
15	1547	1548	1549	1550	1551	1552	1553	1554	1555	1556	1557	1558	1559	1560	1561
16	1647	1648	1649	1650	1651	1652	1653	1654	1655	1656	1657	1658	1659	1660	1661
17	1747	1748	1749	1750	1751	1752	1753	1754	1755	1756	1757	1758	1759	1760	1761
18	1847	1848	1849	1850	1851	1852	1853	1854	1855	1856	1857	1858	1859	1860	1861
19	1947	1948	1949	1950	1951	1952	1953	1954	1955	1956	1957	1958	1959	1960	1961
20	2047	2048	2049	2050	2051	2052	2053	2054	2055	2056	2057	2058	2059	2060	2061
21	2147	2148	2149	2150	2151	2152	2153	2154	2155	2156	2157	2158	2159	2160	2161
22	2247	2248	2249	2250	2251	2252	2253	2254	2255	2256	2257	2258	2259	2260	2261
23	2347	2348	2349	2350	2351	2352	2353	2354	2355	2356	2357	2358	2359	2360	2361
24	2447	2448	2449	2450	2451	2452	2453	2454	2455	2456	2457	2458	2459	2460	2461
25	2547	2548	2549	2550	2551	2552	2553	2554	2555	2556	2557	2558	2559	2560	2561
26	2647	2648	2649	2650	2651	2652	2653	2654	2655	2656	2657	2658	2659	2660	2661
27	2747	2748	2749	2750	2751	2752	2753	2754	2755	2756	2757	2758	2759	2760	2761
28	2847	2848	2849	2850	2851	2852	2853	2854	2855	2856	2857	2858	2859	2860	2861
29	2947	2948	2949	2950	2951	2952	2953	2954	2955	2956	2957	2958	2959	2960	2961
30	3047	3048	3049	3050	3051	3052	3053	3054	3055	3056	3057	3058	3059	3060	3061

31	3147	3148	3149	3150	3151	3152	3153	3154	3155	3156	3157	3158	3159	3160	3161
32	3247	3248	3249	3250	3251	3252	3253	3254	3255	3256	3257	3258	3259	3260	3261
33	3347	3348	3349	3350	3351	3352	3353	3354	3355	3356	3357	3358	3359	3360	3361
34	3447	3448	3449	3450	3451	3452	3453	3454	3455	3456	3457	3458	3459	3460	3461
35	3547	3548	3549	3550	3551	3552	3553	3554	3555	3556	3557	3558	3559	3560	3561
36	3647	3648	3649	3650	3651	3652	3653	3654	3655	3656	3657	3658	3659	3660	3661
37	3747	3748	3749	3750	3751	3752	3753	3754	3755	3756	3757	3758	3759	3760	3761
38	3847	3848	3849	3850	3851	3852	3853	3854	3855	3856	3857	3858	3859	3860	3861
39	3947	3948	3949	3950	3951	3952	3953	3954	3955	3956	3957	3958	3959	3960	3961
40	4047	4048	4049	4050	4051	4052	4053	4054	4055	4056	4057	4058	4059	4060	4061
41															
42															
43															
44															
45															
46															
47	4747														
48		4848													
49			4949												
50				5050											
51					5151										
52						5252									
53							5353								
54								5454							
55									5555						
56										5656					

57								5757					
58									5858				
59										5959			
60											6060		
61												6161	
62													
63													

Quadro - 3.7 (continuação)

	62	63		62	63		62	63
1	162	163	22	2262	2263	43		
2	262	263	23	2362	2363	44		
3	362	363	24	2462	2463	45		
4	462	463	25	2562	2563	46		
5	562	563	26	2662	2663	47		
6	662	663	27	2762	2763	48		
7	762	763	28	2862	2863	49		
8	862	863	29	2962	2963	50		
9	962	963	30	3062	3063	51		
10	1062	1063	31	3162	3163	52		
11	1162	1163	32	3262	3263	53		
12	1262	1263	33	3362	3363	54		
13	1362	1363	34	3462	3463	55		
14	1462	1463	35	3562	3563	56		
15	1562	1563	36	3662	3663	57		
16	1662	1663	37	3762	3763	58		
17	1762	1763	38	3862	3863	59		
18	1862	1863	39	3962	3963	60		
19	1962	1963	40	4062	4063	61		
20	2062	2063	41			62	6262	
21	2162	2163	42			63		6363

Quadro - 3.8

	1	2	3	4	5	6	7	8	9	10
1	0.17	0.19	0.21	0.22	0.24	0.25	0.27	0.29	0.30	1.75
2	0.33	0.35	12.50	0.38	13.50	0.41	14.50	0.44	15.50	3.33
3	0.49	17.00	0.52	12.33	13.67	0.57	19.50	14.67	0.62	104.33
4	0.65	0.67	15.33	0.70	12.25	13.50	14.75	0.76	13.25	104.50
5	0.81	27.00	19.67	14.50	0.87	12.20	13.40	14.60	15.80	8.10
6	0.97	0.98	1.00	18.00	14.00	1.05	1.06	1.08	1.10	9.68
7	1.13	37.00	37.50	21.50	17.00	1.21	1.22	12.14	13.29	104.43
8	1.29	1.30	29.67	1.33	20.00	1.37	13.43	2.40	12.13	103.25
9	1.44	47.00	1.48	24.50	23.00	1.52	15.86	13.25	1.57	102.11
10	1.60	1.62	35.33	28.00	1.67	1.68	18.29	15.50	13.11	16.03
11	1.76	57.00	39.67	31.50	58.50	1.84	20.71	17.75	15.22	112.00
12	1.92	1.94	1.95	1.97	27.00	2.00	23.14	20.00	17.33	123.00
13	2.08	67.00	67.50	34.50	30.00	2.16	25.57	22.25	19.44	134.00
14	2.24	2.25	49.67	38.00	33.00	2.32	2.33	23.50	21.56	145.00
15	2.40	77.00	2.43	41.50	2.46	2.48	23.43	26.75	23.67	156.00
16	2.56	2.57	55.33	2.60	34.00	31.67	25.86	2.67	25.78	167.00
17	2.71	87.00	59.67	44.50	60.33	33.33	28.29	23.25	27.89	178.00
18	2.87	2.89	2.90	48.00	40.00	35.00	30.71	25.50	3.00	189.00
19	3.03	97.00	97.50	51.50	43.00	36.67	33.14	27.75	100.50	200.00
20	3.19	3.21	69.67	3.24	3.25	38.33	35.57	30.00	25.22	31.90
21	3.35	107.00	3.38	54.50	108.50	40.00	3.44	32.25	39.50	212.00
22	3.51	3.52	75.33	58.00	47.00	41.67	76.67	34.50	29.44	223.00

23	3.67	117.00	79.67	61.50	50.00	43.33	35.86	36.75	31.56	234.00
24	3.83	3.84	3.86	3.87	53.00	45.00	38.29	3.94	33.67	245.00
25	3.98	127.00	127.50	85.67	4.05	45.67	40.71	33.25	35.78	256.00
26	4.14	4.16	89.67	68.00	54.00	47.33	43.14	91.33	37.89	267.00
27	4.30	137.00	4.33	71.50	57.00	49.00	45.57	37.75	4.43	278.00
28	4.46	4.48	95.33	4.51	60.00	50.67	4.56	40.00	33.11	289.00
29	4.62	147.00	99.67	74.50	63.00	52.33	43.43	42.25	35.22	300.00
30	4.78	4.79	4.81	78.00	4.84	54.00	45.86	44.50	37.33	47.78
31	4.94	157.00	157.50	81.50	158.50	55.67	82.25	46.75	39.44	1037.67
32	5.10	5.11	109.67	5.14	110.33	57.33	50.71	5.21	41.56	323.00
33	5.25	167.00	5.29	84.50	70.00	59.00	53.14	43.25	43.67	334.00
34	5.41	5.43	115.33	88.00	73.00	60.67	55.57	45.50	45.78	345.00
35	5.57	177.00	119.67	91.50	5.63	61.33	5.67	47.75	47.89	356.00
36	5.73	5.75	5.76	5.78	74.00	63.00	53.43	50.00	5.86	367.00
37	5.89	187.00	187.50	125.67	77.00	64.67	77.40	52.25	190.50	378.00
38	6.05	6.06	129.67	98.00	80.00	66.33	58.29	54.50	45.22	389.00
39	6.21	197.00	6.24	101.50	83.00	68.00	60.71	56.75	69.50	400.00
40	6.37	6.38	135.33	6.41	6.43	69.67	63.14	6.48	49.44	63.65
41	6.52	207.00	139.67	104.50	208.50	71.33	65.57	53.25	51.56	412.00

42	6.68	6.70	6.71	108.00	87.00	73.00	6.78	55.50	53.67	528.25
43	6.84	217.00	217.50	111.50	90.00	74.67	219.50	90.60	55.78	434.00
44	7.00	7.02	149.67	7.05	93.00	76.33	65.86	60.00	57.89	445.00
45	7.16	227.00	7.19	114.50	7.22	77.00	68.29	62.25	7.29	456.00
46	7.32	7.33	155.33	118.00	94.00	78.67	70.71	64.50	53.11	467.00
47	7.48	237.00	159.67	121.50	160.33	80.33	73.14	66.75	55.22	478.00
48	7.63	7.65	7.67	7.68	100.00	82.00	75.57	7.75	57.33	489.00
49	7.79	247.00	247.50	124.50	103.00	100.20	7.89	63.25	103.80	500.00
50	7.95	7.97	169.67	128.00	8.02	85.33	73.43	171.33	61.56	79.52
51	8.11	257.00	8.14	131.50	258.50	87.00	75.86	67.75	63.67	512.00
52	8.27	8.29	175.33	8.32	107.00	88.67	78.29	70.00	65.78	523.00
53	8.43	267.00	179.67	134.50	110.00	90.33	80.71	72.25	67.89	534.00
54	8.59	8.60	8.62	138.00	113.00	110.20	83.14	76.50	8.71	545.00
55	8.75	277.00	277.50	141.50	8.81	93.67	85.57	76.75	280.50	556.00
56	8.90	8.92	189.67	8.95	114.00	95.33	9.00	9.02	65.22	567.00
57	9.06	287.00	9.10	192.33	117.00	97.00	289.50	73.25	99.50	578.00
58	9.22	9.24	195.33	148.00	120.00	98.67	85.86	75.50	69.44	589.00
59	9.38	297.00	199.67	151.25	122.60	99.83	151.25	77.13	70.89	600.00
60	9.54	9.56	9.57	9.59	9.60	102.00	90.71	80.00	73.67	95.40

61	9.70	307.00	307.50	205.67	308.50	103.67	93.14	82.25	75.78	2037.67
62	9.86	9.87	209.67	158.00	210.33	105.33	95.57	84.50	77.89	623.00
63	10.02	317.00	10.05	161.50	130.00	107.00	10.11	86.75	10.14	634.00

Quadro - 3.8 (continuação)

	11	12	13	14	15	16	17	18	19
1	1.76	1.78	1.79	1.81	1.83	1.84	1.86	1.87	1.89
2	106.50	3.37	107.50	3.40	108.50	3.43	109.50	3.46	110.50
3	105.67	4.95	157.50	106.67	5.00	106.33	107.67	5.05	160.50
4	105.75	6.54	104.25	105.50	106.75	6.60	105.25	106.50	107.75
5	256.50	104.40	105.60	106.80	8.17	104.20	174.33	106.60	107.80
6	9.70	9.71	9.73	9.75	9.76	106.67	106.83	107.00	107.17
7	105.57	106.71	107.86	11.33	103.14	104.29	105.43	106.57	107.71
8	104.38	105.50	106.63	107.75	108.88	12.95	103.13	104.25	105.38
9	103.22	104.33	105.44	106.56	107.67	108.78	109.89	14.57	460.50
10	102.10	103.20	104.30	105.40	106.50	107.60	108.70	109.80	110.90
11	17.63	102.09	103.18	104.27	105.36	106.45	107.55	108.64	109.73
12	111.09	19.24	102.08	103.17	104.25	105.33	106.42	107.50	108.58
13	121.18	110.33	20.84	102.08	103.15	104.23	105.31	106.38	107.46
14	131.27	119.67	109.69	22.44	102.07	103.14	104.21	105.29	106.36

15	141.36	129.00	118.38	109.14	24.05	102.07	103.13	104.20	105.27
16	151.45	138.33	127.08	117.29	108.67	25.65	102.06	103.13	104.19
17	161.55	147.67	135.77	125.43	116.33	108.25	27.25	102.06	103.12
18	171.64	157.00	144.46	133.57	124.00	115.50	107.88	28.86	102.06
19	181.73	166.33	153.15	141.71	131.67	122.75	114.76	107.56	30.46
20	191.82	175.67	161.85	149.86	139.33	130.00	121.65	114.11	107.26
21	201.91	185.00	170.54	158.00	147.00	137.25	128.53	120.67	113.53
22	35.10	194.33	179.23	166.14	154.67	144.50	135.41	127.22	119.79
23	211.09	203.67	187.92	174.29	162.33	151.75	142.29	133.78	126.05
24	221.18	38.29	196.62	182.43	170.00	159.00	149.18	140.33	132.32
25	231.27	210.33	849.67	190.57	177.67	166.25	156.06	146.89	138.58
26	241.36	219.67	41.48	198.71	185.33	173.50	162.94	153.44	144.84
27	251.45	229.00	209.69	206.86	193.00	180.75	169.82	160.00	151.11
28	261.55	355.50	218.38	44.67	200.67	188.00	176.71	166.56	157.37
29	271.64	247.67	227.08	209.14	208.33	195.25	183.59	173.11	163.63
30	281.73	257.00	235.77	217.29	47.86	202.50	190.47	179.67	169.89
31	291.82	266.33	244.46	225.43	208.67	209.75	197.35	186.22	176.16
32	301.91	275.67	253.15	233.57	216.33	51.05	204.24	192.78	182.42
33	52.56	285.00	261.85	241.71	555.50	208.25	211.12	200.33	188.68

34	311.09	294.33	270.54	249.86	231.67	215.50	54.24	206.89	194.95
35	1172.33	303.67	279.23	258.00	356.50	222.75	1759.50	213.44	201.21
36	331.27	57.33	287.92	266.14	247.00	230.00	214.76	57.43	207.47
37	341.36	310.33	296.62	274.29	254.67	237.25	534.00	207.56	213.74
38	351.45	319.67	305.31	282.43	262.33	244.50	228.53	956.50	60.62
39	361.55	655.00	62.11	290.57	270.00	251.75	235.41	220.67	207.26
40	371.64	338.33	309.69	298.71	277.67	259.00	242.29	227.22	213.53
41	381.73	347.67	318.38	306.86	285.33	266.25	249.18	233.78	219.79
42	391.82	357.00	327.08	66.89	293.00	273.50	256.06	357.50	226.05
43	401.91	366.33	335.77	309.14	300.67	280.75	262.94	246.89	232.32
44	70.02	375.67	344.46	1473.33	308.33	288.00	269.82	253.44	238.58
45	411.09	385.00	353.15	325.43	71.67	295.25	276.71	260.00	244.84
46	421.18	394.33	361.85	333.57	308.67	302.50	283.59	266.56	251.11
47	1573.33	403.67	370.54	341.71	316.33	309.75	290.47	273.11	257.37
48	441.36	76.38	379.23	349.86	324.00	76.44	297.35	279.67	263.63
49	451.45	410.33	387.92	358.00	331.67	1639.67	304.24	286.22	269.89
50	461.55	419.67	396.62	366.14	339.33	315.50	311.12	292.78	276.16
51	471.64	429.00	405.31	374.29	347.00	322.75	81.22	300.33	282.42
52	481.73	655.50	82.75	382.43	354.67	330.00	307.88	306.89	288.68

53	491.82	447.67	2657.50	390.57	362.33	337.25	1774.33	313.44	294.95
54	501.91	457.00	418.38	398.71	370.00	344.50	321.65	86.00	301.21
55	87.48	466.33	427.08	406.86	377.67	351.75	328.53	307.56	307.47
56	1123.20	475.67	435.77	89.11	385.33	359.00	335.41	314.11	313.74
57	521.18	485.00	444.46	409.14	393.00	366.25	342.29	320.67	90.78
58	531.27	494.33	453.15	1940.00	400.67	373.50	349.18	327.22	307.26
59	848.43	503.67	461.85	425.43	408.33	380.75	356.06	333.78	313.53
60	551.45	95.43	470.54	433.57	95.48	388.00	362.94	340.33	319.79
61	561.55	510.33	479.23	441.71	3058.50	395.25	369.82	346.89	326.05
62	571.64	1244.40	487.92	782.75	416.33	402.50	376.71	353.44	332.32
63	581.73	529.00	496.62	458.00	1581.75	409.75	383.59	360.00	338.58

Quadro - 3.8 (continuação)

	20	21	22	23	24	25	26	27	28	29
1	1.90	1.92	1.94	1.95	1.97	1.98	2.00	2.02	2.03	2.05
2	3.49	111.50	3.52	112.50	3.56	113.50	3.59	114.50	3.62	115.50
3	108.67	5.10	108.33	109.67	5.14	163.50	110.67	5.19	110.33	111.67
4	6.67	106.25	107.50	108.75	6.73	142.67	108.50	109.75	6.79	108.25
5	8.25	261.50	106.40	107.60	108.80	8.33	106.20	107.40	108.60	109.80
6	107.33	107.50	107.67	107.83	108.00	107.17	107.33	107.50	107.67	107.83

7	108.86	11.44	241.67	105.29	106.43	107.57	108.71	109.86	11.56	105.14
8	106.50	107.63	108.75	109.88	13.08	104.13	277.33	106.38	107.50	108.63
9	104.22	156.50	106.44	107.56	108.67	109.78	110.89	14.71	104.11	105.22
10	16.19	103.10	104.20	105.30	106.40	107.50	108.60	109.70	110.80	111.90
11	110.82	111.91	17.81	103.09	104.18	105.27	106.36	107.45	108.55	109.64
12	109.67	110.75	111.83	112.92	19.43	103.08	104.17	105.25	157.50	107.42
13	108.54	109.62	110.69	111.77	112.85	453.67	21.05	103.08	104.15	105.23
14	107.43	108.50	109.57	110.64	111.71	112.79	113.86	114.93	22.67	103.07
15	106.33	107.40	108.47	109.53	110.60	111.67	112.73	113.80	114.87	115.93
16	105.25	106.31	107.38	108.44	109.50	110.56	111.63	112.69	113.75	114.81
17	104.18	105.24	106.29	107.35	108.41	109.47	110.53	111.59	112.65	113.71
18	103.11	104.17	105.22	106.28	107.33	108.39	109.44	110.50	111.56	112.61
19	102.05	103.11	104.16	105.21	106.26	107.32	108.37	109.42	110.47	111.53
20	32.06	102.05	103.10	104.15	105.20	106.25	107.30	108.35	109.40	110.45
21	107.00	33.67	102.05	103.10	104.14	105.19	106.24	107.29	108.33	109.38
22	113.00	106.76	35.27	102.05	103.09	104.14	105.18	106.23	107.27	108.32
23	119.00	112.52	106.55	36.87	102.04	103.09	104.13	105.17	106.22	107.26
24	125.00	118.29	112.09	106.35	38.48	102.04	103.08	104.13	105.17	106.21
25	131.00	124.05	117.64	111.70	106.17	40.08	102.04	103.08	104.12	105.16

26	137.00	129.81	123.18	117.04	111.33	106.00	**41.68**	102.04	103.08	104.12
27	143.00	135.57	128.73	122.39	116.50	111.00	105.85	**43.29**	102.04	103.07
28	149.00	141.33	134.27	127.74	121.67	116.00	110.69	105.70	**44.89**	102.04
29	155.00	147.10	139.82	133.09	126.83	121.00	115.54	110.41	105.57	**46.49**
30	161.00	152.86	145.36	138.43	132.00	126.00	120.38	115.11	110.14	105.45
31	167.00	158.62	150.91	143.78	137.17	131.00	125.23	119.81	114.71	109.90
32	173.00	164.38	156.45	149.13	142.33	136.00	130.08	124.52	119.29	114.34
33	179.00	170.14	162.00	154.48	147.50	141.00	134.92	129.22	123.86	118.79
34	185.00	175.90	167.55	159.83	152.67	146.00	139.77	133.93	128.43	123.24
35	191.00	181.67	173.09	165.17	157.83	151.00	144.62	138.63	133.00	127.69
36	197.00	187.43	178.64	170.52	163.00	156.00	149.46	143.33	137.57	132.14
37	203.00	193.19	184.18	175.87	168.17	161.00	154.31	148.04	142.14	136.59
38	209.00	198.95	189.73	181.22	173.33	166.00	159.15	152.74	146.71	141.03
39	215.00	204.71	195.27	186.57	178.50	171.00	164.00	157.44	151.29	145.48
40	63.81	210.48	200.82	191.91	183.67	176.00	168.85	162.15	155.86	149.93
41	207.00	206.24	206.36	197.26	188.83	181.00	173.69	166.85	160.43	154.38
42	213.00	67.00	211.91	202.61	194.00	186.00	178.54	171.56	165.00	158.83
43	219.00	206.76	217.45	207.96	199.17	191.00	183.38	176.26	169.57	163.28
44	1477.33	212.52	70.19	213.30	204.33	196.00	188.23	180.96	174.14	167.72

45	231.00	218.29	206.55	218.65	209.50	201.00	193.08	185.67	178.71	172.17
46	237.00	224.05	212.09	73.38	214.67	206.00	197.92	190.37	183.29	176.62
47	243.00	229.81	217.64	206.35	219.83	211.00	202.77	195.07	187.86	181.07
48	249.00	235.57	223.18	211.70	76.57	216.00	207.62	199.78	192.43	185.52
49	255.00	358.50	228.73	217.04	206.17	221.00	212.46	204.48	197.00	189.97
50	261.00	247.10	234.27	222.39	211.33	79.76	217.31	209.19	201.57	194.41
51	267.00	252.86	239.82	227.74	216.50	2563.50	222.15	213.89	206.14	198.86
52	273.00	258.62	245.36	233.09	221.67	211.00	82.95	218.59	210.71	203.31
53	279.00	264.38	250.91	238.43	226.83	216.00	205.85	223.30	215.29	207.76
54	285.00	270.14	256.45	243.78	232.00	221.00	210.69	86.14	219.86	212.21
55	291.00	275.90	262.00	249.13	237.17	557.50	215.54	205.70	224.43	216.66
56	297.00	281.67	267.55	254.48	359.50	231.00	220.38	210.41	89.33	221.10
57	303.00	287.43	273.09	259.83	247.50	236.00	225.23	957.50	1910.33	225.55
58	309.00	293.19	278.64	265.17	252.67	241.00	230.08	219.81	210.14	92.52
59	315.00	298.95	284.18	270.52	257.83	246.00	234.92	224.52	214.71	2965.50
60	95.56	304.71	289.73	275.87	263.00	251.00	239.77	229.22	219.29	209.90
61	307.00	310.48	295.27	281.22	268.17	256.00	244.62	233.93	223.86	214.34
62	1038.67	306.24	300.82	286.57	273.33	261.00	249.46	238.63	228.43	218.79
63	319.00	100.33	306.36	291.91	278.50	266.00	254.31	360.50	233.00	532.42

Quadro - 3.8 (continuação)

	30	31	32	33	34	35	36	37	38	39
1	2.06	2.08	2.10	2.11	2.13	2.14	2.16	2.17	2.19	2.21
2	3.65	116.50	3.68	117.50	3.71	118.50	3.75	119.50	3.78	120.50
3	5.24	166.50	112.67	5.29	112.33	113.67	5.33	169.50	114.67	5.38
4	109.50	110.75	6.86	109.25	110.50	111.75	6.92	146.67	111.50	112.75
5	8.41	266.50	179.33	109.60	110.80	8.49	108.20	109.40	110.60	111.80
6	108.00	108.17	108.33	108.50	108.67	107.83	108.00	108.17	108.33	108.50
7	106.29	185.75	108.57	109.71	110.86	11.67	106.14	149.40	108.43	109.57
8	109.75	110.88	13.21	105.13	106.25	107.38	108.50	109.63	110.75	111.88
9	106.33	107.44	108.56	109.67	110.78	111.89	14.86	469.50	106.22	159.50
10	16.35	344.67	105.20	106.30	107.40	108.50	109.60	110.70	111.80	112.90
11	110.73	111.82	112.91	17.98	104.09	380.33	106.27	107.36	108.45	109.55
12	108.50	109.58	110.67	111.75	112.83	113.92	19.62	104.08	105.17	209.50
13	106.31	107.38	108.46	109.54	110.62	111.69	112.77	113.85	114.92	21.25
14	104.14	105.21	106.29	107.36	108.43	109.50	110.57	111.64	112.71	113.79
15	24.29	103.07	104.13	258.50	106.27	158.50	108.40	109.47	110.53	111.60
16	115.88	116.94	25.90	103.06	104.13	105.19	106.25	107.31	108.38	109.44
17	114.76	115.82	116.88	117.94	27.52	868.50	104.12	251.14	106.24	107.29

18	113.67	114.72	115.78	117.83	118.89	119.94	29.14	103.06	461.50	105.17
19	112.58	113.63	114.68	115.74	116.79	117.84	118.89	119.95	30.76	103.05
20	111.50	112.55	113.60	114.65	115.70	116.75	117.80	118.85	119.90	120.95
21	110.43	111.48	112.52	113.57	114.62	115.67	116.71	117.76	118.81	119.86
22	109.36	110.41	111.45	112.50	113.55	114.59	115.64	116.68	117.73	118.77
23	108.30	109.35	110.39	111.43	112.48	113.52	114.57	115.61	116.65	117.70
24	107.25	108.29	109.33	110.38	111.42	112.46	113.50	114.54	115.58	116.63
25	106.20	107.24	108.28	109.32	110.36	111.40	112.44	113.48	114.52	115.56
26	105.15	106.19	107.23	108.27	109.31	110.35	111.38	112.42	113.46	114.50
27	104.11	105.15	106.19	107.22	108.26	109.30	110.33	111.37	112.41	113.44
28	103.07	104.11	105.14	106.18	107.21	108.25	109.29	110.32	111.36	112.39
29	102.03	103.07	104.10	105.14	106.17	107.21	108.24	109.28	110.31	111.34
30	48.10	102.03	103.07	104.10	105.13	106.17	107.20	108.23	109.27	110.30
31	105.33	49.70	102.03	103.06	104.10	105.13	106.16	107.19	108.23	109.26
32	109.67	105.23	51.30	102.03	103.06	104.09	105.13	106.16	107.19	108.22
33	114.00	109.45	105.13	52.90	102.03	103.06	104.09	105.12	106.15	107.18
34	118.33	113.68	109.25	105.03	54.51	102.03	103.06	104.09	105.12	106.15
35	122.67	117.90	113.38	109.06	104.94	56.11	102.03	103.06	104.09	105.11
36	127.00	122.13	117.50	113.09	108.88	104.86	57.71	102.03	103.06	104.08

37	131.33	126.35	121.63	117.12	112.82	108.71	104.78	59.32	102.03	103.05
38	135.67	130.58	125.75	121.15	116.76	112.57	108.56	104.70	60.92	102.03
39	140.00	134.81	129.88	125.18	120.71	116.43	112.33	108.41	104.63	62.52
40	144.33	139.03	134.00	129.21	124.65	120.29	116.11	112.11	108.26	104.56
41	148.67	143.26	138.13	133.24	128.59	124.14	119.89	115.81	111.89	108.13
42	153.00	147.48	142.25	137.27	132.53	128.00	123.67	119.51	115.53	111.69
43	157.33	151.71	146.38	141.30	136.47	131.86	127.44	123.22	119.16	115.26
44	161.67	155.94	150.50	145.33	140.41	135.71	131.22	126.92	122.79	118.82
45	166.00	160.16	154.63	149.36	144.35	139.57	135.00	130.62	126.42	122.38
46	170.33	164.39	158.75	153.39	148.29	143.43	138.78	134.32	130.05	125.95
47	174.67	168.61	162.88	157.42	152.24	147.29	142.56	138.03	133.68	129.51
48	179.00	172.84	167.00	161.45	156.18	151.14	146.33	141.73	137.32	133.08
49	183.33	177.06	171.13	165.48	160.12	155.00	150.11	145.43	140.95	136.64
50	187.67	181.29	175.25	169.52	164.06	158.86	153.89	149.14	144.58	140.21
51	192.00	185.52	179.38	173.55	168.00	162.71	157.67	152.84	148.21	143.77
52	196.33	189.74	183.50	177.58	171.94	166.57	161.44	156.54	151.84	147.33
53	200.67	193.97	187.63	181.61	175.88	170.43	165.22	160.24	155.47	150.90
54	205.00	198.19	191.75	185.64	179.82	174.29	169.00	163.95	159.11	154.46
55	209.33	202.42	195.88	189.67	183.76	178.14	172.78	167.65	162.74	158.03

5 6	213.67	206.65	200.00	193.70	187.71	182.00	176.56	171.35	166.37	161.59
5 7	218.00	210.87	204.13	197.73	191.65	185.86	180.33	175.05	170.00	165.15
5 8	222.33	215.10	208.25	201.76	195.59	189.71	184.11	178.76	173.63	168.72
5 9	226.67	219.32	212.38	205.79	199.53	193.57	187.89	182.46	177.26	172.28
6 0	95.71	223.55	216.50	209.82	203.47	197.43	191.67	186.16	180.89	175.85
6 1	205.33	227.77	220.63	213.85	207.41	201.29	195.44	189.86	184.53	179.41
6 2	1559.50	98.90	224.75	217.88	211.35	205.14	199.22	193.57	188.16	182.97
6 3	214.00	2111.33	228.88	221.91	215.29	209.00	203.00	197.27	191.79	186.54

Quadro - 3.8 (continuação)

	40	41	42	43	44	45	46	47	48	49
1	2.22	2.24	2.25	2.27	2.29	2.30	2.32	2.33	2.35	2.37
2	3.81	121.50	3.84	122.50	3.87	123.50	3.90	124.50	3.94	125.50
3	114.33	115.67	5.43	172.50	116.67	5.48	116.33	117.67	5.52	175.50
4	6.98	111.25	112.50	113.75	7.05	112.25	113.50	114.75	7.11	113.25
5	8.57	271.50	110.40	111.60	112.80	8.65	110.20	184.33	112.60	113.80
6	108.67	108.83	109.00	109.17	109.33	108.50	108.67	108.83	109.00	130.80
7	110.71	111.86	11.78	372.50	108.29	109.43	110.57	111.71	112.86	11.89
8	13.33	106.13	107.25	171.60	109.50	110.63	111.75	112.88	13.46	107.13
9	108.44	109.56	110.67	111.78	112.89	15.00	106.11	107.22	108.33	193.80

10	16.51	105.10	132.25	107.30	108.40	109.50	110.60	111.70	112.80	113.90
11	110.64	111.73	112.82	113.91	18.16	105.09	106.18	385.33	108.36	109.45
12	107.33	108.42	109.50	110.58	111.67	112.75	113.83	114.92	19.81	105.08
13	104.08	105.15	106.23	107.31	108.38	109.46	110.54	111.62	112.69	113.77
14	114.86	115.93	22.89	104.07	483.33	106.21	107.29	108.36	109.43	110.50
15	112.67	113.73	114.80	115.87	116.93	24.52	104.07	105.13	106.20	107.27
16	110.50	111.56	112.63	113.69	114.75	115.81	116.88	117.94	26.16	550.67
17	108.35	109.41	110.47	111.53	112.59	113.65	114.71	115.76	116.82	117.88
18	106.22	107.28	159.50	109.39	110.44	111.50	112.56	113.61	114.67	115.72
19	104.11	105.16	106.21	107.26	108.32	109.37	110.42	111.47	112.53	113.58
20	32.38	103.05	104.10	105.15	685.33	107.25	108.30	109.35	110.40	111.45
21	120.90	111.95	34.00	103.05	104.10	105.14	106.19	107.24	108.29	160.50
22	119.82	120.86	121.91	122.95	35.62	103.05	104.09	105.14	106.18	107.23
23	118.74	119.78	120.83	121.87	122.91	123.96	37.24	103.04	104.09	105.13
24	117.67	118.71	119.75	120.79	121.83	122.88	123.92	124.96	38.86	103.04
25	116.60	117.64	118.68	119.72	120.76	121.80	122.84	123.88	124.92	125.96
26	115.54	116.58	117.62	118.65	119.69	120.73	121.77	122.81	123.85	124.88
27	114.48	115.52	116.56	117.59	118.63	119.67	120.70	121.74	122.78	123.81
28	113.43	114.46	115.50	116.54	117.57	118.61	119.64	120.68	121.71	122.75

29	112.38	113.41	114.45	115.48	116.52	117.55	118.59	119.62	120.66	121.69
30	111.33	112.37	113.40	114.43	115.47	116.50	117.53	118.57	119.60	120.63
31	110.29	111.32	112.35	113.39	114.42	115.45	116.48	117.52	118.55	119.58
32	109.25	110.28	111.31	112.34	113.38	114.41	115.44	116.47	117.50	118.53
33	108.21	109.24	110.27	111.30	112.33	113.36	114.39	115.42	116.45	117.48
34	107.18	108.21	109.24	110.26	111.29	112.32	113.35	114.38	115.41	116.44
35	106.14	107.17	108.20	109.23	110.26	111.29	112.31	113.34	114.37	115.40
36	105.11	106.14	107.17	108.19	109.22	110.25	111.28	112.31	113.33	114.36
37	104.08	105.11	106.14	107.16	108.19	109.22	110.24	111.27	112.30	113.32
38	103.05	104.08	105.11	106.13	107.16	108.18	109.21	110.24	111.26	112.29
39	102.03	103.05	104.08	105.10	106.13	107.15	108.18	109.21	110.23	111.26
40	64.13	102.03	103.05	104.08	105.10	106.13	107.15	108.18	109.20	110.23
41	104.50	65.73								
42	108.00	103.44	67.33							
43	111.50			68.94						
44	115.00				70.54					
45	118.50					72.14				
46	122.00						73.75			
47	125.50							75.35		

48	129.00								76.95	
49	132.50									78.56
50	136.00									
51	139.50									
52	143.00									
53	146.50									
54	150.00	98.93								
55	153.50	100.75								
56	157.00	102.56								
57	160.50	104.38								
58	164.00	106.20								
59	167.50	108.02								
60	171.00	109.84								
61	174.50	111.65								
62	178.00	113.47								
63	181.50	115.29								

Quadro - 3.8 (continuação)

	50	51	52	53	54	55	56	57	58	59
1	2.38	2.40	2.41	2.43	2.44	2.46	2.48	2.49	2.51	2.52

2	3.97	126.50	4.00	127.50	4.03	128.50	4.06	129.50	4.10	130.50
3	118.67	5.57	118.33	119.67	5.62	178.50	120.67	5.67	120.33	121.67
4	114.50	115.75	7.17	114.25	115.50	116.75	7.24	153.33	116.50	117.75
5	8.73	276.50	112.40	113.60	114.80	8.81	112.20	113.40	114.60	115.80
6	109.33	109.50	109.67	109.83	131.80	110.17	110.33	110.50	110.67	110.83
7	108.14	109.29	110.43	111.57	112.71	113.86	12.00	379.50	110.29	192.75
8	285.33	109.38	110.50	111.63	113.75	113.88	13.59	108.13	109.25	110.38
9	110.56	111.67	112.78	113.89	15.14	478.50	108.22	162.50	110.44	111.56
10	16.67	106.10	107.20	108.30	109.40	110.50	111.60	112.70	113.80	114.90
11	110.55	111.64	112.73	113.82	114.91	18.33	232.20	107.18	108.27	169.57
12	106.17	107.25	160.50	109.42	110.50	111.58	112.67	113.75	114.83	115.92
13	114.85	115.92	21.46	677.50	106.15	107.23	108.31	109.38	110.46	111.54
14	111.57	112.64	113.71	114.79	115.86	116.93	23.11	105.07	488.00	107.21
15	108.33	109.40	110.47	111.53	112.60	113.67	114.73	115.80	116.87	117.93
16	105.13	106.19	107.25	108.31	109.38	110.44	111.50	112.56	113.63	114.69
17	118.94	27.79	104.06	586.33	106.18	107.24	108.29	109.35	110.41	111.47
18	116.78	118.83	119.89	120.94	29.43	104.06	105.11	106.17	107.22	108.28
19	114.63	115.68	116.74	117.79	118.84	119.89	120.95	31.06	104.05	105.11
20	112.50	113.55	114.60	115.65	116.70	117.75	118.80	119.85	120.90	121.95

21	110.38	111.43	112.48	113.52	114.57	115.62	116.67	117.71	118.76	119.81
22	108.27	109.32	110.36	111.41	112.45	113.50	114.55	115.59	116.64	117.68
23	106.17	107.22	108.26	109.30	110.35	111.39	112.43	113.48	114.52	115.57
24	104.08	105.13	106.17	107.21	108.25	109.29	161.50	111.38	112.42	113.46
25	40.48	1276.50	104.08	105.12	106.16	260.50	108.24	109.28	110.32	111.36
26	125.92	126.96	42.10	103.04	104.08	105.12	106.15	107.19	108.23	109.27
27	124.85	125.89	126.93	127.96	43.71	103.04	104.07	462.50	106.15	107.19
28	123.79	124.82	125.86	126.89	127.93	128.96	45.33	953.33	104.07	105.11
29	122.72	123.76	124.79	125.83	126.86	127.90	128.93	129.97	46.95	1480.50
30	121.67	122.70	123.73	124.77	125.80	126.83	127.87	128.90	129.93	130.97
31	120.61	121.65	122.68	123.71	124.74	125.77	126.81	127.84	128.87	129.90
32	119.56	120.59	121.63	122.66	123.69	124.72	125.75	126.78	127.81	128.84
33	118.52	119.55	120.58	121.61	122.64	123.67	124.70	125.73	126.76	127.79
34	117.47	118.50	119.53	120.56	121.59	122.62	123.65	124.68	125.71	126.74
35	116.43	117.46	118.49	119.51	120.54	121.57	122.60	123.63	124.66	125.69
36	115.39	116.42	117.44	118.47	119.50	120.53	121.56	122.58	123.61	124.64
37	114.35	115.38	116.41	117.43	118.46	119.49	120.51	121.54	122.57	123.59
38	113.32	114.34	115.37	116.39	117.42	118.45	119.47	120.50	121.53	122.55
39	112.28	113.31	114.33	115.36	116.38	117.41	118.44	119.46	120.49	121.51

4 0	111.2 5	112.28	113.3 0	114.3 3	115.3 5	116.3 8	117.4 0	118.4 3	119.4 5	120.48
4 1										
4 2										
4 3										
4 4										
4 5										
4 6										
4 7										
4 8										
4 9										
5 0	80.16									
5 1		81.76								
5 2			83.37							
5 3				84.97						
5 4					86.57					
5 5						88.17				
5 6							89.78			
5 7								91.38		
5 8									92.98	

59									94.59
60									
61									
62									
63									

Quadro - 3.8 (continuação)

	60	61	62	63		60	61	62	63
1	2.54	2.56	2.57	2.59	33	128.82	129.85	130.88	131.91
2	4.13	131.50	4.16	131.50	34	127.76	128.79	129.82	130.85
3	5.71	181.50	122.67	5.76	35	126.71	127.74	128.77	129.80
4	7.30	154.67	117.50	118.75	36	125.67	126.69	127.72	128.75
5	8.89	281.50	189.33	115.60	37	124.62	125.65	126.68	127.70
6	111.00	111.17	111.33	113.50	38	123.58	124.61	125.63	126.66
7	112.57	113.71	114.86	12.11	39	122.54	123.56	124.59	125.62
8	111.50	112.63	113.75	114.88	40	121.50	122.53	123.55	124.58
9	112.67	113.78	114.89	15.29	41				
10	16.83	354.67	108.20	109.30	42				
11	110.45	111.55	112.64	113.73	43				
12	20.00	106.08	254.40	108.25	44				
13	112.62	113.69	114.77	115.85	45				
14	108.29	109.36	188.75	111.50	46				
15	24.76	781.50	106.13	393.75	47				
16	115.75	116.81	117.88	118.94	48				
17	112.53	113.59	114.65	115.71	49				
18	109.33	110.39	111.44	112.50	50				
19	106.16	107.21	108.26	109.32	51				
20	32.70	104.05	345.67	106.15	52				
21	120.86	121.90	112.95	34.33	53				
22	118.73	119.77	120.82	121.86	54				
23	116.61	117.65	118.70	119.74	55				

24	114.50	115.54	116.58	117.63	56				
25	112.40	113.44	114.48	115.52	57				
26	110.31	111.35	112.38	113.42	58				
27	108.22	109.26	110.30	162.50	59				
28	106.14	107.18	108.21	109.25	60	96.19			
29	104.07	105.10	106.14	251.92	61		97.79		
30	48.57	103.03	767.50	105.10	62			99.40	
31	130.94	131.97	50.19	1055.33	63				101.00
32	129.88	130.91	131.94	132.97					

Verificamos agora que os quadros - 3.7 e 3.8 estão ainda incompletos. É possível que possamos utilizar a mesma relação parcialmente ordenada para preencher o resto das entradas da tabela. Para uma encriptação mais segura, vamos escolher uma nova relação parcialmente ordenada. Escolhamos a relação parcialmente ordenada$\langle X, \leq \rangle$, onde X denota qualquer conjunto de números inteiros e '$\leq$' denota o habitual " menor ou igual a ". Por exemplo, para X = { 1, 2, 3, 4, 5 }, o diagrama de Hasse para a relação parcialmente ordenada$\langle X, \leq \rangle$ é o que se vê na Fig. 3.8.

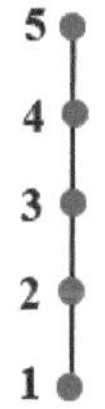

Fig. 3.8

O diagrama de Hass de$\langle X, \leq \rangle$ está desenhado no canto direito da página - 103 e 104. Representámos este diagrama no canto da página para poupar espaço e para uma representação mais clara. Note-se que todos os diagramas de Hasse de$\langle X, \leq \rangle$ são cadeias com elementos dispostos por ordem crescente a partir do elemento mais pequeno.

Do mesmo modo, a relação parcialmente ordenada$\langle X, \leq \rangle$ onde X é o conjunto dos números inteiros e '$\leq$' denota a relação parcialmente ordenada, " maior ou igual a " é também uma cadeia com os elementos dispostos por ordem decrescente, ou seja, o maior número inteiro é o menor elemento no diagrama de Hasse. Para o conjunto

Fig. 3.9

X = { 1, 2, 3, 4, 5 }, o diagrama de Hasse é apresentado na
Fig. 3.9.

Vamos continuar com estas duas relações parcialmente ordenadas
para incluir as restantes entradas na tabela. Seja X = { 41, 42, ..., 53
}. O diagrama de Hasse para⟨ X, ≤⟩ , onde ' ≤ ' denota o habitual "
menor ou igual a " é uma cadeia.

A representação gráfica de⟨ X, ≤⟩ , fixando 41 como vértice-chave, é vista na Fig. 3.10 (a). Continuando como já planeámos nas Tabelas - 3.7 e 3.8, apresentam-se aqui as Tabelas - 3.9 e 3.10 actualizadas. As entradas da Tabela - 3.10 são obtidas dividindo as entradas correspondentes da Tabela - 3.9 por 41. Note-se que o gráfico da Fig. 3.10 (a) e as entradas dos quadros - 3.9 e 3.10 estão destacados a amarelo. Note que as tabelas - 3.9 e 3.10 ainda estão incompletas. Seja X = { 53, 54, ..., 63 }. O diagrama de Hasse para⟨ X, ≤⟩ , onde ' ≤ ' denota o habitual " maior ou igual " a é uma cadeia. A representação gráfica de⟨ X, ≤⟩ , fixando 53 como vértice-chave, pode ser vista na Fig. 3.10 (b).

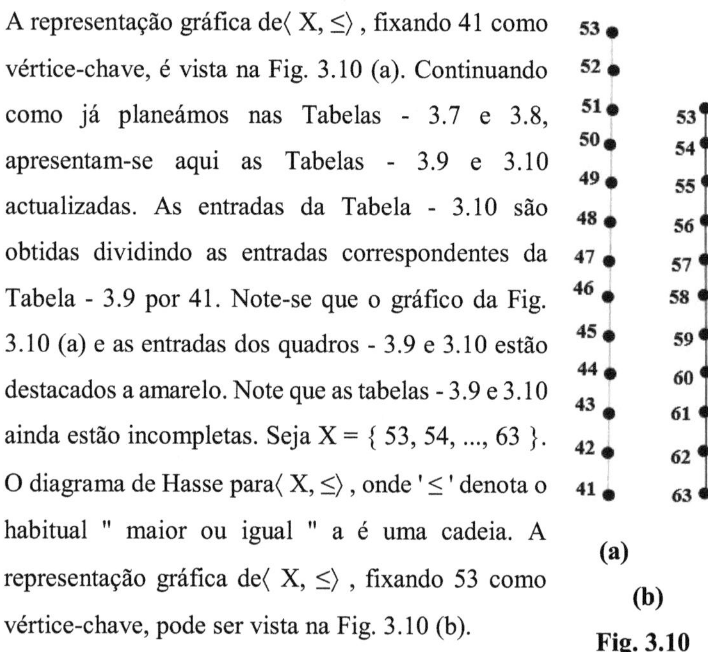

Fig. 3.10

Continuando como já planeámos nos quadros - 3.9 e 3.10, apresentam-se
aqui os quadros - 3.11 e 3.12 actualizados. As entradas da Tabela - 3.12
são obtidas dividindo as entradas correspondentes da Tabela - 3.13 por 53.
Note-se que o gráfico da Fig. 3.10 (b) e as entradas dos quadros - 3.11 e

3.12 estão destacados a roxo. As tabelas - 3.11 e 3.12 ainda estão incompletas. Podemos escolher qualquer relação parcialmente ordenada para preencher a tabela. Para facilitar a apresentação, escolhemos a mesma relação parcialmente ordenada$\langle X, \leq \rangle$, em que X é o conjunto dos números inteiros e ' $\leq$ ' denota a expressão habitual, " menor ou igual a ". Como já foi discutido para a construção dos quadros - 3.9 e 3.10. As entradas da Tabela - 3.13 são obtidas dividindo as entradas correspondentes da Tabela - 3.12 por 55. Note-se que estas entradas estão representadas a vermelho escuro.

Quadro - 3.9

	1	2	3	4	5	6	7	8	9	10	11	12	13	14
1	11	12	13	14	15	16	17	18	19	110	111	112	113	114
2	21	22	23	24	25	26	27	28	29	210	211	212	213	214
3	31	32	33	34	35	36	37	38	39	310	311	312	313	314
4	41	42	43	44	45	46	47	48	49	410	411	412	413	414
5	51	52	53	54	55	56	57	58	59	510	511	512	513	514
6	61	62	63	64	65	66	67	68	69	610	611	612	613	614
7	71	72	73	74	75	76	77	78	79	710	711	712	713	714
8	81	82	83	84	85	86	87	88	89	810	811	812	813	814
9	91	92	93	94	95	96	97	98	99	910	911	912	913	914
10	101	102	103	104	105	106	107	108	109	1010	1011	1012	1013	1014
11	111	112	113	114	115	116	117	118	119	1110	1111	1112	1113	1114
12	121	122	123	124	125	126	127	128	129	1210	1211	1212	1213	1214
13	131	132	133	134	135	136	137	138	139	1310	1311	1312	1313	1314
14	141	142	143	144	145	146	147	140	149	1410	1411	1412	1413	1414
15	151	152	153	154	155	156	157	158	159	1510	1511	1512	1513	1514

16	161	162	163	164	165	166	167	168	169	1610	1611	1612	1613	1614
17	171	172	173	174	175	176	177	178	179	1710	1711	1712	1713	1714
18	181	182	183	184	185	186	187	188	189	1810	1811	1812	1813	1814
19	191	192	193	194	195	196	197	198	199	1910	1911	1912	1913	1914
20	201	202	203	204	205	206	207	208	209	2010	2011	2012	2013	2014
21	211	212	213	214	215	216	217	218	219	2110	2111	2112	2113	2114
22	221	222	223	224	225	226	227	228	229	2210	2211	2212	2213	2214
23	231	232	233	234	235	236	237	238	239	2310	2311	2312	2313	2314
24	241	242	243	244	245	246	247	248	249	2410	2411	2412	2413	2414
25	251	252	253	254	255	256	257	258	259	2510	2511	2512	2513	2514
26	261	262	263	264	265	266	267	268	269	2610	2611	2612	2613	2614
27	271	272	273	274	275	276	277	278	279	2710	2711	2712	2713	2714
28	281	282	283	284	285	286	287	288	289	2810	2811	2812	2813	2814
29	291	292	293	294	295	296	297	298	299	2910	2911	2912	2913	2914
30	301	302	303	304	305	306	307	308	309	3010	3011	3012	3013	3014
31	311	312	313	314	315	316	317	318	319	3110	3111	3112	3113	3114
32	321	322	323	324	325	326	327	328	329	3210	3211	3212	3213	3214
33	331	332	333	334	335	336	337	338	339	3310	3311	3312	3313	3314
34	341	342	343	344	345	346	347	348	349	3410	3411	3412	3413	3414

35	351	352	353	354	355	356	357	358	359	3510	3511	3512	3513	3514
36	361	362	363	364	365	366	367	368	369	3610	3611	3612	3613	3614
37	371	372	373	374	375	376	377	378	379	3710	3711	3712	3713	3714
38	381	382	383	384	385	386	387	388	389	3810	3811	3812	3813	3814
39	391	392	393	394	395	396	397	398	399	3910	3911	3912	3913	3914
40	401	402	403	404	405	406	407	408	409	4010	4011	4012	4013	4014
41	411	412	413	414	415	416	417	418	419	4110	4111	4112	4113	4114
42	421	422	423	424	425	426	427	428	429	4210	4211	4212	4213	4214
43	431	432	433	434	435	436	437	438	439	4310	4311	4312	4313	4314
44	441	442	443	444	445	446	447	448	449	4410	4411	4412	4413	4414
45	451	452	453	454	455	456	457	458	459	4510	4511	4512	4513	4514
46	461	462	463	464	465	466	467	468	469	4610	4611	4612	4613	4614
47	471	472	473	474	475	476	477	478	479	4710	4711	4712	4713	4714
48	481	482	483	484	485	486	487	488	489	4810	4811	4812	4813	4814
49	491	492	493	494	495	496	497	498	499	4910	4911	4912	4913	4914
50	501	502	503	504	505	506	507	508	509	5010	5011	5012	5013	5014
51	511	512	513	514	515	516	517	518	519	5110	5111	5112	5113	5114
52	521	522	523	524	525	526	527	528	529	5210	5211	5212	5213	5214
53	531	532	533	534	535	536	537	538	539	5310	5311	5312	5313	5314

54	541	542	543	544	545	546	547	548	549	5410	5411	5412	5413	5414
55	551	552	553	554	555	556	557	558	559	5510	5511	5512	5513	5514
56	561	562	563	564	565	566	567	568	569	5610	5611	5612	5613	5614
57	571	572	573	574	575	576	577	578	579	5710	5711	5712	5713	5714
58	581	582	583	584	585	586	587	588	589	5810	5811	5812	5813	5814
59	591	592	593	593	593	593	593	593	593	5910	5911	5912	5913	5914
60	601	602	603	604	605	606	607	608	609	6010	6011	6012	6013	6014
61	611	612	613	614	615	616	617	618	619	6110	6111	6112	6113	6114
62	621	622	623	624	625	626	627	628	629	6210	6211	6212	6213	6214
63	631	632	633	634	635	636	637	638	639	6310	6311	6312	6313	6314

Quadro - 3.9 (continuação)

	15	16	17	18	19	20	21	22	23	24	25	26	27
1	115	116	117	118	119	120	121	122	123	124	125	126	127
2	215	216	217	218	219	220	221	222	223	224	225	226	227
3	315	316	317	318	319	320	321	322	323	324	325	326	327
4	415	416	417	418	419	420	421	422	423	424	425	426	427
5	515	516	517	518	519	520	521	522	523	524	525	526	527
6	615	616	617	618	619	620	621	622	623	624	625	626	627
7	715	716	717	718	719	720	721	722	723	724	725	726	727
8	815	816	817	818	819	820	821	822	823	824	825	826	827
9	915	916	917	918	919	920	921	922	923	924	925	926	927
10	1015	1016	1017	1018	1019	1020	1021	1022	1023	1024	1025	1026	1027
11	1115	1116	1117	1118	1119	1120	1121	1122	1123	1124	1125	1126	1127

12	1215	1216	1217	1218	1219	1220	1221	1222	1223	1224	1225	1226	1227
13	1315	1316	1317	1318	1319	1320	1321	1322	1323	1324	1325	1326	1327
14	1415	1416	1417	1418	1419	1420	1421	1422	1423	1424	1425	1426	1427
15	1515	1516	1517	1518	1519	1520	1521	1522	1523	1524	1525	1526	1527
16	1615	1616	1617	1618	1619	1620	1621	1622	1623	1624	1625	1626	1627
17	1715	1716	1717	1718	1719	1720	1721	1722	1723	1724	1725	1726	1727
18	1815	1816	1817	1818	1819	1820	1821	1822	1823	1824	1825	1826	1827
19	1915	1916	1917	1918	1919	1920	1921	1922	1923	1924	1925	1926	1927
20	2015	2016	2017	2018	2019	2020	2021	2022	2023	2024	2025	2026	2027
21	2115	2116	2117	2118	2119	2120	2121	2122	2123	2124	2125	2126	2127
22	2215	2216	2217	2218	2219	2220	2221	2222	2223	2224	2225	2226	2227
23	2315	2316	2317	2318	2319	2320	2321	2322	2323	2324	2325	2326	2327
24	2415	2416	2417	2418	2419	2420	2421	2422	2423	2424	2425	2426	2427
25	2515	2516	2517	2518	2519	2520	2521	2522	2523	2524	2525	2526	2527
26	2615	2616	2617	2618	2619	2620	2621	2622	2623	2624	2625	2626	2627
27	2715	2716	2717	2718	2719	2720	2721	2722	2723	2724	2725	2726	2727
28	2815	2816	2817	2818	2819	2820	2821	2822	2823	2824	2825	2826	2827
29	2915	2916	2917	2918	2919	2920	2921	2922	2923	2924	2925	2926	2927
30	3015	3016	3017	3018	3019	3020	3021	3022	3023	3024	3025	3026	3027

31	3115	3116	3117	3118	3119	3120	3121	3122	3123	3124	3125	3126	3127
32	3215	3216	3217	3218	3219	3220	3221	3222	3223	3224	3225	3226	3227
33	3315	3316	3317	3318	3319	3320	3321	3322	3323	3324	3325	3326	3327
34	3415	3416	3417	3418	3419	3420	3421	3422	3423	3424	3425	3426	3427
35	3515	3516	3517	3518	3519	3520	3521	3522	3523	3524	3525	3526	3527
36	3615	3616	3617	3618	3619	3620	3621	3622	3623	3624	3625	3626	3627
37	3715	3716	3717	3718	3719	3720	3721	3722	3723	3724	3725	3726	3727
38	3815	3816	3817	3818	3819	3820	3821	3822	3823	3824	3825	3826	3827
39	3915	3916	3917	3918	3919	3920	3921	3922	3923	3924	3925	3926	3927
40	4015	4016	4017	4018	4019	4020	4021	4022	4023	4024	4025	4026	4027
41	4115	4116	4117	4118	4119	4120	4121	4122	4123	4124	4125	4126	4127
42	4215	4216	4217	4218	4219	4220	4221	4222	4223	4224	4225	4226	4227
43	4315	4316	4317	4318	4319	4320	4321	4322	4323	4324	4325	4326	4327
44	4415	4416	4417	4418	4419	4420	4421	4422	4423	4424	4425	4426	4427
45	4515	4516	4517	4518	4519	4520	4521	4522	4523	4524	4525	4526	4527
46	4615	4616	4617	4618	4619	4620	4621	4622	4623	4624	4625	4626	4627
47	4715	4716	4717	4718	4719	4720	4721	4722	4723	4724	4725	4726	4727
48	4815	4816	4817	4818	4819	4820	4821	4822	4823	4824	4825	4826	4827
49	4915	4916	4917	4918	4919	4920	4921	4922	4923	4924	4925	4926	4927

50	5015	5016	5017	5018	5019	5020	5021	5022	5023	5024	5025	5026	5027
51	5115	5116	5117	5118	5119	5120	5121	5122	5123	5124	5125	5126	5127
52	5215	5216	5217	5218	5219	5220	5221	5222	5223	5224	5225	5226	5227
53	5315	5316	5317	5318	5319	5320	5321	5322	5323	5324	5325	5326	5327
54	5415	5416	5417	5418	5419	5420	5421	5422	5423	5424	5425	5426	5427
55	5515	5516	5517	5518	5519	5520	5521	5522	5523	5524	5525	5526	5527
56	5615	5616	5617	5618	5619	5620	5621	5622	5623	5624	5625	5626	5627
57	5715	5716	5717	5718	5719	5720	5721	5722	5723	5724	5725	5726	5727
58	5815	5816	5817	5818	5819	5820	5821	5822	5823	5824	5825	5826	5827
59	5915	5916	5917	5918	5919	5920	5921	5922	5923	5924	5925	5926	5927
60	6015	6016	6017	6018	6019	6020	6021	6022	6023	6024	6025	6026	6027
61	6115	6116	6117	6118	6119	6120	6121	6122	6123	6124	6125	6126	6127
62	6215	6216	6217	6218	6219	6220	6221	6222	6223	6224	6225	6226	6227
63	6315	6316	6317	6318	6319	6320	6321	6322	6323	6324	6325	6326	6327

Quadro - 3.9 (continuação)

	28	29	30	31	32	33	34	35	36	37	38	39	40	41
1	128	129	130	131	132	133	134	135	136	137	138	139	140	141
2	228	229	230	231	232	233	234	235	236	237	238	239	240	241

3	328	329	330	331	332	333	334	335	336	337	338	339	340	341
4	428	429	430	431	432	433	434	435	436	437	438	439	440	441
5	528	529	530	531	532	533	534	535	536	537	538	539	540	541
6	628	629	630	631	632	633	634	635	636	637	638	639	640	641
7	728	729	730	731	732	733	734	735	736	737	738	739	740	741
8	828	829	830	831	832	833	834	835	836	837	838	839	840	841
9	928	929	930	931	932	933	934	935	936	937	938	939	940	941
10	1028	1029	1030	1031	1032	1033	1034	1035	1036	1037	1038	1039	1040	1041
11	1128	1129	1130	1131	1132	1133	1134	1135	1136	1137	1138	1139	1140	1141
12	1228	1229	1230	1231	1232	1233	1234	1235	1236	1237	1238	1239	1240	1241
13	1328	1329	1330	1331	1332	1333	1334	1335	1336	1337	1338	1339	1340	1341
14	1428	1429	1430	1431	1432	1433	1434	1435	1436	1437	1438	1439	1440	1441

15	1528	1529	1530	1531	1532	1533	1534	1535	1536	1537	1538	1539	1540	1541
16	1628	1629	1630	1631	1632	1633	1634	1635	1636	1637	1638	1639	1640	1641
17	1728	1729	1730	1731	1732	1733	1734	1735	1736	1737	1738	1739	1740	1741
18	1828	1829	1830	1831	1832	1833	1834	1835	1836	1837	1838	1839	1840	1841
19	1928	1929	1930	1931	1932	1933	1934	1935	1936	1937	1938	1939	1940	1941
20	2028	2029	2030	2031	2032	2033	2034	2035	2036	2037	2038	2039	2040	2041
21	2128	2129	2130	2131	2132	2133	2134	2135	2136	2137	2138	2139	2140	2141
22	2228	2229	2230	2231	2232	2233	2234	2235	2236	2237	2238	2239	2240	2241
23	2328	2329	2330	2331	2332	2333	2334	2335	2336	2337	2338	2339	2340	2341
24	2428	2429	2430	2431	2432	2433	2434	2435	2436	2437	2438	2439	2440	2441

25	2528	2529	2530	2531	2532	2533	2534	2535	2536	2537	2538	2539	2540	2541
26	2628	2629	2630	2631	2632	2633	2634	2635	2636	2637	2638	2639	2640	2641
27	2728	2729	2730	2731	2732	2733	2734	2735	2736	2737	2738	2739	2740	2741
28	2828	2829	2830	2831	2832	2833	2834	2835	2836	2837	2838	2839	2840	2841
29	2928	2929	2930	2931	2932	2933	2934	2935	2936	2937	2938	2939	2940	2941
30	3028	3029	3030	3031	3032	3033	3034	3035	3036	3037	3038	3039	3040	3041
31	3128	3129	3130	3131	3132	3133	3134	3135	3136	3137	3138	3139	3140	3141
32	3228	3229	3230	3231	3232	3233	3234	3235	3236	3237	3238	3239	3240	3241
33	3328	3329	3330	3331	3332	3333	3334	3335	3336	3337	3338	3339	3340	3341
34	3428	3429	3430	3431	3432	3433	3434	3435	3436	3437	3438	3439	3440	3441

35	3528	3529	3530	3531	3532	3533	3534	3535	3536	3537	3538	3539	3540	3541
36	3628	3629	3630	3631	3632	3633	3634	3635	3636	3637	3638	3639	3640	3641
37	3728	3729	3730	3731	3732	3733	3734	3735	3736	3737	3738	3739	3740	3741
38	3828	3829	3830	3831	3832	3833	3834	3835	3836	3837	3838	3839	3840	3841
39	3928	3929	3930	3931	3932	3933	3934	3935	3936	3937	3938	3939	3940	3941
40	4028	4029	4030	4031	4032	4033	4034	4035	4036	4037	4038	4039	4040	4041
41	4128	4129	4130	4131	4132	4133	4134	4135	4136	4137	4138	4139	4140	4141
42	4228	4229	4230	4231	4232	4233	4234	4235	4236	4237	4238	4239	4240	4241
43	4328	4329	4330	4331	4332	4333	4334	4335	4336	4337	4338	4339	4340	4341
44	4428	4429	4430	4431	4432	4433	4434	4435	4436	4437	4438	4439	4440	4441

45	4528	4529	4530	4531	4532	4533	4534	4535	4536	4537	4538	4539	4540	4541
46	4628	4629	4630	4631	4632	4633	4634	4635	4636	4637	4638	4639	4640	4641
47	4728	4729	4730	4731	4732	4733	4734	4735	4736	4737	4738	4739	4740	4741
48	4828	4829	4830	4831	4832	4833	4834	4835	4836	4837	4838	4839	4840	4841
49	4928	4929	4930	4931	4932	4933	4934	4935	4936	4937	4938	4939	4940	4941
50	5028	5029	5030	5031	5032	5033	5034	5035	5036	5037	5038	5039	5040	5041
51	5128	5129	5130	5131	5132	5133	5134	5135	5136	5137	5138	5139	5140	5141
52	5228	5229	5230	5231	5232	5233	5234	5235	5236	5237	5238	5239	5240	5241
53	5328	5329	5330	5331	5332	5333	5334	5335	5336	5337	5338	5339	5340	5341
54	5428	5429	5430	5431	5432	5433	5434	5435	5436	5437	5438	5439	5440	5441

55	5528	5529	5530	5531	5532	5533	5534	5535	5536	5537	5538	5539	5540	5541
56	5628	5629	5630	5631	5632	5633	5634	5635	5636	5637	5638	5639	5640	5641
57	5728	5729	5730	5731	5732	5733	5734	5735	5736	5737	5738	5739	5740	5741
58	5828	5829	5830	5831	5832	5833	5834	5835	5836	5837	5838	5839	5840	5841
59	5928	5929	5930	5931	5932	5933	5934	5935	5936	5937	5938	5939	5940	5941
60	6028	6029	6030	6031	6032	6033	6034	6035	6036	6037	6038	6039	6040	6041
61	6128	6129	6130	6131	6132	6133	6134	6135	6136	6137	6138	6139	6140	6141
62	6228	6229	6230	6231	6232	6233	6234	6235	6236	6237	6238	6239	6240	6241
63	6328	6329	6330	6331	6332	6333	6334	6335	6336	6337	6338	6339	6340	6341

Quadro - 3.9 (continuação)

	42	43	44	45	46	47	48	49	50	51	52	53	54
1	142	143	144	145	146	147	148	149	150	151	152	153	154

2	242	243	244	245	246	247	248	249	250	251	252	253	254
3	342	343	344	345	346	347	348	349	350	351	352	353	354
4	442	443	444	445	446	447	448	449	450	451	452	453	454
5	542	543	544	545	546	547	548	549	550	551	552	553	554
6	642	643	644	645	646	647	648	649	650	651	652	653	654
7	742	743	744	745	746	747	748	749	750	751	752	753	754
8	842	843	844	845	846	847	848	849	850	851	852	853	854
9	942	943	944	945	946	947	948	949	950	951	952	953	954
10	1042	1043	1044	1045	1046	1047	1048	1049	1050	1051	1052	1053	1054
11	1142	1143	1144	1145	1146	1147	1148	1149	1150	1151	1152	1153	1154
12	1242	1243	1244	1245	1246	1247	1248	1249	1250	1251	1252	1253	1254
13	1342	1343	1344	1345	1346	1347	1348	1349	1350	1351	1352	1353	1354
14	1442	1443	1444	1445	1446	1447	1448	1449	1450	1451	1452	1453	1454
15	1542	1543	1544	1545	1546	1547	1548	1549	1550	1551	1552	1553	1554
16	1642	1643	1644	1645	1646	1647	1648	1649	1650	1651	1652	1653	1654
17	1742	1743	1744	1745	1746	1747	1748	1749	1750	1751	1752	1753	1754
18	1842	1843	1844	1845	1846	1847	1848	1849	1850	1851	1852	1853	1854
19	1942	1943	1944	1945	1946	1947	1948	1949	1950	1951	1952	1953	1954
20	2042	2043	2044	2045	2046	2047	2048	2049	2050	2051	2052	2053	2054
21	2142	2143	2144	2145	2146	2147	2148	2149	2150	2151	2152	2153	2154
22	2242	2243	2244	2245	2246	2247	2248	2249	2250	2251	2252	2253	2254
23	2342	2343	2344	2345	2346	2347	2348	2349	2350	2351	2352	2353	2354

24	2442	2443	2444	2445	2446	2447	2448	2449	2450	2451	2452	2453	2454
25	2542	2543	2544	2545	2546	2547	2548	2549	2550	2551	2552	2553	2554
26	2642	2643	2644	2645	2646	2647	2648	2649	2650	2651	2652	2653	2654
27	2742	2743	2744	2745	2746	2747	2748	2749	2750	2751	2752	2753	2754
28	2842	2843	2844	2845	2846	2847	2848	2849	2850	2851	2852	2853	2854
29	2942	2943	2944	2945	2946	2947	2948	2949	2950	2951	2952	2953	2954
30	3042	3043	3044	3045	3046	3047	3048	3049	3050	3051	3052	3053	3054
31	3142	3143	3144	3145	3146	3147	3148	3149	3150	3151	3152	3153	3154
32	3242	3243	3244	3245	3246	3247	3248	3249	3250	3251	3252	3253	3254
33	3342	3343	3344	3345	3346	3347	3348	3349	3350	3351	3352	3353	3354
34	3442	3443	3444	3445	3446	3447	3448	3449	3450	3451	3452	3453	3454
35	3542	3543	3544	3545	3546	3547	3548	3549	3550	3551	3552	3553	3554
36	3642	3643	3644	3645	3646	3647	3648	3649	3650	3651	3652	3653	3654
37	3742	3743	3744	3745	3746	3747	3748	3749	3750	3751	3752	3753	3754
38	3842	3843	3844	3845	3846	3847	3848	3849	3850	3851	3852	3853	3854
39	3942	3943	3944	3945	3946	3947	3948	3949	3950	3951	3952	3953	3954
40	4042	4043	4044	4045	4046	4047	4048	4049	4050	4051	4052	4053	4054
41	4142	4143	4144	4145	4146	4147	4148	4149	4150	4151	4152	4153	
42	4242	4243	4244	4245	4246	4247	4248	4249	4250	4251	4252	4253	

43	4342	4343	4344	4345	4346	4347	4348	4349	4350	4351	4352	4353
44	4442	4443	4444	4445	4446	4447	4448	4449	4450	4451	4452	4453
45	4542	4543	4544	4545	4546	4547	4548	4549	4550	4551	4552	4553
46	4642	4643	4644	4645	4646	4647	4648	4649	4650	4651	4652	4653
47	4742	4743	4744	4745	4746	4747	4748	4749	4750	4751	4752	4753
48	4842	4843	4844	4845	4846	4847	4848	4849	4850	4851	4852	4853
49	4942	4943	4944	4945	4946	4947	4948	4949	4950	4951	4952	4953
50	5042	5043	5044	5045	5046	5047	5048	5049	5050	5051	5052	5053
51	5142	5143	5144	5145	5146	5147	5148	5149	5150	5151	5152	5153
52	5242	5243	5244	5245	5246	5247	5248	5249	5250	5251	5252	5253
53	5342	5343	5344	5345	5346	5347	5348	5349	5350	5351	5352	5353
54												5454
55												
56												
57												
58												
59												
60												
61												

| 6
2 | | | | | | | | | | | | |
| 6
3 | | | | | | | | | | | | |

Quadro - 3.9 (continuação)

	55	56	57	58	59	60	61	62	63
1	155	156	157	158	159	160	161	162	163
2	255	256	257	258	259	260	261	262	263
3	355	356	357	358	359	360	361	362	363
4	455	456	457	458	459	460	461	462	463
5	555	556	557	558	559	560	561	562	563
6	655	656	657	658	659	660	661	662	663
7	755	756	757	758	759	760	761	762	763
8	855	856	857	858	859	860	861	862	863
9	955	956	957	958	959	960	961	962	963
10	1055	1056	1057	1058	1059	1060	1061	1062	1063
11	1155	1156	1157	1158	1159	1160	1161	1162	1163
12	1255	1256	1257	1258	1259	1260	1261	1262	1263
13	1355	1356	1357	1358	1359	1360	1361	1362	1363
14	1455	1456	1457	1458	1459	1460	1461	1462	1463
15	1555	1556	1557	1558	1559	1560	1561	1562	1563
16	1655	1656	1657	1658	1659	1660	1661	1662	1663
17	1755	1756	1757	1758	1759	1760	1761	1762	1763
18	1855	1856	1857	1858	1859	1860	1861	1862	1863
19	1955	1956	1957	1958	1959	1960	1961	1962	1963
20	2055	2056	2057	2058	2059	2060	2061	2062	2063
21	2155	2156	2157	2158	2159	2160	2161	2162	2163
22	2255	2256	2257	2258	2259	2260	2261	2262	2263
23	2355	2356	2357	2358	2359	2360	2361	2362	2363
24	2455	2456	2457	2458	2459	2460	2461	2462	2463
25	2555	2556	2557	2558	2559	2560	2561	2562	2563
26	2655	2656	2657	2658	2659	2660	2661	2662	2663
27	2755	2756	2757	2758	2759	2760	2761	2762	2763

28	2855	2856	2857	2858	2859	2860	2861	2862	2863
29	2955	2956	2957	2958	2959	2960	2961	2962	2963
30	3055	3056	3057	3058	3059	3060	3061	3062	3063
31	3155	3156	3157	3158	3159	3160	3161	3162	3163
32	3255	3256	3257	3258	3259	3260	3261	3262	3263
33	3355	3356	3357	3358	3359	3360	3361	3362	3363
34	3455	3456	3457	3458	3459	3460	3461	3462	3463
35	3555	3556	3557	3558	3559	3560	3561	3562	3563
36	3655	3656	3657	3658	3659	3660	3661	3662	3663
37	3755	3756	3757	3758	3759	3760	3761	3762	3763
38	3855	3856	3857	3858	3859	3860	3861	3862	3863
39	3955	3956	3957	3958	3959	3960	3961	3962	3963
40	4055	4056	4057	4058	4059	4060	4061	4062	4063
41									
42									
43									
44									
45									
46									
47									
48									
49									
50									
51									
52									
53									
54									
55	5555								
56		5656							
57			5757						
58				5858					
59					5959				
60						6060			
61							6161		
62								6262	
63									6363

Quadro - 3.10

	1	2	3	4	5	6	7	8	9	10
1	0.17	0.19	0.21	0.22	0.24	0.25	0.27	0.29	0.30	1.75
2	0.33	0.35	12.50	0.38	13.50	0.41	14.50	0.44	15.50	3.33
3	0.49	17.00	0.52	12.33	13.67	0.57	19.50	14.67	0.62	104.33
4	0.65	0.67	15.33	0.70	12.25	13.50	14.75	0.76	13.25	104.50
5	0.81	27.00	19.67	14.50	0.87	12.20	13.40	14.60	15.80	8.10
6	0.97	0.98	1.00	18.00	14.00	1.05	1.06	1.08	1.10	9.68
7	1.13	37.00	37.50	21.50	17.00	1.21	1.22	12.14	13.29	104.43
8	1.29	1.30	29.67	1.33	20.00	1.37	13.43	2.40	12.13	103.25
9	1.44	47.00	1.48	24.50	23.00	1.52	15.86	13.25	1.57	102.11
10	1.60	1.62	35.33	28.00	1.67	1.68	18.29	15.50	13.11	16.03
11	1.76	57.00	39.67	31.50	58.50	1.84	20.71	17.75	15.22	112.00
12	1.92	1.94	1.95	1.97	27.00	2.00	23.14	20.00	17.33	123.00
13	2.08	67.00	67.50	34.50	30.00	2.16	25.57	22.25	19.44	134.00
14	2.24	2.25	49.67	38.00	33.00	2.32	2.33	23.50	21.56	145.00
15	2.40	77.00	2.43	41.50	2.46	2.48	23.43	26.75	23.67	156.00
16	2.56	2.57	55.33	2.60	34.00	31.67	25.86	2.67	25.78	167.00
17	2.71	87.00	59.67	44.50	60.33	33.33	28.29	23.25	27.89	178.00
18	2.87	2.89	2.90	48.00	40.00	35.00	30.71	25.50	3.00	189.00
19	3.03	97.00	97.50	51.50	43.00	36.67	33.14	27.75	100.50	200.00
20	3.19	3.21	69.67	3.24	3.25	38.33	35.57	30.00	25.22	31.90
21	3.35	107.00	3.38	54.50	108.50	40.00	3.44	32.25	39.50	212.00

22	3.51	3.52	75.33	58.00	47.00	41.67	76.67	34.50	29.44	223.00
23	3.67	117.00	79.67	61.50	50.00	43.33	35.86	36.75	31.56	234.00
24	3.83	3.84	3.86	3.87	53.00	45.00	38.29	3.94	33.67	245.00
25	3.98	127.00	127.50	85.67	4.05	45.67	40.71	33.25	35.78	256.00
26	4.14	4.16	89.67	68.00	54.00	47.33	43.14	91.33	37.89	267.00
27	4.30	137.00	4.33	71.50	57.00	49.00	45.57	37.75	4.43	278.00
28	4.46	4.48	95.33	4.51	60.00	50.67	4.56	40.00	33.11	289.00
29	4.62	147.00	99.67	74.50	63.00	52.33	43.43	42.25	35.22	300.00
30	4.78	4.79	4.81	78.00	4.84	54.00	45.86	44.50	37.33	47.78
31	4.94	157.00	157.50	81.50	158.50	55.67	82.25	46.75	39.44	1037.67
32	5.10	5.11	109.67	5.14	110.33	57.33	50.71	5.21	41.56	323.00
33	5.25	167.00	5.29	84.50	70.00	59.00	53.14	43.25	43.67	334.00
34	5.41	5.43	115.33	88.00	73.00	60.67	55.57	45.50	45.78	345.00
35	5.57	177.00	119.67	91.50	5.63	61.33	5.67	47.75	47.89	356.00
36	5.73	5.75	5.76	5.78	74.00	63.00	53.43	50.00	5.86	367.00
37	5.89	187.00	187.50	125.67	77.00	64.67	77.40	52.25	190.50	378.00
38	6.05	6.06	129.67	98.00	80.00	66.33	58.29	54.50	45.22	389.00
39	6.21	197.00	6.24	101.50	83.00	68.00	60.71	56.75	69.50	400.00
40	6.37	6.38	135.33	6.41	6.43	69.67	63.14	6.48	49.44	63.65

41	6.52	207.00	139.67	104.50	208.50	71.33	65.57	53.25	51.56	412.00
42	6.68	6.70	6.71	108.00	87.00	73.00	6.78	55.50	53.67	528.25
43	6.84	217.00	217.50	111.50	90.00	74.67	219.50	90.60	55.78	434.00
44	7.00	7.02	149.67	7.05	93.00	76.33	65.86	60.00	57.89	445.00
45	7.16	227.00	7.19	114.50	7.22	77.00	68.29	62.25	7.29	456.00
46	7.32	7.33	155.33	118.00	94.00	78.67	70.71	64.50	53.11	467.00
47	7.48	237.00	159.67	121.50	160.33	80.33	73.14	66.75	55.22	478.00
48	7.63	7.65	7.67	7.68	100.00	82.00	75.57	7.75	57.33	489.00
49	7.79	247.00	247.50	124.50	103.00	100.20	7.89	63.25	103.80	500.00
50	7.95	7.97	169.67	128.00	8.02	85.33	73.43	171.33	61.56	79.52
51	8.11	257.00	8.14	131.50	258.50	87.00	75.86	67.75	63.67	512.00
52	8.27	8.29	175.33	8.32	107.00	88.67	78.29	70.00	65.78	523.00
53	8.43	267.00	179.67	134.50	110.00	90.33	80.71	72.25	67.89	534.00
54	8.59	8.60	8.62	138.00	113.00	110.20	83.14	76.50	8.71	545.00
55	8.75	277.00	277.50	141.50	8.81	93.67	85.57	76.75	280.50	556.00
56	8.90	8.92	189.67	8.95	114.00	95.33	9.00	9.02	65.22	567.00
57	9.06	287.00	9.10	192.33	117.00	97.00	289.50	73.25	99.50	578.00
58	9.22	9.24	195.33	148.00	120.00	98.67	85.86	75.50	69.44	589.00
59	9.38	297.00	199.67	151.25	122.60	99.83	151.25	77.13	70.89	600.00

60	9.54	9.56	9.57	9.59	9.60	102.00	90.71	80.00	73.67	95.40
61	9.70	307.00	307.50	205.67	308.50	103.67	93.14	82.25	75.78	2037.67
62	9.86	9.87	209.67	158.00	210.33	105.33	95.57	84.50	77.89	623.00
63	10.02	317.00	10.05	161.50	130.00	107.00	10.11	86.75	10.14	634.00

Quadro - 3.10 (continuação)

	11	12	13	14	15	16	17	18	19
1	1.76	1.78	1.79	1.81	1.83	1.84	1.86	1.87	1.89
2	106.50	3.37	107.50	3.40	108.50	3.43	109.50	3.46	110.50
3	105.67	4.95	157.50	106.67	5.00	106.33	107.67	5.05	160.50
4	105.75	6.54	104.25	105.50	106.75	6.60	105.25	106.50	107.75
5	256.50	104.40	105.60	106.80	8.17	104.20	174.33	106.60	107.80
6	9.70	9.71	9.73	9.75	9.76	106.67	106.83	107.00	107.17
7	105.57	106.71	107.86	11.33	103.14	104.29	105.43	106.57	107.71
8	104.38	105.50	106.63	107.75	108.88	12.95	103.13	104.25	105.38
9	103.22	104.33	105.44	106.56	107.67	108.78	109.89	14.57	460.50
10	102.10	103.20	104.30	105.40	106.50	107.60	108.70	109.80	110.90
11	17.63	102.09	103.18	104.27	105.36	106.45	107.55	108.64	109.73
12	111.09	19.24	102.08	103.17	104.25	105.33	106.42	107.50	108.58
13	121.18	110.33	20.84	102.08	103.15	104.23	105.31	106.38	107.46

14	131.27	119.67	109.69	22.44	102.07	103.14	104.21	105.29	106.36
15	141.36	129.00	118.38	109.14	24.05	102.07	103.13	104.20	105.27
16	151.45	138.33	127.08	117.29	108.67	25.65	102.06	103.13	104.19
17	161.55	147.67	135.77	125.43	116.33	108.25	27.25	102.06	103.12
18	171.64	157.00	144.46	133.57	124.00	115.50	107.88	28.86	102.06
19	181.73	166.33	153.15	141.71	131.67	122.75	114.76	107.56	30.46
20	191.82	175.67	161.85	149.86	139.33	130.00	121.65	114.11	107.26
21	201.91	185.00	170.54	158.00	147.00	137.25	128.53	120.67	113.53
22	35.10	194.33	179.23	166.14	154.67	144.50	135.41	127.22	119.79
23	211.09	203.67	187.92	174.29	162.33	151.75	142.29	133.78	126.05
24	221.18	38.29	196.62	182.43	170.00	159.00	149.18	140.33	132.32
25	231.27	210.33	849.67	190.57	177.67	166.25	156.06	146.89	138.58
26	241.36	219.67	41.48	198.71	185.33	173.50	162.94	153.44	144.84
27	251.45	229.00	209.69	206.86	193.00	180.75	169.82	160.00	151.11
28	261.55	355.50	218.38	44.67	200.67	188.00	176.71	166.56	157.37
29	271.64	247.67	227.08	209.14	208.33	195.25	183.59	173.11	163.63
30	281.73	257.00	235.77	217.29	47.86	202.50	190.47	179.67	169.89
31	291.82	266.33	244.46	225.43	208.67	209.75	197.35	186.22	176.16
32	301.91	275.67	253.15	233.57	216.33	51.05	204.24	192.78	182.42

33	52.56	285.00	261.85	241.71	555.50	208.25	211.12	200.33	188.68
34	311.09	294.33	270.54	249.86	231.67	215.50	54.24	206.89	194.95
35	1172.33	303.67	279.23	258.00	356.50	222.75	1759.50	213.44	201.21
36	331.27	57.33	287.92	266.14	247.00	230.00	214.76	57.43	207.47
37	341.36	310.33	296.62	274.29	254.67	237.25	534.00	207.56	213.74
38	351.45	319.67	305.31	282.43	262.33	244.50	228.53	956.50	60.62
39	361.55	655.00	62.11	290.57	270.00	251.75	235.41	220.67	207.26
40	371.64	338.33	309.69	298.71	277.67	259.00	242.29	227.22	213.53
41	381.73	347.67	318.38	306.86	285.33	266.25	249.18	233.78	219.79
42	391.82	357.00	327.08	66.89	293.00	273.50	256.06	357.50	226.05
43	401.91	366.33	335.77	309.14	300.67	280.75	262.94	246.89	232.32
44	70.02	375.67	344.46	1473.33	308.33	288.00	269.82	253.44	238.58
45	411.09	385.00	353.15	325.43	71.67	295.25	276.71	260.00	244.84
46	421.18	394.33	361.85	333.57	308.67	302.50	283.59	266.56	251.11
47	1573.33	403.67	370.54	341.71	316.33	309.75	290.47	273.11	257.37
48	441.36	76.38	379.23	349.86	324.00	76.44	297.35	279.67	263.63
49	451.45	410.33	387.92	358.00	331.67	1639.67	304.24	286.22	269.89
50	461.55	419.67	396.62	366.14	339.33	315.50	311.12	292.78	276.16
51	471.64	429.00	405.31	374.29	347.00	322.75	81.22	300.33	282.42

52	481.73	655.50	82.75	382.43	354.67	330.00	307.88	306.89	288.68
53	491.82	447.67	2657.50	390.57	362.33	337.25	1774.33	313.44	294.95
54	501.91	457.00	418.38	398.71	370.00	344.50	321.65	86.00	301.21
55	87.48	466.33	427.08	406.86	377.67	351.75	328.53	307.56	307.47
56	1123.20	475.67	435.77	89.11	385.33	359.00	335.41	314.11	313.74
57	521.18	485.00	444.46	409.14	393.00	366.25	342.29	320.67	90.78
58	531.27	494.33	453.15	1940.00	400.67	373.50	349.18	327.22	307.26
59	848.43	503.67	461.85	425.43	408.33	380.75	356.06	333.78	313.53
60	551.45	95.43	470.54	433.57	95.48	388.00	362.94	340.33	319.79
61	561.55	510.33	479.23	441.71	3058.50	395.25	369.82	346.89	326.05
62	571.64	1244.40	487.92	782.75	416.33	402.50	376.71	353.44	332.32
63	581.73	529.00	496.62	458.00	1581.75	409.75	383.59	360.00	338.58

Quadro - 3.10 (continuação)

	20	21	22	23	24	25	26	27	28	29
1	1.90	1.92	1.94	1.95	1.97	1.98	2.00	2.02	2.03	2.05
2	3.49	111.50	3.52	112.50	3.56	113.50	3.59	114.50	3.62	115.50
3	108.67	5.10	108.33	109.67	5.14	163.50	110.67	5.19	110.33	111.67
4	6.67	106.25	107.50	108.75	6.73	142.67	108.50	109.75	6.79	108.25
5	8.25	261.50	106.40	107.60	108.80	8.33	106.20	107.40	108.60	109.80

6	107.33	107.50	107.67	107.83	108.00	107.17	107.33	107.50	107.67	107.83
7	108.86	11.44	241.67	105.29	106.43	107.57	108.71	109.86	11.56	105.14
8	106.50	107.63	108.75	109.88	13.08	104.13	277.33	106.38	107.50	108.63
9	104.22	156.50	106.44	107.56	108.67	109.78	110.89	14.71	104.11	105.22
10	16.19	103.10	104.20	105.30	106.40	107.50	108.60	109.70	110.80	111.90
11	110.82	111.91	17.81	103.09	104.18	105.27	106.36	107.45	108.55	109.64
12	109.67	110.75	111.83	112.92	19.43	103.08	104.17	105.25	157.50	107.42
13	108.54	109.62	110.69	111.77	112.85	453.67	21.05	103.08	104.15	105.23
14	107.43	108.50	109.57	110.64	111.71	112.79	113.86	114.93	22.67	103.07
15	106.33	107.40	108.47	109.53	110.60	111.67	112.73	113.80	114.87	115.93
16	105.25	106.31	107.38	108.44	109.50	110.56	111.63	112.69	113.75	114.81
17	104.18	105.24	106.29	107.35	108.41	109.47	110.53	111.59	112.65	113.71
18	103.11	104.17	105.22	106.28	107.33	108.39	109.44	110.50	111.56	112.61
19	102.05	103.11	104.16	105.21	106.26	107.32	108.37	109.42	110.47	111.53
20	32.06	102.05	103.10	104.15	105.20	106.25	107.30	108.35	109.40	110.45
21	107.00	33.67	102.05	103.10	104.14	105.19	106.24	107.29	108.33	109.38
22	113.00	106.76	35.27	102.05	103.09	104.14	105.18	106.23	107.27	108.32
23	119.00	112.52	106.55	36.87	102.04	103.09	104.13	105.17	106.22	107.26
24	125.00	118.29	112.09	106.35	38.48	102.04	103.08	104.13	105.17	106.21

2 5	131.00	124.05	117.64	111.70	106.17	40.08	102.04	103.08	104.12	105.16
2 6	137.00	129.81	123.18	117.04	111.33	106.00	41.68	102.04	103.08	104.12
2 7	143.00	135.57	128.73	122.39	116.50	111.00	105.85	43.29	102.04	103.07
2 8	149.00	141.33	134.27	127.74	121.67	116.00	110.69	105.70	44.89	102.04
2 9	155.00	147.10	139.82	133.09	126.83	121.00	115.54	110.41	105.57	46.49
3 0	161.00	152.86	145.36	138.43	132.00	126.00	120.38	115.11	110.14	105.45
3 1	167.00	158.62	150.91	143.78	137.17	131.00	125.23	119.81	114.71	109.90
3 2	173.00	164.38	156.45	149.13	142.33	136.00	130.08	124.52	119.29	114.34
3 3	179.00	170.14	162.00	154.48	147.50	141.00	134.92	129.22	123.86	118.79
3 4	185.00	175.90	167.55	159.83	152.67	146.00	139.77	133.93	128.43	123.24
3 5	191.00	181.67	173.09	165.17	157.83	151.00	144.62	138.63	133.00	127.69
3 6	197.00	187.43	178.64	170.52	163.00	156.00	149.46	143.33	137.57	132.14
3 7	203.00	193.19	184.18	175.87	168.17	161.00	154.31	148.04	142.14	136.59
3 8	209.00	198.95	189.73	181.22	173.33	166.00	159.15	152.74	146.71	141.03
3 9	215.00	204.71	195.27	186.57	178.50	171.00	164.00	157.44	151.29	145.48
4 0	63.81	210.48	200.82	191.91	183.67	176.00	168.85	162.15	155.86	149.93
4 1	207.00	206.24	206.36	197.26	188.83	181.00	173.69	166.85	160.43	154.38
4 2	213.00		67.00	211.91	202.61	194.00	186.00	178.54	171.56	165.00	158.83
4 3	219.00	206.76	217.45	207.96	199.17	191.00	183.38	176.26	169.57	163.28

44	1477.33	212.52	70.19	213.30	204.33	196.00	188.23	180.96	174.14	167.72
45	231.00	218.29	206.55	218.65	209.50	201.00	193.08	185.67	178.71	172.17
46	237.00	224.05	212.09	73.38	214.67	206.00	197.92	190.37	183.29	176.62
47	243.00	229.81	217.64	206.35	219.83	211.00	202.77	195.07	187.86	181.07
48	249.00	235.57	223.18	211.70	76.57	216.00	207.62	199.78	192.43	185.52
49	255.00	358.50	228.73	217.04	206.17	221.00	212.46	204.48	197.00	189.97
50	261.00	247.10	234.27	222.39	211.33	79.76	217.31	209.19	201.57	194.41
51	267.00	252.86	239.82	227.74	216.50	2563.50	222.15	213.89	206.14	198.86
52	273.00	258.62	245.36	233.09	221.67	211.00	82.95	218.59	210.71	203.31
53	279.00	264.38	250.91	238.43	226.83	216.00	205.85	223.30	215.29	207.76
54	285.00	270.14	256.45	243.78	232.00	221.00	210.69	86.14	219.86	212.21
55	291.00	275.90	262.00	249.13	237.17	557.50	215.54	205.70	224.43	216.66
56	297.00	281.67	267.55	254.48	359.50	231.00	220.38	210.41	89.33	221.10
57	303.00	287.43	273.09	259.83	247.50	236.00	225.23	957.50	1910.33	225.55
58	309.00	293.19	278.64	265.17	252.67	241.00	230.08	219.81	210.14	92.52
59	315.00	298.95	284.18	270.52	257.83	246.00	234.92	224.52	214.71	2965.50
60	95.56	304.71	289.73	275.87	263.00	251.00	239.77	229.22	219.29	209.90
61	307.00	310.48	295.27	281.22	268.17	256.00	244.62	233.93	223.86	214.34
62	1038.67	306.24	300.82	286.57	273.33	261.00	249.46	238.63	228.43	218.79

| 6 | | 100.33 | 306.36 | 291.91 | 278.50 | | 254.31 | 360.50 | | |
| 3 | 319.00 | | | | | 266.00 | | | 233.00 | 532.42 |

Quadro - 3.10 (continuação)

	30	31	32	33	34	35	36	37	38	39
1	2.06	2.08	2.10	2.11	2.13	2.14	2.16	2.17	2.19	2.21
2	3.65	116.50	3.68	117.50	3.71	118.50	3.75	119.50	3.78	120.50
3	5.24	166.50	112.67	5.29	112.33	113.67	5.33	169.50	114.67	5.38
4	109.50	110.75	6.86	109.25	110.50	111.75	6.92	146.67	111.50	112.75
5	8.41	266.50	179.33	109.60	110.80	8.49	108.20	109.40	110.60	111.80
6	108.00	108.17	108.33	108.50	108.67	107.83	108.00	108.17	108.33	108.50
7	106.29	185.75	108.57	109.71	110.86	11.67	106.14	149.40	108.43	109.57
8	109.75	110.88	13.21	105.13	106.25	107.38	108.50	109.63	110.75	111.88
9	106.33	107.44	108.56	109.67	110.78	111.89	14.86	469.50	106.22	159.50
10	16.35	344.67	105.20	106.30	107.40	108.50	109.60	110.70	111.80	112.90
11	110.73	111.82	112.91	17.98	104.09	380.33	106.27	107.36	108.45	109.55
12	108.50	109.58	110.67	111.75	112.83	113.92	19.62	104.08	105.17	209.50
13	106.31	107.38	108.46	109.54	110.62	111.69	112.77	113.85	114.92	21.25
14	104.14	105.21	106.29	107.36	108.43	109.50	110.57	111.64	112.71	113.79
15	24.29	103.07	104.13	258.50	106.27	158.50	108.40	109.47	110.53	111.60
16	115.88	116.94	25.90	103.06	104.13	105.19	106.25	107.31	108.38	109.44

17	114.76	115.82	116.88	117.94	27.52	868.50	104.12	251.14	106.24	107.29
18	113.67	114.72	115.78	117.83	118.89	119.94	29.14	103.06	461.50	105.17
19	112.58	113.63	114.68	115.74	116.79	117.84	118.89	119.95	30.76	103.05
20	111.50	112.55	113.60	114.65	115.70	116.75	117.80	118.85	119.90	120.95
21	110.43	111.48	112.52	113.57	114.62	115.67	116.71	117.76	118.81	119.86
22	109.36	110.41	111.45	112.50	113.55	114.59	115.64	116.68	117.73	118.77
23	108.30	109.35	110.39	111.43	112.48	113.52	114.57	115.61	116.65	117.70
24	107.25	108.29	109.33	110.38	111.42	112.46	113.50	114.54	115.58	116.63
25	106.20	107.24	108.28	109.32	110.36	111.40	112.44	113.48	114.52	115.56
26	105.15	106.19	107.23	108.27	109.31	110.35	111.38	112.42	113.46	114.50
27	104.11	105.15	106.19	107.22	108.26	109.30	110.33	111.37	112.41	113.44
28	103.07	104.11	105.14	106.18	107.21	108.25	109.29	110.32	111.36	112.39
29	102.03	103.07	104.10	105.14	106.17	107.21	108.24	109.28	110.31	111.34
30	48.10	102.03	103.07	104.10	105.13	106.17	107.20	108.23	109.27	110.30
31	105.33	49.70	102.03	103.06	104.10	105.13	106.16	107.19	108.23	109.26
32	109.67	105.23	51.30	102.03	103.06	104.09	105.13	106.16	107.19	108.22
33	114.00	109.45	105.13	52.90	102.03	103.06	104.09	105.12	106.15	107.18
34	118.33	113.68	109.25	105.03	54.51	102.03	103.06	104.09	105.12	106.15
35	122.67	117.90	113.38	109.06	104.94	56.11	102.03	103.06	104.09	105.11

36	127.00	122.13	117.50	113.09	108.88	104.86	57.71	102.03	103.06	104.08
37	131.33	126.35	121.63	117.12	112.82	108.71	104.78	59.32	102.03	103.05
38	135.67	130.58	125.75	121.15	116.76	112.57	108.56	104.70	60.92	102.03
39	140.00	134.81	129.88	125.18	120.71	116.43	112.33	108.41	104.63	62.52
40	144.33	139.03	134.00	129.21	124.65	120.29	116.11	112.11	108.26	104.56
41	148.67	143.26	138.13	133.24	128.59	124.14	119.89	115.81	111.89	108.13
42	153.00	147.48	142.25	137.27	132.53	128.00	123.67	119.51	115.53	111.69
43	157.33	151.71	146.38	141.30	136.47	131.86	127.44	123.22	119.16	115.26
44	161.67	155.94	150.50	145.33	140.41	135.71	131.22	126.92	122.79	118.82
45	166.00	160.16	154.63	149.36	144.35	139.57	135.00	130.62	126.42	122.38
46	170.33	164.39	158.75	153.39	148.29	143.43	138.78	134.32	130.05	125.95
47	174.67	168.61	162.88	157.42	152.24	147.29	142.56	138.03	133.68	129.51
48	179.00	172.84	167.00	161.45	156.18	151.14	146.33	141.73	137.32	133.08
49	183.33	177.06	171.13	165.48	160.12	155.00	150.11	145.43	140.95	136.64
50	187.67	181.29	175.25	169.52	164.06	158.86	153.89	149.14	144.58	140.21
51	192.00	185.52	179.38	173.55	168.00	162.71	157.67	152.84	148.21	143.77
52	196.33	189.74	183.50	177.58	171.94	166.57	161.44	156.54	151.84	147.33
53	200.67	193.97	187.63	181.61	175.88	170.43	165.22	160.24	155.47	150.90
54	205.00	198.19	191.75	185.64	179.82	174.29	169.00	163.95	159.11	154.46

55	209.33	202.42	195.88	189.67	183.76	178.14	172.78	167.65	162.74	158.03
56	213.67	206.65	200.00	193.70	187.71	182.00	176.56	171.35	166.37	161.59
57	218.00	210.87	204.13	197.73	191.65	185.86	180.33	175.05	170.00	165.15
58	222.33	215.10	208.25	201.76	195.59	189.71	184.11	178.76	173.63	168.72
59	226.67	219.32	212.38	205.79	199.53	193.57	187.89	182.46	177.26	172.28
60	95.71	223.55	216.50	209.82	203.47	197.43	191.67	186.16	180.89	175.85
61	205.33	227.77	220.63	213.85	207.41	201.29	195.44	189.86	184.53	179.41
62	1559.50	98.90	224.75	217.88	211.35	205.14	199.22	193.57	188.16	182.97
63	214.00	2111.33	228.88	221.91	215.29	209.00	203.00	197.27	191.79	186.54

Quadro - 3.10 (continuação)

	40	41	42	43	44	45	46	47	48	49
1	2.22	2.24	2.25	2.27	2.29	2.30	2.32	2.33	2.35	2.37
2	3.81	121.50	3.84	122.50	3.87	123.50	3.90	124.50	3.94	125.50
3	114.33	115.67	5.43	172.50	116.67	5.48	116.33	117.67	5.52	175.50
4	6.98	111.25	112.50	113.75	7.05	112.25	113.50	114.75	7.11	113.25
5	8.57	271.50	110.40	111.60	112.80	8.65	110.20	184.33	112.60	113.80
6	108.67	108.83	109.00	109.17	109.33	108.50	108.67	108.83	109.00	130.80
7	110.71	111.86	11.78	372.50	108.29	109.43	110.57	111.71	112.86	11.89
8	13.33	106.13	107.25	171.60	109.50	110.63	111.75	112.88	13.46	107.13

9	108.44	109.56	110.67	111.78	112.89	15.00	106.11	107.22	108.33	193.80
10	16.51	105.10	132.25	107.30	108.40	109.50	110.60	111.70	112.80	113.90
11	110.64	111.73	112.82	113.91	18.16	105.09	106.18	385.33	108.36	109.45
12	107.33	108.42	109.50	110.58	111.67	112.75	113.83	114.92	19.81	105.08
13	104.08	105.15	106.23	107.31	108.38	109.46	110.54	111.62	112.69	113.77
14	114.86	115.93	22.89	104.07	483.33	106.21	107.29	108.36	109.43	110.50
15	112.67	113.73	114.80	115.87	116.93	24.52	104.07	105.13	106.20	107.27
16	110.50	111.56	112.63	113.69	114.75	115.81	116.88	117.94	26.16	550.67
17	108.35	109.41	110.47	111.53	112.59	113.65	114.71	115.76	116.82	117.88
18	106.22	107.28	159.50	109.39	110.44	111.50	112.56	113.61	114.67	115.72
19	104.11	105.16	106.21	107.26	108.32	109.37	110.42	111.47	112.53	113.58
20	32.38	103.05	104.10	105.15	685.33	107.25	108.30	109.35	110.40	111.45
21	120.90	111.95	34.00	103.05	104.10	105.14	106.19	107.24	108.29	160.50
22	119.82	120.86	121.91	122.95	35.62	103.05	104.09	105.14	106.18	107.23
23	118.74	119.78	120.83	121.87	122.91	123.96	37.24	103.04	104.09	105.13
24	117.67	118.71	119.75	120.79	121.83	122.88	123.92	124.96	38.86	103.04
25	116.60	117.64	118.68	119.72	120.76	121.80	122.84	123.88	124.92	125.96
26	115.54	116.58	117.62	118.65	119.69	120.73	121.77	122.81	123.85	124.88
27	114.48	115.52	116.56	117.59	118.63	119.67	120.70	121.74	122.78	123.81

28	113.43	114.46	115.50	116.54	117.57	118.61	119.64	120.68	121.71	122.75
29	112.38	113.41	114.45	115.48	116.52	117.55	118.59	119.62	120.66	121.69
30	111.33	112.37	113.40	114.43	115.47	116.50	117.53	118.57	119.60	120.63
31	110.29	111.32	112.35	113.39	114.42	115.45	116.48	117.52	118.55	119.58
32	109.25	110.28	111.31	112.34	113.38	114.41	115.44	116.47	117.50	118.53
33	108.21	109.24	110.27	111.30	112.33	113.36	114.39	115.42	116.45	117.48
34	107.18	108.21	109.24	110.26	111.29	112.32	113.35	114.38	115.41	116.44
35	106.14	107.17	108.20	109.23	110.26	111.29	112.31	113.34	114.37	115.40
36	105.11	106.14	107.17	108.19	109.22	110.25	111.28	112.31	113.33	114.36
37	104.08	105.11	106.14	107.16	108.19	109.22	110.24	111.27	112.30	113.32
38	103.05	104.08	105.11	106.13	107.16	108.18	109.21	110.24	111.26	112.29
39	102.03	103.05	104.08	105.10	106.13	107.15	108.18	109.21	110.23	111.26
40	64.13	102.03	103.05	104.08	105.10	106.13	107.15	108.18	109.20	110.23
41	104.50	65.73	101.02	101.05	101.07	101.10	101.12	101.15	101.17	101.20
42	108.00	103.44	67.33	103.49	103.51	103.54	103.56	103.59	103.61	103.63
43	111.50	105.88	105.90	68.94	105.95	105.98	106.00	106.02	106.05	106.07
44	115.00	108.32	108.34	108.37	70.54	108.41	108.44	108.46	108.49	108.51
45	118.50	110.76	110.78	110.80	110.83	72.14	110.88	110.90	110.93	110.95
46	122.00	113.20	113.22	113.24	113.27	113.29	73.75	113.34	113.37	113.39

47	125.50	115.63	115.66	115.68	115.71	115.73	115.76	75.35	115.80	115.83
48	129.00	118.07	118.10	118.12	118.15	118.17	118.20	118.22	76.95	118.27
49	132.50	120.51	120.54	120.56	120.59	120.61	120.63	120.66	120.68	78.56
50	136.00	122.95	122.98	123.00	123.02	123.05	123.07	123.10	123.12	123.15
51	139.50	125.39	125.41	125.44	125.46	125.49	125.51	125.54	125.56	125.59
52	143.00	127.83	127.85	127.88	127.90	127.93	127.95	127.98	128.00	128.02
53	146.50	97.11	97.13	97.15	97.16	97.18	97.20	97.22	97.24	130.46
54	150.00	98.93								
55	153.50	100.75								
56	157.00	102.56								
57	160.50	104.38								
58	164.00	106.20								
59	167.50	108.02								
60	171.00	109.84								
61	174.50	111.65								
62	178.00	113.47								
63	181.50	115.29								

Quadro - 3.10 (continuação)

	50	51	52	53	54	55	56	57	58	59

1	2.38	2.40	2.41	2.43	2.44	2.46	2.48	2.49	2.51	2.52
2	3.97	126.50	4.00	127.50	4.03	128.50	4.06	129.50	4.10	130.50
3	118.67	5.57	118.33	119.67	5.62	178.50	120.67	5.67	120.33	121.67
4	114.50	115.75	7.17	114.25	115.50	116.75	7.24	153.33	116.50	117.75
5	8.73	276.50	112.40	113.60	114.80	8.81	112.20	113.40	114.60	115.80
6	109.33	109.50	109.67	109.83	131.80	110.17	110.33	110.50	110.67	110.83
7	108.14	109.29	110.43	111.57	112.71	113.86	12.00	379.50	110.29	192.75
8	285.33	109.38	110.50	111.63	113.75	113.88	13.59	108.13	109.25	110.38
9	110.56	111.67	112.78	113.89	15.14	478.50	108.22	162.50	110.44	111.56
10	16.67	106.10	107.20	108.30	109.40	110.50	111.60	112.70	113.80	114.90
11	110.55	111.64	112.73	113.82	114.91	18.33	232.20	107.18	108.27	169.57
12	106.17	107.25	160.50	109.42	110.50	111.58	112.67	113.75	114.83	115.92
13	114.85	115.92	21.46	677.50	106.15	107.23	108.31	109.38	110.46	111.54
14	111.57	112.64	113.71	114.79	115.86	116.93	23.11	105.07	488.00	107.21
15	108.33	109.40	110.47	111.53	112.60	113.67	114.73	115.80	116.87	117.93
16	105.13	106.19	107.25	108.31	109.38	110.44	111.50	112.56	113.63	114.69
17	118.94	27.79	104.06	586.33	106.18	107.24	108.29	109.35	110.41	111.47
18	116.78	118.83	119.89	120.94	29.43	104.06	105.11	106.17	107.22	108.28
19	114.63	115.68	116.74	117.79	118.84	119.89	120.95	31.06	104.05	105.11

20	112.50	113.55	114.60	115.65	116.70	117.75	118.80	119.85	120.90	121.95
21	110.38	111.43	112.48	113.52	114.57	115.62	116.67	117.71	118.76	119.81
22	108.27	109.32	110.36	111.41	112.45	113.50	114.55	115.59	116.64	117.68
23	106.17	107.22	108.26	109.30	110.35	111.39	112.43	113.48	114.52	115.57
24	104.08	105.13	106.17	107.21	108.25	109.29	161.50	111.38	112.42	113.46
25	40.48	1276.50	104.08	105.12	106.16	260.50	108.24	109.28	110.32	111.36
26	125.92	126.96	42.10	103.04	104.08	105.12	106.15	107.19	108.23	109.27
27	124.85	125.89	126.93	127.96	43.71	103.04	104.07	462.50	106.15	107.19
28	123.79	124.82	125.86	126.89	127.93	128.96	45.33	953.33	104.07	105.11
29	122.72	123.76	124.79	125.83	126.86	127.90	128.93	129.97	46.95	1480.50
30	121.67	122.70	123.73	124.77	125.80	126.83	127.87	128.90	129.93	130.97
31	120.61	121.65	122.68	123.71	124.74	125.77	126.81	127.84	128.87	129.90
32	119.56	120.59	121.63	122.66	123.69	124.72	125.75	126.78	127.81	128.84
33	118.52	119.55	120.58	121.61	122.64	123.67	124.70	125.73	126.76	127.79
34	117.47	118.50	119.53	120.56	121.59	122.62	123.65	124.68	125.71	126.74
35	116.43	117.46	118.49	119.51	120.54	121.57	122.60	123.63	124.66	125.69
36	115.39	116.42	117.44	118.47	119.50	120.53	121.56	122.58	123.61	124.64
37	114.35	115.38	116.41	117.43	118.46	119.49	120.51	121.54	122.57	123.59
38	113.32	114.34	115.37	116.39	117.42	118.45	119.47	120.50	121.53	122.55

39	112.28	113.31	114.33	115.36	116.38	117.41	118.44	119.46	120.49	121.51
40	111.25	112.28	113.30	114.33	115.35	116.38	117.40	118.43	119.45	120.48
41	101.22	101.24	101.27	75.51						
42	103.66	103.68	103.71	77.33						
43	106.10	106.12	106.15	79.15						
44	108.54	108.56	108.59	80.96						
45	110.98	111.00	111.02	82.78						
46	113.41	113.44	113.46	84.60						
47	115.85	115.88	115.90	86.42						
48	118.29	118.32	118.34	88.24						
49	120.73	120.76	120.78	120.80						
50	80.16	123.20	123.22	123.24						
51	125.61	81.76	125.66	125.68						
52	128.05	128.07	83.37	128.12						
53	130.49	130.51	130.54	84.97						
54				86.57						
55					88.17					
56						89.78				
57							91.38			

58								92.98	
59									94.59
60									
61									
62									
63									

Quadro - 3.10 (continuação)

	60	61	62	63		60	61	62	63
1	2.54	2.56	2.57	2.59	33	128.82	129.85	130.88	131.91
2	4.13	131.50	4.16	131.50	34	127.76	128.79	129.82	130.85
3	5.71	181.50	122.67	5.76	35	126.71	127.74	128.77	129.80
4	7.30	154.67	117.50	118.75	36	125.67	126.69	127.72	128.75
5	8.89	281.50	189.33	115.60	37	124.62	125.65	126.68	127.70
6	111.00	111.17	111.33	113.50	38	123.58	124.61	125.63	126.66
7	112.57	113.71	114.86	12.11	39	122.54	123.56	124.59	125.62
8	111.50	112.63	113.75	114.88	40	121.50	122.53	123.55	124.58
9	112.67	113.78	114.89	15.29	41				
10	16.83	354.67	108.20	109.30	42				
11	110.45	111.55	112.64	113.73	43				
12	20.00	106.08	254.40	108.25	44				
13	112.62	113.69	114.77	115.85	45				
14	108.29	109.36	188.75	111.50	46				
15	24.76	781.50	106.13	393.75	47				
16	115.75	116.81	117.88	118.94	48				
17	112.53	113.59	114.65	115.71	49				
18	109.33	110.39	111.44	112.50	50				
19	106.16	107.21	108.26	109.32	51				
20	32.70	104.05	345.67	106.15	52				

21	120.86	121.90	112.95	34.33	53				
22	118.73	119.77	120.82	121.86	54				
23	116.61	117.65	118.70	119.74	55				
24	114.50	115.54	116.58	117.63	56				
25	112.40	113.44	114.48	115.52	57				
26	110.31	111.35	112.38	113.42	58				
27	108.22	109.26	110.30	162.50	59				
28	106.14	107.18	108.21	109.25	60	96.19			
29	104.07	105.10	106.14	251.92	61		97.79		
30	48.57	103.03	767.50	105.10	62			99.40	
31	130.94	131.97	50.19	1055.33	63				101.00
32	129.88	130.91	131.94	132.97					

Quadro - 3.11

	1	2	3	4	5	6	7	8	9	10	11	12	13	14
1	11	12	13	14	15	16	17	18	19	110	111	112	113	114
2	21	22	23	24	25	26	27	28	29	210	211	212	213	214
3	31	32	33	34	35	36	37	38	39	310	311	312	313	314
4	41	42	43	44	45	46	47	48	49	410	411	412	413	414
5	51	52	53	54	55	56	57	58	59	510	511	512	513	514
6	61	62	63	64	65	66	67	68	69	610	611	612	613	614
7	71	72	73	74	75	76	77	78	79	710	711	712	713	714
8	81	82	83	84	85	86	87	88	89	810	811	812	813	814
9	91	92	93	94	95	96	97	98	99	910	911	912	913	914
10	101	102	103	104	105	106	107	108	109	1010	1011	1012	1013	1014
11	111	112	113	114	115	116	117	118	119	1110	1111	1112	1113	1114
12	121	122	123	124	125	126	127	128	129	1210	1211	1212	1213	1214
13	131	132	133	134	135	136	137	138	139	1310	1311	1312	1313	1314
14	141	142	143	144	145	146	147	140	149	1410	1411	1412	1413	1414

15	151	152	153	154	155	156	157	158	159	1510	1511	1512	1513	1514
16	161	162	163	164	165	166	167	168	169	1610	1611	1612	1613	1614
17	171	172	173	174	175	176	177	178	179	1710	1711	1712	1713	1714
18	181	182	183	184	185	186	187	188	189	1810	1811	1812	1813	1814
19	191	192	193	194	195	196	197	198	199	1910	1911	1912	1913	1914
20	201	202	203	204	205	206	207	208	209	2010	2011	2012	2013	2014
21	211	212	213	214	215	216	217	218	219	2110	2111	2112	2113	2114
22	221	222	223	224	225	226	227	228	229	2210	2211	2212	2213	2214
23	231	232	233	234	235	236	237	238	239	2310	2311	2312	2313	2314
24	241	242	243	244	245	246	247	248	249	2410	2411	2412	2413	2414
25	251	252	253	254	255	256	257	258	259	2510	2511	2512	2513	2514
26	261	262	263	264	265	266	267	268	269	2610	2611	2612	2613	2614
27	271	272	273	274	275	276	277	278	279	2710	2711	2712	2713	2714
28	281	282	283	284	285	286	287	288	289	2810	2811	2812	2813	2814
29	291	292	293	294	295	296	297	298	299	2910	2911	2912	2913	2914
30	301	302	303	304	305	306	307	308	309	3010	3011	3012	3013	3014
31	311	312	313	314	315	316	317	318	319	3110	3111	3112	3113	3114
32	321	322	323	324	325	326	327	328	329	3210	3211	3212	3213	3214
33	331	332	333	334	335	336	337	338	339	3310	3311	3312	3313	3314

34	341	342	343	344	345	346	347	348	349	3410	3411	3412	3413	3414
35	351	352	353	354	355	356	357	358	359	3510	3511	3512	3513	3514
36	361	362	363	364	365	366	367	368	369	3610	3611	3612	3613	3614
37	371	372	373	374	375	376	377	378	379	3710	3711	3712	3713	3714
38	381	382	383	384	385	386	387	388	389	3810	3811	3812	3813	3814
39	391	392	393	394	395	396	397	398	399	3910	3911	3912	3913	3914
40	401	402	403	404	405	406	407	408	409	4010	4011	4012	4013	4014
41	411	412	413	414	415	416	417	418	419	4110	4111	4112	4113	4114
42	421	422	423	424	425	426	427	428	429	4210	4211	4212	4213	4214
43	431	432	433	434	435	436	437	438	439	4310	4311	4312	4313	4314
44	441	442	443	444	445	446	447	448	449	4410	4411	4412	4413	4414
45	451	452	453	454	455	456	457	458	459	4510	4511	4512	4513	4514
46	461	462	463	464	465	466	467	468	469	4610	4611	4612	4613	4614
47	471	472	473	474	475	476	477	478	479	4710	4711	4712	4713	4714
48	481	482	483	484	485	486	487	488	489	4810	4811	4812	4813	4814
49	491	492	493	494	495	496	497	498	499	4910	4911	4912	4913	4914
50	501	502	503	504	505	506	507	508	509	5010	5011	5012	5013	5014
51	511	512	513	514	515	516	517	518	519	5110	5111	5112	5113	5114
52	521	522	523	524	525	526	527	528	529	5210	5211	5212	5213	5214

53	531	532	533	534	535	536	537	538	539	5310	5311	5312	5313	5314
54	541	542	543	544	545	546	547	548	549	5410	5411	5412	5413	5414
55	551	552	553	554	555	556	557	558	559	5510	5511	5512	5513	5514
56	561	562	563	564	565	566	567	568	569	5610	5611	5612	5613	5614
57	571	572	573	574	575	576	577	578	579	5710	5711	5712	5713	5714
58	581	582	583	584	585	586	587	588	589	5810	5811	5812	5813	5814
59	591	592	593	593	593	593	593	593	593	5910	5911	5912	5913	5914
60	601	602	603	604	605	606	607	608	609	6010	6011	6012	6013	6014
61	611	612	613	614	615	616	617	618	619	6110	6111	6112	6113	6114
62	621	622	623	624	625	626	627	628	629	6210	6211	6212	6213	6214
63	631	632	633	634	635	636	637	638	639	6310	6311	6312	6313	6314

Quadro - 3.11 (continuação)

	15	16	17	18	19	20	21	22	23	24	25	26	27
1	115	116	117	118	119	120	121	122	123	124	125	126	127
2	215	216	217	218	219	220	221	222	223	224	225	226	227
3	315	316	317	318	319	320	321	322	323	324	325	326	327
4	415	416	417	418	419	420	421	422	423	424	425	426	427
5	515	516	517	518	519	520	521	522	523	524	525	526	527
6	615	616	617	618	619	620	621	622	623	624	625	626	627
7	715	716	717	718	719	720	721	722	723	724	725	726	727
8	815	816	817	818	819	820	821	822	823	824	825	826	827
9	915	916	917	918	919	920	921	922	923	924	925	926	927
10	1015	1016	1017	1018	1019	1020	1021	1022	1023	1024	1025	1026	1027

11	1115	1116	1117	1118	1119	1120	1121	1122	1123	1124	1125	1126	1127
12	1215	1216	1217	1218	1219	1220	1221	1222	1223	1224	1225	1226	1227
13	1315	1316	1317	1318	1319	1320	1321	1322	1323	1324	1325	1326	1327
14	1415	1416	1417	1418	1419	1420	1421	1422	1423	1424	1425	1426	1427
15	1515	1516	1517	1518	1519	1520	1521	1522	1523	1524	1525	1526	1527
16	1615	1616	1617	1618	1619	1620	1621	1622	1623	1624	1625	1626	1627
17	1715	1716	1717	1718	1719	1720	1721	1722	1723	1724	1725	1726	1727
18	1815	1816	1817	1818	1819	1820	1821	1822	1823	1824	1825	1826	1827
19	1915	1916	1917	1918	1919	1920	1921	1922	1923	1924	1925	1926	1927
20	2015	2016	2017	2018	2019	2020	2021	2022	2023	2024	2025	2026	2027
21	2115	2116	2117	2118	2119	2120	2121	2122	2123	2124	2125	2126	2127
22	2215	2216	2217	2218	2219	2220	2221	2222	2223	2224	2225	2226	2227
23	2315	2316	2317	2318	2319	2320	2321	2322	2323	2324	2325	2326	2327
24	2415	2416	2417	2418	2419	2420	2421	2422	2423	2424	2425	2426	2427
25	2515	2516	2517	2518	2519	2520	2521	2522	2523	2524	2525	2526	2527
26	2615	2616	2617	2618	2619	2620	2621	2622	2623	2624	2625	2626	2627
27	2715	2716	2717	2718	2719	2720	2721	2722	2723	2724	2725	2726	2727
28	2815	2816	2817	2818	2819	2820	2821	2822	2823	2824	2825	2826	2827
29	2915	2916	2917	2918	2919	2920	2921	2922	2923	2924	2925	2926	2927

30	3015	3016	3017	3018	3019	3020	3021	3022	3023	3024	3025	3026	3027
31	3115	3116	3117	3118	3119	3120	3121	3122	3123	3124	3125	3126	3127
32	3215	3216	3217	3218	3219	3220	3221	3222	3223	3224	3225	3226	3227
33	3315	3316	3317	3318	3319	3320	3321	3322	3323	3324	3325	3326	3327
34	3415	3416	3417	3418	3419	3420	3421	3422	3423	3424	3425	3426	3427
35	3515	3516	3517	3518	3519	3520	3521	3522	3523	3524	3525	3526	3527
36	3615	3616	3617	3618	3619	3620	3621	3622	3623	3624	3625	3626	3627
37	3715	3716	3717	3718	3719	3720	3721	3722	3723	3724	3725	3726	3727
38	3815	3816	3817	3818	3819	3820	3821	3822	3823	3824	3825	3826	3827
39	3915	3916	3917	3918	3919	3920	3921	3922	3923	3924	3925	3926	3927
40	4015	4016	4017	4018	4019	4020	4021	4022	4023	4024	4025	4026	4027
41	4115	4116	4117	4118	4119	4120	4121	4122	4123	4124	4125	4126	4127
42	4215	4216	4217	4218	4219	4220	4221	4222	4223	4224	4225	4226	4227
43	4315	4316	4317	4318	4319	4320	4321	4322	4323	4324	4325	4326	4327
44	4415	4416	4417	4418	4419	4420	4421	4422	4423	4424	4425	4426	4427
45	4515	4516	4517	4518	4519	4520	4521	4522	4523	4524	4525	4526	4527
46	4615	4616	4617	4618	4619	4620	4621	4622	4623	4624	4625	4626	4627
47	4715	4716	4717	4718	4719	4720	4721	4722	4723	4724	4725	4726	4727
48	4815	4816	4817	4818	4819	4820	4821	4822	4823	4824	4825	4826	4827

49	4915	4916	4917	4918	4919	4920	4921	4922	4923	4924	4925	4926	4927
50	5015	5016	5017	5018	5019	5020	5021	5022	5023	5024	5025	5026	5027
51	5115	5116	5117	5118	5119	5120	5121	5122	5123	5124	5125	5126	5127
52	5215	5216	5217	5218	5219	5220	5221	5222	5223	5224	5225	5226	5227
53	5315	5316	5317	5318	5319	5320	5321	5322	5323	5324	5325	5326	5327
54	5415	5416	5417	5418	5419	5420	5421	5422	5423	5424	5425	5426	5427
55	5515	5516	5517	5518	5519	5520	5521	5522	5523	5524	5525	5526	5527
56	5615	5616	5617	5618	5619	5620	5621	5622	5623	5624	5625	5626	5627
57	5715	5716	5717	5718	5719	5720	5721	5722	5723	5724	5725	5726	5727
58	5815	5816	5817	5818	5819	5820	5821	5822	5823	5824	5825	5826	5827
59	5915	5916	5917	5918	5919	5920	5921	5922	5923	5924	5925	5926	5927
60	6015	6016	6017	6018	6019	6020	6021	6022	6023	6024	6025	6026	6027
61	6115	6116	6117	6118	6119	6120	6121	6122	6123	6124	6125	6126	6127
62	6215	6216	6217	6218	6219	6220	6221	6222	6223	6224	6225	6226	6227
63	6315	6316	6317	6318	6319	6320	6321	6322	6323	6324	6325	6326	6327

Quadro - 3.11 (continuação)

	28	29	30	31	32	33	34	35	36	37	38	39	40
1	128	129	130	131	132	133	134	135	136	137	138	139	140
2	228	229	230	231	232	233	234	235	236	237	238	239	240
3	328	329	330	331	332	333	334	335	336	337	338	339	340
4	428	429	430	431	432	433	434	435	436	437	438	439	440

5	528	529	530	531	532	533	534	535	536	537	538	539	540
6	628	629	630	631	632	633	634	635	636	637	638	639	640
7	728	729	730	731	732	733	734	735	736	737	738	739	740
8	828	829	830	831	832	833	834	835	836	837	838	839	840
9	928	929	930	931	932	933	934	935	936	937	938	939	940
10	1028	1029	1030	1031	1032	1033	1034	1035	1036	1037	1038	1039	1040
11	1128	1129	1130	1131	1132	1133	1134	1135	1136	1137	1138	1139	1140
12	1228	1229	1230	1231	1232	1233	1234	1235	1236	1237	1238	1239	1240
13	1328	1329	1330	1331	1332	1333	1334	1335	1336	1337	1338	1339	1340
14	1428	1429	1430	1431	1432	1433	1434	1435	1436	1437	1438	1439	1440
15	1528	1529	1530	1531	1532	1533	1534	1535	1536	1537	1538	1539	1540
16	1628	1629	1630	1631	1632	1633	1634	1635	1636	1637	1638	1639	1640
17	1728	1729	1730	1731	1732	1733	1734	1735	1736	1737	1738	1739	1740
18	1828	1829	1830	1831	1832	1833	1834	1835	1836	1837	1838	1839	1840
19	1928	1929	1930	1931	1932	1933	1934	1935	1936	1937	1938	1939	1940
20	2028	2029	2030	2031	2032	2033	2034	2035	2036	2037	2038	2039	2040
21	2128	2129	2130	2131	2132	2133	2134	2135	2136	2137	2138	2139	2140
22	2228	2229	2230	2231	2232	2233	2234	2235	2236	2237	2238	2239	2240
23	2328	2329	2330	2331	2332	2333	2334	2335	2336	2337	2338	2339	2340
24	2428	2429	2430	2431	2432	2433	2434	2435	2436	2437	2438	2439	2440
25	2528	2529	2530	2531	2532	2533	2534	2535	2536	2537	2538	2539	2540

2 6	2628	2629	2630	2631	2632	2633	2634	2635	2636	2637	2638	2639	2640
2 7	2728	2729	2730	2731	2732	2733	2734	2735	2736	2737	2738	2739	2740
2 8	2828	2829	2830	2831	2832	2833	2834	2835	2836	2837	2838	2839	2840
2 9	2928	2929	2930	2931	2932	2933	2934	2935	2936	2937	2938	2939	2940
3 0	3028	3029	3030	3031	3032	3033	3034	3035	3036	3037	3038	3039	3040
3 1	3128	3129	3130	3131	3132	3133	3134	3135	3136	3137	3138	3139	3140
3 2	3228	3229	3230	3231	3232	3233	3234	3235	3236	3237	3238	3239	3240
3 3	3328	3329	3330	3331	3332	3333	3334	3335	3336	3337	3338	3339	3340
3 4	3428	3429	3430	3431	3432	3433	3434	3435	3436	3437	3438	3439	3440
3 5	3528	3529	3530	3531	3532	3533	3534	3535	3536	3537	3538	3539	3540
3 6	3628	3629	3630	3631	3632	3633	3634	3635	3636	3637	3638	3639	3640
3 7	3728	3729	3730	3731	3732	3733	3734	3735	3736	3737	3738	3739	3740
3 8	3828	3829	3830	3831	3832	3833	3834	3835	3836	3837	3838	3839	3840
3 9	3928	3929	3930	3931	3932	3933	3934	3935	3936	3937	3938	3939	3940
4 0	4028	4029	4030	4031	4032	4033	4034	4035	4036	4037	4038	4039	4040
4 1	4128	4129	4130	4131	4132	4133	4134	4135	4136	4137	4138	4139	4140
4 2	4228	4229	4230	4231	4232	4233	4234	4235	4236	4237	4238	4239	4240
4 3	4328	4329	4330	4331	4332	4333	4334	4335	4336	4337	4338	4339	4340
4 4	4428	4429	4430	4431	4432	4433	4434	4435	4436	4437	4438	4439	4440

45	4528	4529	4530	4531	4532	4533	4534	4535	4536	4537	4538	4539	4540
46	4628	4629	4630	4631	4632	4633	4634	4635	4636	4637	4638	4639	4640
47	4728	4729	4730	4731	4732	4733	4734	4735	4736	4737	4738	4739	4740
48	4828	4829	4830	4831	4832	4833	4834	4835	4836	4837	4838	4839	4840
49	4928	4929	4930	4931	4932	4933	4934	4935	4936	4937	4938	4939	4940
50	5028	5029	5030	5031	5032	5033	5034	5035	5036	5037	5038	5039	5040
51	5128	5129	5130	5131	5132	5133	5134	5135	5136	5137	5138	5139	5140
52	5228	5229	5230	5231	5232	5233	5234	5235	5236	5237	5238	5239	5240
53	5328	5329	5330	5331	5332	5333	5334	5335	5336	5337	5338	5339	5340
54	5428	5429	5430	5431	5432	5433	5434	5435	5436	5437	5438	5439	5440
55	5528	5529	5530	5531	5532	5533	5534	5535	5536	5537	5538	5539	5540
56	5628	5629	5630	5631	5632	5633	5634	5635	5636	5637	5638	5639	5640
57	5728	5729	5730	5731	5732	5733	5734	5735	5736	5737	5738	5739	5740
58	5828	5829	5830	5831	5832	5833	5834	5835	5836	5837	5838	5839	5840
59	5928	5929	5930	5931	5932	5933	5934	5935	5936	5937	5938	5939	5940
60	6028	6029	6030	6031	6032	6033	6034	6035	6036	6037	6038	6039	6040
61	6128	6129	6130	6131	6132	6133	6134	6135	6136	6137	6138	6139	6140
62	6228	6229	6230	6231	6232	6233	6234	6235	6236	6237	6238	6239	6240
63	6328	6329	6330	6331	6332	6333	6334	6335	6336	6337	6338	6339	6340

Quadro - 3.11 (continuação)

	41	42	43	44	45	46	47	48	49	50	51	52	53
1	141	142	143	144	145	146	147	148	149	150	151	152	153
2	241	242	243	244	245	246	247	248	249	250	251	252	253
3	341	342	343	344	345	346	347	348	349	350	351	352	353
4	441	442	443	444	445	446	447	448	449	450	451	452	453
5	541	542	543	544	545	546	547	548	549	550	551	552	553
6	641	642	643	644	645	646	647	648	649	650	651	652	653
7	741	742	743	744	745	746	747	748	749	750	751	752	753
8	841	842	843	844	845	846	847	848	849	850	851	852	853
9	941	942	943	944	945	946	947	948	949	950	951	952	953
10	1041	1042	1043	1044	1045	1046	1047	1048	1049	1050	1051	1052	1053
11	1141	1142	1143	1144	1145	1146	1147	1148	1149	1150	1151	1152	1153
12	1241	1242	1243	1244	1245	1246	1247	1248	1249	1250	1251	1252	1253
13	1341	1342	1343	1344	1345	1346	1347	1348	1349	1350	1351	1352	1353
14	1441	1442	1443	1444	1445	1446	1447	1448	1449	1450	1451	1452	1453
15	1541	1542	1543	1544	1545	1546	1547	1548	1549	1550	1551	1552	1553
16	1641	1642	1643	1644	1645	1646	1647	1648	1649	1650	1651	1652	1653
17	1741	1742	1743	1744	1745	1746	1747	1748	1749	1750	1751	1752	1753
18	1841	1842	1843	1844	1845	1846	1847	1848	1849	1850	1851	1852	1853
19	1941	1942	1943	1944	1945	1946	1947	1948	1949	1950	1951	1952	1953
20	2041	2042	2043	2044	2045	2046	2047	2048	2049	2050	2051	2052	2053
21	2141	2142	2143	2144	2145	2146	2147	2148	2149	2150	2151	2152	2153

22	2241	2242	2243	2244	2245	2246	2247	2248	2249	2250	2251	2252	2253
23	2341	2342	2343	2344	2345	2346	2347	2348	2349	2350	2351	2352	2353
24	2441	2442	2443	2444	2445	2446	2447	2448	2449	2450	2451	2452	2453
25	2541	2542	2543	2544	2545	2546	2547	2548	2549	2550	2551	2552	2553
26	2641	2642	2643	2644	2645	2646	2647	2648	2649	2650	2651	2652	2653
27	2741	2742	2743	2744	2745	2746	2747	2748	2749	2750	2751	2752	2753
28	2841	2842	2843	2844	2845	2846	2847	2848	2849	2850	2851	2852	2853
29	2941	2942	2943	2944	2945	2946	2947	2948	2949	2950	2951	2952	2953
30	3041	3042	3043	3044	3045	3046	3047	3048	3049	3050	3051	3052	3053
31	3141	3142	3143	3144	3145	3146	3147	3148	3149	3150	3151	3152	3153
32	3241	3242	3243	3244	3245	3246	3247	3248	3249	3250	3251	3252	3253
33	3341	3342	3343	3344	3345	3346	3347	3348	3349	3350	3351	3352	3353
34	3441	3442	3443	3444	3445	3446	3447	3448	3449	3450	3451	3452	3453
35	3541	3542	3543	3544	3545	3546	3547	3548	3549	3550	3551	3552	3553
36	3641	3642	3643	3644	3645	3646	3647	3648	3649	3650	3651	3652	3653
37	3741	3742	3743	3744	3745	3746	3747	3748	3749	3750	3751	3752	3753
38	3841	3842	3843	3844	3845	3846	3847	3848	3849	3850	3851	3852	3853
39	3941	3942	3943	3944	3945	3946	3947	3948	3949	3950	3951	3952	3953
40	4041	4042	4043	4044	4045	4046	4047	4048	4049	4050	4051	4052	4053

41	4141	4142	4143	4144	4145	4146	4147	4148	4149	4150	4151	4152	4153
42	4241	**4242**	4243	4244	4245	4246	4247	4248	4249	4250	4251	4252	4253
43	4341	4342	**4343**	4344	4345	4346	4347	4348	4349	4350	4351	4352	4353
44	4441	4442	4443	**4444**	4445	4446	4447	4448	4449	4450	4451	4452	4453
45	4541	4542	4543	4544	**4545**	4546	4547	4548	4549	4550	4551	4552	4553
46	4641	4642	4643	4644	4645	**4646**	4647	4648	4649	4650	4651	4652	4653
47	4741	4742	4743	4744	4745	4746	**4747**	4748	4749	4750	4751	4752	4753
48	4841	4842	4843	4844	4845	4846	4847	**4848**	4849	4850	4851	4852	4853
49	4941	4942	4943	4944	4945	4946	4947	4948	**4949**	4950	4951	4952	4953
50	5041	5042	5043	5044	5045	5046	5047	5048	5049	**5050**	5051	5052	5053
51	5141	5142	5143	5144	5145	5146	5147	5148	5149	5150	**5151**	5152	5153
52	5241	5242	5243	5244	5245	5246	5247	5248	5249	5250	5251	**5252**	5253
53	5341	5342	5343	5344	5345	5346	5347	5348	5349	5350	5351	5352	**5353**
54	5441												5453
55	5551												5553
56	5641												5653
57	5741												5753
58	5841												5853
59	5941												5953

60	6041												6053
61	6141												6153
62	6241												6253
63	6341												6353

Quadro - 3.11 (continuação)

	54	55	56	57	58	59	60	61	62	63
1	154	155	156	157	158	159	160	161	162	163
2	254	255	256	257	258	259	260	261	262	263
3	354	355	356	357	358	359	360	361	362	363
4	454	455	456	457	458	459	460	461	462	463
5	554	555	556	557	558	559	560	561	562	563
6	654	655	656	657	658	659	660	661	662	663
7	754	755	756	757	758	759	760	761	762	763
8	854	855	856	857	858	859	860	861	862	863
9	954	955	956	957	958	959	960	961	962	963
10	1054	1055	1056	1057	1058	1059	1060	1061	1062	1063
11	1154	1155	1156	1157	1158	1159	1160	1161	1162	1163
12	1254	1255	1256	1257	1258	1259	1260	1261	1262	1263
13	1354	1355	1356	1357	1358	1359	1360	1361	1362	1363
14	1454	1455	1456	1457	1458	1459	1460	1461	1462	1463
15	1554	1555	1556	1557	1558	1559	1560	1561	1562	1563
16	1654	1655	1656	1657	1658	1659	1660	1661	1662	1663
17	1754	1755	1756	1757	1758	1759	1760	1761	1762	1763
18	1854	1855	1856	1857	1858	1859	1860	1861	1862	1863
19	1954	1955	1956	1957	1958	1959	1960	1961	1962	1963
20	2054	2055	2056	2057	2058	2059	2060	2061	2062	2063
21	2154	2155	2156	2157	2158	2159	2160	2161	2162	2163
22	2254	2255	2256	2257	2258	2259	2260	2261	2262	2263
23	2354	2355	2356	2357	2358	2359	2360	2361	2362	2363
24	2454	2455	2456	2457	2458	2459	2460	2461	2462	2463
25	2554	2555	2556	2557	2558	2559	2560	2561	2562	2563

26	2654	2655	2656	2657	2658	2659	2660	2661	2662	2663
27	2754	2755	2756	2757	2758	2759	2760	2761	2762	2763
28	2854	2855	2856	2857	2858	2859	2860	2861	2862	2863
29	2954	2955	2956	2957	2958	2959	2960	2961	2962	2963
30	3054	3055	3056	3057	3058	3059	3060	3061	3062	3063
31	3154	3155	3156	3157	3158	3159	3160	3161	3162	3163
32	3254	3255	3256	3257	3258	3259	3260	3261	3262	3263
33	3354	3355	3356	3357	3358	3359	3360	3361	3362	3363
34	3454	3455	3456	3457	3458	3459	3460	3461	3462	3463
35	3554	3555	3556	3557	3558	3559	3560	3561	3562	3563
36	3654	3655	3656	3657	3658	3659	3660	3661	3662	3663
37	3754	3755	3756	3757	3758	3759	3760	3761	3762	3763
38	3854	3855	3856	3857	3858	3859	3860	3861	3862	3863
39	3954	3955	3956	3957	3958	3959	3960	3961	3962	3963
40	4054	4055	4056	4057	4058	4059	4060	4061	4062	4063
41										
42										
43										
44										
45										
46										
47										
48										
49										
50										
51										
52										
53	5354	5355	5356	5357	5358	5359	5360	5361	5362	5363
54	5454	5455	5456	5457	5458	5459	5460	5461	5462	5463
55	5554	5555	5556	5557	5558	5559	5560	5561	5562	5563
56	5654	5655	5656	5657	5658	5659	5660	5661	5662	5663
57	5754	5755	5756	5757	5758	5759	5760	5761	5762	5763
58	5854	5855	5856	5857	5858	5859	5860	5861	5862	5863
59	5954	5955	5956	5957	5958	5959	5960	5961	5962	5963
60	6054	6055	6056	6057	6058	6059	6060	6061	6062	6063
61	6154	6155	6156	6157	6158	6159	6160	6161	6162	6163

| 62 | 6254 | 6255 | 6256 | 6257 | 6258 | 6259 | 6260 | 6261 | 6262 | 6263 |
| 63 | 6354 | 6355 | 6356 | 6357 | 6358 | 6359 | 6360 | 6361 | 6362 | 6363 |

Quadro - 3.12

	1	2	3	4	5	6	7	8	9	10
1	0.17	0.19	0.21	0.22	0.24	0.25	0.27	0.29	0.30	1.75
2	0.33	0.35	12.50	0.38	13.50	0.41	14.50	0.44	15.50	3.33
3	0.49	17.00	0.52	12.33	13.67	0.57	19.50	14.67	0.62	104.33
4	0.65	0.67	15.33	0.70	12.25	13.50	14.75	0.76	13.25	104.50
5	0.81	27.00	19.67	14.50	0.87	12.20	13.40	14.60	15.80	8.10
6	0.97	0.98	1.00	18.00	14.00	1.05	1.06	1.08	1.10	9.68
7	1.13	37.00	37.50	21.50	17.00	1.21	1.22	12.14	13.29	104.43
8	1.29	1.30	29.67	1.33	20.00	1.37	13.43	2.40	12.13	103.25
9	1.44	47.00	1.48	24.50	23.00	1.52	15.86	13.25	1.57	102.11
10	1.60	1.62	35.33	28.00	1.67	1.68	18.29	15.50	13.11	16.03
11	1.76	57.00	39.67	31.50	58.50	1.84	20.71	17.75	15.22	112.00
12	1.92	1.94	1.95	1.97	27.00	2.00	23.14	20.00	17.33	123.00
13	2.08	67.00	67.50	34.50	30.00	2.16	25.57	22.25	19.44	134.00
14	2.24	2.25	49.67	38.00	33.00	2.32	2.33	23.50	21.56	145.00
15	2.40	77.00	2.43	41.50	2.46	2.48	23.43	26.75	23.67	156.00
16	2.56	2.57	55.33	2.60	34.00	31.67	25.86	2.67	25.78	167.00
17	2.71	87.00	59.67	44.50	60.33	33.33	28.29	23.25	27.89	178.00
18	2.87	2.89	2.90	48.00	40.00	35.00	30.71	25.50	3.00	189.00
19	3.03	97.00	97.50	51.50	43.00	36.67	33.14	27.75	100.50	200.00
20	3.19	3.21	69.67	3.24	3.25	38.33	35.57	30.00	25.22	31.90

	C1	C2	C3	C4	C5	C6	C7	C8	C9	C10
21	3.35	107.00	3.38	54.50	108.50	40.00	3.44	32.25	39.50	212.00
22	3.51	3.52	75.33	58.00	47.00	41.67	76.67	34.50	29.44	223.00
23	3.67	117.00	79.67	61.50	50.00	43.33	35.86	36.75	31.56	234.00
24	3.83	3.84	3.86	3.87	53.00	45.00	38.29	3.94	33.67	245.00
25	3.98	127.00	127.50	85.67	4.05	45.67	40.71	33.25	35.78	256.00
26	4.14	4.16	89.67	68.00	54.00	47.33	43.14	91.33	37.89	267.00
27	4.30	137.00	4.33	71.50	57.00	49.00	45.57	37.75	4.43	278.00
28	4.46	4.48	95.33	4.51	60.00	50.67	4.56	40.00	33.11	289.00
29	4.62	147.00	99.67	74.50	63.00	52.33	43.43	42.25	35.22	300.00
30	4.78	4.79	4.81	78.00	4.84	54.00	45.86	44.50	37.33	47.78
31	4.94	157.00	157.50	81.50	158.50	55.67	82.25	46.75	39.44	1037.67
32	5.10	5.11	109.67	5.14	110.33	57.33	50.71	5.21	41.56	323.00
33	5.25	167.00	5.29	84.50	70.00	59.00	53.14	43.25	43.67	334.00
34	5.41	5.43	115.33	88.00	73.00	60.67	55.57	45.50	45.78	345.00
35	5.57	177.00	119.67	91.50	5.63	61.33	5.67	47.75	47.89	356.00
36	5.73	5.75	5.76	5.78	74.00	63.00	53.43	50.00	5.86	367.00
37	5.89	187.00	187.50	125.67	77.00	64.67	77.40	52.25	190.50	378.00
38	6.05	6.06	129.67	98.00	80.00	66.33	58.29	54.50	45.22	389.00
39	6.21	197.00	6.24	101.50	83.00	68.00	60.71	56.75	69.50	400.00

40	6.37	6.38	135.33	6.41	6.43	69.67	63.14	6.48	49.44	63.65
41	6.52	207.00	139.67	104.50	208.50	71.33	65.57	53.25	51.56	412.00
42	6.68	6.70	6.71	108.00	87.00	73.00	6.78	55.50	53.67	528.25
43	6.84	217.00	217.50	111.50	90.00	74.67	219.50	90.60	55.78	434.00
44	7.00	7.02	149.67	7.05	93.00	76.33	65.86	60.00	57.89	445.00
45	7.16	227.00	7.19	114.50	7.22	77.00	68.29	62.25	7.29	456.00
46	7.32	7.33	155.33	118.00	94.00	78.67	70.71	64.50	53.11	467.00
47	7.48	237.00	159.67	121.50	160.33	80.33	73.14	66.75	55.22	478.00
48	7.63	7.65	7.67	7.68	100.00	82.00	75.57	7.75	57.33	489.00
49	7.79	247.00	247.50	124.50	103.00	100.20	7.89	63.25	103.80	500.00
50	7.95	7.97	169.67	128.00	8.02	85.33	73.43	171.33	61.56	79.52
51	8.11	257.00	8.14	131.50	258.50	87.00	75.86	67.75	63.67	512.00
52	8.27	8.29	175.33	8.32	107.00	88.67	78.29	70.00	65.78	523.00
53	8.43	267.00	179.67	134.50	110.00	90.33	80.71	72.25	67.89	534.00
54	8.59	8.60	8.62	138.00	113.00	110.20	83.14	76.50	8.71	545.00
55	8.75	277.00	277.50	141.50	8.81	93.67	85.57	76.75	280.50	556.00
56	8.90	8.92	189.67	8.95	114.00	95.33	9.00	9.02	65.22	567.00
57	9.06	287.00	9.10	192.33	117.00	97.00	289.5	73.25	99.50	578.00
58	9.22	9.24	195.33	148.00	120.00	98.67	85.86	75.50	69.44	589.00

59	9.38	297.00	199.67	151.25	122.60	99.83	151.25	77.13	70.89	600.00
60	9.54	9.56	9.57	9.59	9.60	102.00	90.71	80.00	73.67	95.40
61	9.70	307.00	307.50	205.67	308.50	103.67	93.14	82.25	75.78	2037.67
62	9.86	9.87	209.67	158.00	210.33	105.33	95.57	84.50	77.89	623.00
63	10.02	317.00	10.05	161.50	130.00	107.00	10.11	86.75	10.14	634.00

Quadro - 3.12 (continuação)

	11	12	13	14	15	16	17	18	19
1	1.76	1.78	1.79	1.81	1.83	1.84	1.86	1.87	1.89
2	106.50	3.37	107.50	3.40	108.50	3.43	109.50	3.46	110.50
3	105.67	4.95	157.50	106.67	5.00	106.33	107.67	5.05	160.50
4	105.75	6.54	104.25	105.50	106.75	6.60	105.25	106.50	107.75
5	256.50	104.40	105.60	106.80	8.17	104.20	174.33	106.60	107.80
6	9.70	9.71	9.73	9.75	9.76	106.67	106.83	107.00	107.17
7	105.57	106.71	107.86	11.33	103.14	104.29	105.43	106.57	107.71
8	104.38	105.50	106.63	107.75	108.88	12.95	103.13	104.25	105.38
9	103.22	104.33	105.44	106.56	107.67	108.78	109.89	14.57	460.50
10	102.10	103.20	104.30	105.40	106.50	107.60	108.70	109.80	110.90
11	17.63	102.09	103.18	104.27	105.36	106.45	107.55	108.64	109.73
12	111.09	19.24	102.08	103.17	104.25	105.33	106.42	107.50	108.58

13	121.18	110.33	20.84	102.08	103.15	104.23	105.31	106.38	107.46
14	131.27	119.67	109.69	22.44	102.07	103.14	104.21	105.29	106.36
15	141.36	129.00	118.38	109.14	24.05	102.07	103.13	104.20	105.27
16	151.45	138.33	127.08	117.29	108.67	25.65	102.06	103.13	104.19
17	161.55	147.67	135.77	125.43	116.33	108.25	27.25	102.06	103.12
18	171.64	157.00	144.46	133.57	124.00	115.50	107.88	28.86	102.06
19	181.73	166.33	153.15	141.71	131.67	122.75	114.76	107.56	30.46
20	191.82	175.67	161.85	149.86	139.33	130.00	121.65	114.11	107.26
21	201.91	185.00	170.54	158.00	147.00	137.25	128.53	120.67	113.53
22	35.10	194.33	179.23	166.14	154.67	144.50	135.41	127.22	119.79
23	211.09	203.67	187.92	174.29	162.33	151.75	142.29	133.78	126.05
24	221.18	38.29	196.62	182.43	170.00	159.00	149.18	140.33	132.32
25	231.27	210.33	849.67	190.57	177.67	166.25	156.06	146.89	138.58
26	241.36	219.67	41.48	198.71	185.33	173.50	162.94	153.44	144.84
27	251.45	229.00	209.69	206.86	193.00	180.75	169.82	160.00	151.11
28	261.55	355.50	218.38	44.67	200.67	188.00	176.71	166.56	157.37
29	271.64	247.67	227.08	209.14	208.33	195.25	183.59	173.11	163.63
30	281.73	257.00	235.77	217.29	47.86	202.50	190.47	179.67	169.89
31	291.82	266.33	244.46	225.43	208.67	209.75	197.35	186.22	176.16

32	301.91	275.67	253.15	233.57	216.33	51.05	204.24	192.78	182.42
33	52.56	285.00	261.85	241.71	555.50	208.25	211.12	200.33	188.68
34	311.09	294.33	270.54	249.86	231.67	215.50	54.24	206.89	194.95
35	1172.33	303.67	279.23	258.00	356.50	222.75	1759.50	213.44	201.21
36	331.27	57.33	287.92	266.14	247.00	230.00	214.76	57.43	207.47
37	341.36	310.33	296.62	274.29	254.67	237.25	534.00	207.56	213.74
38	351.45	319.67	305.31	282.43	262.33	244.50	228.53	956.50	60.62
39	361.55	655.00	62.11	290.57	270.00	251.75	235.41	220.67	207.26
40	371.64	338.33	309.69	298.71	277.67	259.00	242.29	227.22	213.53
41	381.73	347.67	318.38	306.86	285.33	266.25	249.18	233.78	219.79
42	391.82	357.00	327.08	66.89	293.00	273.50	256.06	357.50	226.05
43	401.91	366.33	335.77	309.14	300.67	280.75	262.94	246.89	232.32
44	70.02	375.67	344.46	1473.33	308.33	288.00	269.82	253.44	238.58
45	411.09	385.00	353.15	325.43	71.67	295.25	276.71	260.00	244.84
46	421.18	394.33	361.85	333.57	308.67	302.50	283.59	266.56	251.11
47	1573.33	403.67	370.54	341.71	316.33	309.75	290.47	273.11	257.37
48	441.36	76.38	379.23	349.86	324.00	76.44	297.35	279.67	263.63
49	451.45	410.33	387.92	358.00	331.67	1639.67	304.24	286.22	269.89
50	461.55	419.67	396.62	366.14	339.33	315.50	311.12	292.78	276.16

51	471.64	429.00	405.31	374.29	347.00	322.75	81.22	300.33	282.42
52	481.73	655.50	82.75	382.43	354.67	330.00	307.88	306.89	288.68
53	491.82	447.67	2657.50	390.57	362.33	337.25	1774.33	313.44	294.95
54	501.91	457.00	418.38	398.71	370.00	344.50	321.65	86.00	301.21
55	87.48	466.33	427.08	406.86	377.67	351.75	328.53	307.56	307.47
56	1123.20	475.67	435.77	89.11	385.33	359.00	335.41	314.11	313.74
57	521.18	485.00	444.46	409.14	393.00	366.25	342.29	320.67	90.78
58	531.27	494.33	453.15	1940.00	400.67	373.50	349.18	327.22	307.26
59	848.43	503.67	461.85	425.43	408.33	380.75	356.06	333.78	313.53
60	551.45	95.43	470.54	433.57	95.48	388.00	362.94	340.33	319.79
61	561.55	510.33	479.23	441.71	3058.50	395.25	369.82	346.89	326.05
62	571.64	1244.40	487.92	782.75	416.33	402.50	376.71	353.44	332.32
63	581.73	529.00	496.62	458.00	1581.75	409.75	383.59	360.00	338.58

Quadro - 3.12 (continuação)

	20	21	22	23	24	25	26	27	28	29
1	1.90	1.92	1.94	1.95	1.97	1.98	2.00	2.02	2.03	2.05
2	3.49	111.50	3.52	112.50	3.56	113.50	3.59	114.50	3.62	115.50
3	108.67	5.10	108.33	109.67	5.14	163.50	110.67	5.19	110.33	111.67
4	6.67	106.25	107.50	108.75	6.73	142.67	108.50	109.75	6.79	108.25

5	8.25	261.50	106.40	107.60	108.80	8.33	106.20	107.40	108.60	109.80
6	107.33	107.50	107.67	107.83	108.00	107.17	107.33	107.50	107.67	107.83
7	108.86	11.44	241.67	105.29	106.43	107.57	108.71	109.86	11.56	105.14
8	106.50	107.63	108.75	109.88	13.08	104.13	277.33	106.38	107.50	108.63
9	104.22	156.50	106.44	107.56	108.67	109.78	110.89	14.71	104.11	105.22
10	16.19	103.10	104.20	105.30	106.40	107.50	108.60	109.70	110.80	111.90
11	110.82	111.91	17.81	103.09	104.18	105.27	106.36	107.45	108.55	109.64
12	109.67	110.75	111.83	112.92	19.43	103.08	104.17	105.25	157.50	107.42
13	108.54	109.62	110.69	111.77	112.85	453.67	21.05	103.08	104.15	105.23
14	107.43	108.50	109.57	110.64	111.71	112.79	113.86	114.93	22.67	103.07
15	106.33	107.40	108.47	109.53	110.60	111.67	112.73	113.80	114.87	115.93
16	105.25	106.31	107.38	108.44	109.50	110.56	111.63	112.69	113.75	114.81
17	104.18	105.24	106.29	107.35	108.41	109.47	110.53	111.59	112.65	113.71
18	103.11	104.17	105.22	106.28	107.33	108.39	109.44	110.50	111.56	112.61
19	102.05	103.11	104.16	105.21	106.26	107.32	108.37	109.42	110.47	111.53
20	32.06	102.05	103.10	104.15	105.20	106.25	107.30	108.35	109.40	110.45
21	107.00	33.67	102.05	103.10	104.14	105.19	106.24	107.29	108.33	109.38
22	113.00	106.76	35.27	102.05	103.09	104.14	105.18	106.23	107.27	108.32
23	119.00	112.52	106.55	36.87	102.04	103.09	104.13	105.17	106.22	107.26

2 4	125.00	118.29	112.09	106.35	38.48	102.04	103.08	104.13	105.17	106.21
2 5	131.00	124.05	117.64	111.70	106.17	40.08	102.04	103.08	104.12	105.16
2 6	137.00	129.81	123.18	117.04	111.33	106.00	41.68	102.04	103.08	104.12
2 7	143.00	135.57	128.73	122.39	116.50	111.00	105.85	43.29	102.04	103.07
2 8	149.00	141.33	134.27	127.74	121.67	116.00	110.69	105.70	44.89	102.04
2 9	155.00	147.10	139.82	133.09	126.83	121.00	115.54	110.41	105.57	46.49
3 0	161.00	152.86	145.36	138.43	132.00	126.00	120.38	115.11	110.14	105.45
3 1	167.00	158.62	150.91	143.78	137.17	131.00	125.23	119.81	114.71	109.90
3 2	173.00	164.38	156.45	149.13	142.33	136.00	130.08	124.52	119.29	114.34
3 3	179.00	170.14	162.00	154.48	147.50	141.00	134.92	129.22	123.86	118.79
3 4	185.00	175.90	167.55	159.83	152.67	146.00	139.77	133.93	128.43	123.24
3 5	191.00	181.67	173.09	165.17	157.83	151.00	144.62	138.63	133.00	127.69
3 6	197.00	187.43	178.64	170.52	163.00	156.00	149.46	143.33	137.57	132.14
3 7	203.00	193.19	184.18	175.87	168.17	161.00	154.31	148.04	142.14	136.59
3 8	209.00	198.95	189.73	181.22	173.33	166.00	159.15	152.74	146.71	141.03
3 9	215.00	204.71	195.27	186.57	178.50	171.00	164.00	157.44	151.29	145.48
4 0	63.81	210.48	200.82	191.91	183.67	176.00	168.85	162.15	155.86	149.93
4 1	207.00	206.24	206.36	197.26	188.83	181.00	173.69	166.85	160.43	154.38
4 2	213.00	67.00	211.91	202.61	194.00	186.00	178.54	171.56	165.00	158.83

43	219.00	206.76	217.45	207.96	199.17	191.00	183.38	176.26	169.57	163.28
44	1477.33	212.52	70.19	213.30	204.33	196.00	188.23	180.96	174.14	167.72
45	231.00	218.29	206.55	218.65	209.50	201.00	193.08	185.67	178.71	172.17
46	237.00	224.05	212.09	73.38	214.67	206.00	197.92	190.37	183.29	176.62
47	243.00	229.81	217.64	206.35	219.83	211.00	202.77	195.07	187.86	181.07
48	249.00	235.57	223.18	211.70	76.57	216.00	207.62	199.78	192.43	185.52
49	255.00	358.50	228.73	217.04	206.17	221.00	212.46	204.48	197.00	189.97
50	261.00	247.10	234.27	222.39	211.33	79.76	217.31	209.19	201.57	194.41
51	267.00	252.86	239.82	227.74	216.50	2563.50	222.15	213.89	206.14	198.86
52	273.00	258.62	245.36	233.09	221.67	211.00	82.95	218.59	210.71	203.31
53	279.00	264.38	250.91	238.43	226.83	216.00	205.85	223.30	215.29	207.76
54	285.00	270.14	256.45	243.78	232.00	221.00	210.69	86.14	219.86	212.21
55	291.00	275.90	262.00	249.13	237.17	557.50	215.54	205.70	224.43	216.66
56	297.00	281.67	267.55	254.48	359.50	231.00	220.38	210.41	89.33	221.10
57	303.00	287.43	273.09	259.83	247.50	236.00	225.23	957.50	1910.33	225.55
58	309.00	293.19	278.64	265.17	252.67	241.00	230.08	219.81	210.14	92.52
59	315.00	298.95	284.18	270.52	257.83	246.00	234.92	224.52	214.71	2965.50
60	95.56	304.71	289.73	275.87	263.00	251.00	239.77	229.22	219.29	209.90
61	307.00	310.48	295.27	281.22	268.17	256.00	244.62	233.93	223.86	214.34

62	1038.67	306.24	300.82	286.57	273.33	261.00	249.46	238.63	228.43	218.79
63	319.00	100.33	306.36	291.91	278.50	266.00	254.31	360.50	233.00	532.42

Quadro - 3.12 (continuação)

	30	31	32	33	34	35	36	37	38	39
1	2.06	2.08	2.10	2.11	2.13	2.14	2.16	2.17	2.19	2.21
2	3.65	116.50	3.68	117.50	3.71	118.50	3.75	119.50	3.78	120.50
3	5.24	166.50	112.67	5.29	112.33	113.67	5.33	169.50	114.67	5.38
4	109.50	110.75	6.86	109.25	110.50	111.75	6.92	146.67	111.50	112.75
5	8.41	266.50	179.33	109.60	110.80	8.49	108.20	109.40	110.60	111.80
6	108.00	108.17	108.33	108.50	108.67	107.83	108.00	108.17	108.33	108.50
7	106.29	185.75	108.57	109.71	110.86	11.67	106.14	149.40	108.43	109.57
8	109.75	110.88	13.21	105.13	106.25	107.38	108.50	109.63	110.75	111.88
9	106.33	107.44	108.56	109.67	110.78	111.89	14.86	469.50	106.22	159.50
10	16.35	344.67	105.20	106.30	107.40	108.50	109.60	110.70	111.80	112.90
11	110.73	111.82	112.91	17.98	104.09	380.33	106.27	107.36	108.45	109.55
12	108.50	109.58	110.67	111.75	112.83	113.92	19.62	104.08	105.17	209.50
13	106.31	107.38	108.46	109.54	110.62	111.69	112.71	113.85	114.92	21.25
14	104.14	105.21	106.29	107.36	108.43	109.50	110.57	111.64	112.71	113.79
15	24.29	103.07	104.13	258.50	106.27	158.50	108.40	109.47	110.53	111.60

16	115.88	116.94	25.90	103.06	104.13	105.19	106.25	107.31	108.38	109.44
17	114.76	115.82	116.88	117.94	27.52	868.50	104.12	251.14	106.24	107.29
18	113.67	114.72	115.78	117.83	118.89	119.94	29.14	103.06	461.50	105.17
19	112.58	113.63	114.68	115.74	116.79	117.84	118.89	119.95	30.76	103.05
20	111.50	112.55	113.60	114.65	115.70	116.75	117.80	118.85	119.90	120.95
21	110.43	111.48	112.52	113.57	114.62	115.67	116.71	117.76	118.81	119.86
22	109.36	110.41	111.45	112.50	113.55	114.59	115.64	116.68	117.73	118.77
23	108.30	109.35	110.39	111.43	112.48	113.52	114.57	115.61	116.65	117.70
24	107.25	108.29	109.33	110.38	111.42	112.46	113.50	114.54	115.58	116.63
25	106.20	107.24	108.28	109.32	110.36	111.40	112.44	113.48	114.52	115.56
26	105.15	106.19	107.23	108.27	109.31	110.35	111.38	112.42	113.46	114.50
27	104.11	105.15	106.19	107.22	108.26	109.30	110.33	111.37	112.41	113.44
28	103.07	104.11	105.14	106.18	107.21	108.25	109.29	110.32	111.36	112.39
29	102.03	103.07	104.10	105.14	106.17	107.21	108.24	109.28	110.31	111.34
30	48.10	102.03	103.07	104.10	105.13	106.17	107.20	108.23	109.27	110.30
31	105.33	49.70	102.03	103.06	104.10	105.13	106.16	107.19	108.23	109.26
32	109.67	105.23	51.30	102.03	103.06	104.09	105.13	106.16	107.19	108.22
33	114.00	109.45	105.13	52.90	102.03	103.06	104.09	105.12	106.15	107.18
34	118.33	113.68	109.25	105.03	54.51	102.03	103.06	104.09	105.12	106.15

35	122.67	117.90	113.38	109.06	104.94	56.11	102.03	103.06	104.09	105.11
36	127.00	122.13	117.50	113.09	108.88	104.86	57.71	102.03	103.06	104.08
37	131.33	126.35	121.63	117.12	112.82	108.71	104.78	59.32	102.03	103.05
38	135.67	130.58	125.75	121.15	116.76	112.57	108.56	104.70	60.92	102.03
39	140.00	134.81	129.88	125.18	120.71	116.43	112.33	108.41	104.63	62.52
40	144.33	139.03	134.00	129.21	124.65	120.29	116.11	112.11	108.26	104.56
41	148.67	143.26	138.13	133.24	128.59	124.14	119.89	115.81	111.89	108.13
42	153.00	147.48	142.25	137.27	132.53	128.00	123.67	119.51	115.53	111.69
43	157.33	151.71	146.38	141.30	136.47	131.86	127.44	123.22	119.16	115.26
44	161.67	155.94	150.50	145.33	140.41	135.71	131.22	126.92	122.79	118.82
45	166.00	160.16	154.63	149.36	144.35	139.57	135.00	130.62	126.42	122.38
46	170.33	164.39	158.75	153.39	148.29	143.43	138.78	134.32	130.05	125.95
47	174.67	168.61	162.88	157.42	152.24	147.29	142.56	138.03	133.68	129.51
48	179.00	172.84	167.00	161.45	156.18	151.14	146.33	141.73	137.32	133.08
49	183.33	177.06	171.13	165.48	160.12	155.00	150.11	145.43	140.95	136.64
50	187.67	181.29	175.25	169.52	164.06	158.86	153.89	149.14	144.58	140.21
51	192.00	185.52	179.38	173.55	168.00	162.71	157.67	152.84	148.21	143.77
52	196.33	189.74	183.50	177.58	171.94	166.57	161.44	156.54	151.84	147.33
53	200.67	193.97	187.63	181.61	175.88	170.43	165.22	160.24	155.47	150.90

54	205.00	198.19	191.75	185.64	179.82	174.29	169.00	163.95	159.11	154.46
55	209.33	202.42	195.88	189.67	183.76	178.14	172.78	167.65	162.74	158.03
56	213.67	206.65	200.00	193.70	187.71	182.00	176.56	171.35	166.37	161.59
57	218.00	210.87	204.13	197.73	191.65	185.86	180.33	175.05	170.00	165.15
58	222.33	215.10	208.25	201.76	195.59	189.71	184.11	178.76	173.63	168.72
59	226.67	219.32	212.38	205.79	199.53	193.57	187.89	182.46	177.26	172.28
60	95.71	223.55	216.50	209.82	203.47	197.43	191.67	186.16	180.89	175.85
61	205.33	227.77	220.63	213.85	207.41	201.29	195.44	189.86	184.53	179.41
62	1559.50	98.90	224.75	217.88	211.35	205.14	199.22	193.57	188.16	182.97
63	214.00	2111.33	228.88	221.91	215.29	209.00	203.00	197.27	191.79	186.54

Quadro - 3.12 (continuação)

	40	41	42	43	44	45	46	47	48	49
1	2.22	2.24	2.25	2.27	2.29	2.30	2.32	2.33	2.35	2.37
2	3.81	121.50	3.84	122.50	3.87	123.50	3.90	124.50	3.94	125.50
3	114.33	115.67	5.43	172.50	116.67	5.48	116.33	117.67	5.52	175.50
4	6.98	111.25	112.50	113.75	7.05	112.25	113.50	114.75	7.11	113.25
5	8.57	271.50	110.40	111.60	112.80	8.65	110.20	184.33	112.60	113.80
6	108.67	108.83	109.00	109.17	109.33	108.50	108.67	108.83	109.00	130.80
7	110.71	111.86	11.78	372.50	108.29	109.43	110.57	111.71	112.86	11.89

8	13.33	106.13	107.25	171.60	109.50	110.63	111.75	112.88	13.46	107.13
9	108.44	109.56	110.67	111.78	112.89	15.00	106.11	107.22	108.33	193.80
10	16.51	105.10	132.25	107.30	108.40	109.50	110.60	111.70	112.80	113.90
11	110.64	111.73	112.82	113.91	18.16	105.09	106.18	385.33	108.36	109.45
12	107.33	108.42	109.50	110.58	111.67	112.75	113.83	114.92	19.81	105.08
13	104.08	105.15	106.23	107.31	108.38	109.46	110.54	111.62	112.69	113.77
14	114.86	115.93	22.89	104.07	483.33	106.21	107.29	108.36	109.43	110.50
15	112.67	113.73	114.80	115.87	116.93	24.52	104.07	105.13	106.20	107.27
16	110.50	111.56	112.63	113.69	114.75	115.81	116.88	117.94	26.16	550.67
17	108.35	109.41	110.47	111.53	112.59	113.65	114.71	115.76	116.82	117.88
18	106.22	107.28	159.50	109.39	110.44	111.50	112.56	113.61	114.67	115.72
19	104.11	105.16	106.21	107.26	108.32	109.37	110.42	111.47	112.53	113.58
20	32.38	103.05	104.10	105.15	685.33	107.25	108.30	109.35	110.40	111.45
21	120.90	111.95	34.00	103.05	104.10	105.14	106.19	107.24	108.29	160.50
22	119.82	120.86	121.91	122.95	35.62	103.05	104.09	105.14	106.18	107.23
23	118.74	119.78	120.83	121.87	122.91	123.96	37.24	103.04	104.09	105.13
24	117.67	118.71	119.75	120.79	121.83	122.88	123.92	124.96	38.86	103.04
25	116.60	117.64	118.68	119.72	120.76	121.80	122.84	123.88	124.92	125.96
26	115.54	116.58	117.62	118.65	119.69	120.73	121.77	122.81	123.85	124.88

27	114.48	115.52	116.56	117.59	118.63	119.67	120.70	121.74	122.78	123.81
28	113.43	114.46	115.50	116.54	117.57	118.61	119.64	120.68	121.71	122.75
29	112.38	113.41	114.45	115.48	116.52	117.55	118.59	119.62	120.66	121.69
30	111.33	112.37	113.40	114.43	115.47	116.50	117.53	118.57	119.60	120.63
31	110.29	111.32	112.35	113.39	114.42	115.45	116.48	117.52	118.55	119.58
32	109.25	110.28	111.31	112.34	113.38	114.41	115.44	116.47	117.50	118.53
33	108.21	109.24	110.27	111.30	112.33	113.36	114.39	115.42	116.45	117.48
34	107.18	108.21	109.24	110.26	111.29	112.32	113.35	114.38	115.41	116.44
35	106.14	107.17	108.20	109.23	110.26	111.29	112.31	113.34	114.37	115.40
36	105.11	106.14	107.17	108.19	109.22	110.25	111.28	112.31	113.33	114.36
37	104.08	105.11	106.14	107.16	108.19	109.22	110.24	111.27	112.30	113.32
38	103.05	104.08	105.11	106.13	107.16	108.18	109.21	110.24	111.26	112.29
39	102.03	103.05	104.08	105.10	106.13	107.15	108.18	109.21	110.23	111.26
40	64.13	102.03	103.05	104.08	105.10	106.13	107.15	108.18	109.20	110.23
41	104.50	65.73	101.02	101.05	101.07	101.10	101.12	101.15	101.17	101.20
42	108.00	103.44	67.33	103.49	103.51	103.54	103.56	103.59	103.61	103.63
43	111.50	105.88	105.90	68.94	105.95	105.98	106.00	106.02	106.05	106.07
44	115.00	108.32	108.34	108.37	70.54	108.41	108.44	108.46	108.49	108.51
45	118.50	110.76	110.78	110.80	110.83	72.14	110.88	110.90	110.93	110.95

46	122.00	113.20	113.22	113.24	113.27	113.29	73.75	113.34	113.37	113.39
47	125.50	115.63	115.66	115.68	115.71	115.73	115.76	75.35	115.80	115.83
48	129.00	118.07	118.10	118.12	118.15	118.17	118.20	118.22	76.95	118.27
49	132.50	120.51	120.54	120.56	120.59	120.61	120.63	120.66	120.68	78.56
50	136.00	122.95	122.98	123.00	123.02	123.05	123.07	123.10	123.12	123.15
51	139.50	125.39	125.41	125.44	125.46	125.49	125.51	125.54	125.56	125.59
52	143.00	127.83	127.85	127.88	127.90	127.93	127.95	127.98	128.00	128.02
53	146.50	97.11	97.13	97.15	97.16	97.18	97.20	97.22	97.24	130.46
54	150.00	98.93								
55	153.50	100.75								
56	157.00	102.56								
57	160.50	104.38								
58	164.00	106.20								
59	167.50	108.02								
60	171.00	109.84								
61	174.50	111.65								
62	178.00	113.47								
63	181.50	115.29								

Quadro - 3.12 (continuação)

	50	51	52	53	54	55	56	57	58	59
1	2.38	2.40	2.41	2.43	2.44	2.46	2.48	2.49	2.51	2.52
2	3.97	126.50	4.00	127.50	4.03	128.50	4.06	129.50	4.10	130.50
3	118.67	5.57	118.33	119.67	5.62	178.50	120.67	5.67	120.33	121.67
4	114.50	115.75	7.17	114.25	115.50	116.75	7.24	153.33	116.50	117.75
5	8.73	276.50	112.40	113.60	114.80	8.81	112.20	113.40	114.60	115.80
6	109.33	109.50	109.67	109.80	131.80	110.17	110.33	110.50	110.67	110.83
7	108.14	109.29	110.43	111.57	112.71	113.86	12.00	379.50	110.29	192.75
8	285.33	109.38	110.50	111.63	113.75	113.88	13.59	108.13	109.25	110.38
9	110.56	111.67	112.78	113.89	15.14	478.50	108.22	162.50	110.44	111.56
10	16.67	106.10	107.20	108.30	109.40	110.50	111.60	112.70	113.80	114.90
11	110.55	111.64	112.73	113.82	114.91	18.33	232.20	107.18	108.27	169.57
12	106.17	107.25	160.50	109.42	110.50	111.58	112.67	113.75	114.83	115.92
13	114.85	115.92	21.46	677.50	106.15	107.23	108.31	109.38	110.46	111.54
14	111.57	112.64	113.71	114.79	115.86	116.93	23.11	105.07	488.00	107.21
15	108.33	109.40	110.47	111.53	112.60	113.67	114.73	115.80	116.87	117.93
16	105.13	106.19	107.25	108.31	109.38	110.44	111.50	112.56	113.63	114.69
17	118.94	27.79	104.06	586.33	106.18	107.24	108.29	109.35	110.41	111.47
18	116.78	118.83	119.89	120.94	29.43	104.06	105.11	106.17	107.22	108.28
19	114.63	115.68	116.74	117.79	118.84	119.89	120.95	31.06	104.05	105.11

20	112.50	113.55	114.60	115.65	116.70	117.75	118.80	119.85	120.90	121.95
21	110.38	111.43	112.48	113.52	114.57	115.62	116.67	117.71	118.76	119.81
22	108.27	109.32	110.36	111.41	112.45	113.50	114.55	115.59	116.64	117.68
23	106.17	107.22	108.26	109.30	110.35	111.39	112.43	113.48	114.52	115.57
24	104.08	105.13	106.17	107.21	108.25	109.29	161.50	111.38	112.42	113.46
25	40.48	1276.50	104.08	105.12	106.16	260.50	108.24	109.28	110.32	111.36
26	125.92	126.96	42.10	103.04	104.08	105.12	106.15	107.19	108.23	109.27
27	124.85	125.89	126.93	127.96	43.71	103.04	104.07	462.50	106.15	107.19
28	123.79	124.82	125.86	126.89	127.93	128.96	45.33	953.33	104.07	105.11
29	122.72	123.76	124.79	125.83	126.86	127.90	128.93	129.97	46.95	1480.50
30	121.67	122.70	123.73	124.77	125.80	126.83	127.87	128.90	129.93	130.97
31	120.61	121.65	122.68	123.71	124.74	125.77	126.81	127.84	128.87	129.90
32	119.56	120.59	121.63	122.66	123.69	124.72	125.75	126.78	127.81	128.84
33	118.52	119.55	120.58	121.61	122.64	123.67	124.70	125.73	126.76	127.79
34	117.47	118.50	119.53	120.56	121.59	122.62	123.65	124.68	125.71	126.74
35	116.43	117.46	118.49	119.51	120.54	121.57	122.60	123.63	124.66	125.69
36	115.39	116.42	117.44	118.47	119.50	120.53	121.56	122.58	123.61	124.64
37	114.35	115.38	116.41	117.43	118.46	119.49	120.51	121.54	122.57	123.59
38	113.32	114.34	115.37	116.39	117.42	118.45	119.47	120.50	121.53	122.55

39	112.28	113.31	114.33	115.36	116.38	117.41	118.44	119.46	120.49	121.51
40	111.25	112.28	113.30	114.33	115.35	116.38	117.40	118.43	119.45	120.48
41	101.22	101.24	101.27	75.51						
42	103.66	103.68	103.71	77.33						
43	106.10	106.12	106.15	79.15						
44	108.54	108.56	108.59	80.96						
45	110.98	111.00	111.02	82.78						
46	113.41	113.44	113.46	84.60						
47	115.85	115.88	115.90	86.42						
48	118.29	118.32	118.34	88.24						
49	120.73	120.76	120.78	120.80						
50	80.16	123.20	123.22	123.24						
51	125.61	81.76	125.66	125.68						
52	128.05	128.07	83.37	128.12						
53	130.49	130.51	130.54	84.97	101.02	101.04	101.06	101.08	101.09	101.11
54				102.89	86.57	102.92	102.94	102.96	102.98	103.00
55				104.77	104.79	88.17	104.83	104.85	104.87	104.89
56				106.66	106.68	106.70	89.78	106.74	106.75	106.77
57				108.55	108.57	108.58	108.60	91.38	108.64	108.66

				110.43	110.45	110.47	110.49	110.51	92.98	110.55
58				110.43	110.45	110.47	110.49	110.51	92.98	110.55
59				112.32	112.34	112.36	112.38	112.40	112.42	94.59
60				114.21	114.23	114.25	114.26	114.28	114.30	114.32
61				116.09	116.11	116.13	116.15	116.17	116.19	116.21
62				117.98	118.00	118.02	118.04	118.06	118.08	118.09
63				119.87	119.89	119.91	119.92	119.94	119.96	119.98

Quadro - 3.12 (continuação)

	60	61	62	63		60	61	62	63
1	2.54	2.56	2.57	2.59	33	128.82	129.85	130.88	131.91
2	4.13	131.50	4.16	131.50	34	127.76	128.79	129.82	130.85
3	5.71	181.50	122.67	5.76	35	126.71	127.74	128.77	129.80
4	7.30	154.67	117.50	118.75	36	125.67	126.69	127.72	128.75
5	8.89	281.50	189.33	115.60	37	124.62	125.65	126.68	127.70
6	111.00	111.17	111.33	113.50	38	123.58	124.61	125.63	126.66
7	112.57	113.71	114.86	12.11	39	122.54	123.56	124.59	125.62
8	111.50	112.63	113.75	114.88	40	121.50	122.53	123.55	124.58
9	112.67	113.78	114.89	15.29	41				
10	16.83	354.67	108.20	109.30	42				
11	110.45	111.55	112.64	113.73	43				
12	20.00	106.08	254.40	108.25	44				
13	112.62	113.69	114.77	115.85	45				

14	108.29	109.36	188.75	111.50	46				
15	24.76	781.50	106.13	393.75	47				
16	115.75	116.81	117.88	118.94	48				
17	112.53	113.59	114.65	115.71	49				
18	109.33	110.39	111.44	112.50	50				
19	106.16	107.21	108.26	109.32	51				
20	32.70	104.05	345.67	106.15	52				
21	120.86	121.90	112.95	34.33	53	101.13	101.15	101.17	101.19
22	118.73	119.77	120.82	121.86	54	103.02	103.04	103.06	103.08
23	116.61	117.65	118.70	119.74	55	104.91	104.92	104.94	104.96
24	114.50	115.54	116.58	117.63	56	106.79	106.81	106.83	106.85
25	112.40	113.44	114.48	115.52	57	108.68	108.70	108.72	108.74
26	110.31	111.35	112.38	113.42	58	110.57	110.58	110.60	110.62
27	108.22	109.26	110.30	162.50	59	112.45	112.47	112.49	112.51
28	106.14	107.18	108.21	109.25	60	96.19	114.36	114.38	114.40
29	104.07	105.10	106.14	251.92	61	116.23	97.79	116.26	116.28
30	48.57	103.03	767.50	105.10	62	118.11	118.13	99.40	118.17
31	130.94	131.97	50.19	1055.33	63	120.00	120.02	120.04	101.00
32	129.88	130.91	131.94	132.97					

Quadro - 3.13

	1	2	3	4	5	6	7	8	9	10	11	12	13	14
1	11	12	13	14	15	16	17	18	19	110	111	112	113	114
2	21	22	23	24	25	26	27	28	29	210	211	212	213	214
3	31	32	33	34	35	36	37	38	39	310	311	312	313	314
4	41	42	43	44	45	46	47	48	49	410	411	412	413	414

	1	2	3	4	5	6	7	8	9	10	11	12	13	14
5	51	52	53	54	55	56	57	58	59	510	511	512	513	514
6	61	62	63	64	65	66	67	68	69	610	611	612	613	614
7	71	72	73	74	75	76	77	78	79	710	711	712	713	714
8	81	82	83	84	85	86	87	88	89	810	811	812	813	814
9	91	92	93	94	95	96	97	98	99	910	911	912	913	914
10	101	102	103	104	105	106	107	108	109	1010	1011	1012	1013	1014
11	111	112	113	114	115	116	117	118	119	1110	1111	1112	1113	1114
12	121	122	123	124	125	126	127	128	129	1210	1211	1212	1213	1214
13	131	132	133	134	135	136	137	138	139	1310	1311	1312	1313	1314
14	141	142	143	144	145	146	147	140	149	1410	1411	1412	1413	1414
15	151	152	153	154	155	156	157	158	159	1510	1511	1512	1513	1514
16	161	162	163	164	165	166	167	168	169	1610	1611	1612	1613	1614
17	171	172	173	174	175	176	177	178	179	1710	1711	1712	1713	1714
18	181	182	183	184	185	186	187	188	189	1810	1811	1812	1813	1814
19	191	192	193	194	195	196	197	198	199	1910	1911	1912	1913	1914
20	201	202	203	204	205	206	207	208	209	2010	2011	2012	2013	2014
21	211	212	213	214	215	216	217	218	219	2110	2111	2112	2113	2114
22	221	222	223	224	225	226	227	228	229	2210	2211	2212	2213	2214
23	231	232	233	234	235	236	237	238	239	2310	2311	2312	2313	2314
24	241	242	243	244	245	246	247	248	249	2410	2411	2412	2413	2414
25	251	252	253	254	255	256	257	258	259	2510	2511	2512	2513	2514

26	261	262	263	264	265	266	267	268	269	2610	2611	2612	2613	2614
27	271	272	273	274	275	276	277	278	279	2710	2711	2712	2713	2714
28	281	282	283	284	285	286	287	288	289	2810	2811	2812	2813	2814
29	291	292	293	294	295	296	297	298	299	2910	2911	2912	2913	2914
30	301	302	303	304	305	306	307	308	309	3010	3011	3012	3013	3014
31	311	312	313	314	315	316	317	318	319	3110	3111	3112	3113	3114
32	321	322	323	324	325	326	327	328	329	3210	3211	3212	3213	3214
33	331	332	333	334	335	336	337	338	339	3310	3311	3312	3313	3314
34	341	342	343	344	345	346	347	348	349	3410	3411	3412	3413	3414
35	351	352	353	354	355	356	357	358	359	3510	3511	3512	3513	3514
36	361	362	363	364	365	366	367	368	369	3610	3611	3612	3613	3614
37	371	372	373	374	375	376	377	378	379	3710	3711	3712	3713	3714
38	381	382	383	384	385	386	387	388	389	3810	3811	3812	3813	3814
39	391	392	393	394	395	396	397	398	399	3910	3911	3912	3913	3914
40	401	402	403	404	405	406	407	408	409	4010	4011	4012	4013	4014
41	411	412	413	414	415	416	417	418	419	4110	4111	4112	4113	4114
42	421	422	423	424	425	426	427	428	429	4210	4211	4212	4213	4214
43	431	432	433	434	435	436	437	438	439	4310	4311	4312	4313	4314
44	441	442	443	444	445	446	447	448	449	4410	4411	4412	4413	4414

45	451	452	453	454	455	456	457	458	459	4510	4511	4512	4513	4514
46	461	462	463	464	465	466	467	468	469	4610	4611	4612	4613	4614
47	471	472	473	474	475	476	477	478	479	4710	4711	4712	4713	4714
48	481	482	483	484	485	486	487	488	489	4810	4811	4812	4813	4814
49	491	492	493	494	495	496	497	498	499	4910	4911	4912	4913	4914
50	501	502	503	504	505	506	507	508	509	5010	5011	5012	5013	5014
51	511	512	513	514	515	516	517	518	519	5110	5111	5112	5113	5114
52	521	522	523	524	525	526	527	528	529	5210	5211	5212	5213	5214
53	531	532	533	534	535	536	537	538	539	5310	5311	5312	5313	5314
54	541	542	543	544	545	546	547	548	549	5410	5411	5412	5413	5414
55	551	552	553	554	555	556	557	558	559	5510	5511	5512	5513	5514
56	561	562	563	564	565	566	567	568	569	5610	5611	5612	5613	5614
57	571	572	573	574	575	576	577	578	579	5710	5711	5712	5713	5714
58	581	582	583	584	585	586	587	588	589	5810	5811	5812	5813	5814
59	591	592	593	593	593	593	593	593	593	5910	5911	5912	5913	5914
60	601	602	603	604	605	606	607	608	609	6010	6011	6012	6013	6014
61	611	612	613	614	615	616	617	618	619	6110	6111	6112	6113	6114
62	621	622	623	624	625	626	627	628	629	6210	6211	6212	6213	6214
63	631	632	633	634	635	636	637	638	639	6310	6311	6312	6313	6314

Quadro - 3.13 (continuação)

	15	16	17	18	19	20	21	22	23	24	25	26	27
1	115	116	117	118	119	120	121	122	123	124	125	126	127
2	215	216	217	218	219	220	221	222	223	224	225	226	227
3	315	316	317	318	319	320	321	322	323	324	325	326	327
4	415	416	417	418	419	420	421	422	423	424	425	426	427
5	515	516	517	518	519	520	521	522	523	524	525	526	527
6	615	616	617	618	619	620	621	622	623	624	625	626	627
7	715	716	717	718	719	720	721	722	723	724	725	726	727
8	815	816	817	818	819	820	821	822	823	824	825	826	827
9	915	916	917	918	919	920	921	922	923	924	925	926	927
10	1015	1016	1017	1018	1019	1020	1021	1022	1023	1024	1025	1026	1027
11	1115	1116	1117	1118	1119	1120	1121	1122	1123	1124	1125	1126	1127
12	1215	1216	1217	1218	1219	1220	1221	1222	1223	1224	1225	1226	1227
13	1315	1316	1317	1318	1319	1320	1321	1322	1323	1324	1325	1326	1327
14	1415	1416	1417	1418	1419	1420	1421	1422	1423	1424	1425	1426	1427
15	1515	1516	1517	1518	1519	1520	1521	1522	1523	1524	1525	1526	1527
16	1615	1616	1617	1618	1619	1620	1621	1622	1623	1624	1625	1626	1627
17	1715	1716	1717	1718	1719	1720	1721	1722	1723	1724	1725	1726	1727
18	1815	1816	1817	1818	1819	1820	1821	1822	1823	1824	1825	1826	1827
19	1915	1916	1917	1918	1919	1920	1921	1922	1923	1924	1925	1926	1927
20	2015	2016	2017	2018	2019	2020	2021	2022	2023	2024	2025	2026	2027
21	2115	2116	2117	2118	2119	2120	2121	2122	2123	2124	2125	2126	2127

22	2215	2216	2217	2218	2219	2220	2221	2222	2223	2224	2225	2226	2227
23	2315	2316	2317	2318	2319	2320	2321	2322	2323	2324	2325	2326	2327
24	2415	2416	2417	2418	2419	2420	2421	2422	2423	2424	2425	2426	2427
25	2515	2516	2517	2518	2519	2520	2521	2522	2523	2524	2525	2526	2527
26	2615	2616	2617	2618	2619	2620	2621	2622	2623	2624	2625	2626	2627
27	2715	2716	2717	2718	2719	2720	2721	2722	2723	2724	2725	2726	2727
28	2815	2816	2817	2818	2819	2820	2821	2822	2823	2824	2825	2826	2827
29	2915	2916	2917	2918	2919	2920	2921	2922	2923	2924	2925	2926	2927
30	3015	3016	3017	3018	3019	3020	3021	3022	3023	3024	3025	3026	3027
31	3115	3116	3117	3118	3119	3120	3121	3122	3123	3124	3125	3126	3127
32	3215	3216	3217	3218	3219	3220	3221	3222	3223	3224	3225	3226	3227
33	3315	3316	3317	3318	3319	3320	3321	3322	3323	3324	3325	3326	3327
34	3415	3416	3417	3418	3419	3420	3421	3422	3423	3424	3425	3426	3427
35	3515	3516	3517	3518	3519	3520	3521	3522	3523	3524	3525	3526	3527
36	3615	3616	3617	3618	3619	3620	3621	3622	3623	3624	3625	3626	3627
37	3715	3716	3717	3718	3719	3720	3721	3722	3723	3724	3725	3726	3727
38	3815	3816	3817	3818	3819	3820	3821	3822	3823	3824	3825	3826	3827
39	3915	3916	3917	3918	3919	3920	3921	3922	3923	3924	3925	3926	3927
40	4015	4016	4017	4018	4019	4020	4021	4022	4023	4024	4025	4026	4027

41	4115	4116	4117	4118	4119	4120	4121	4122	4123	4124	4125	4126	4127
42	4215	4216	4217	4218	4219	4220	4221	4222	4223	4224	4225	4226	4227
43	4315	4316	4317	4318	4319	4320	4321	4322	4323	4324	4325	4326	4327
44	4415	4416	4417	4418	4419	4420	4421	4422	4423	4424	4425	4426	4427
45	4515	4516	4517	4518	4519	4520	4521	4522	4523	4524	4525	4526	4527
46	4615	4616	4617	4618	4619	4620	4621	4622	4623	4624	4625	4626	4627
47	4715	4716	4717	4718	4719	4720	4721	4722	4723	4724	4725	4726	4727
48	4815	4816	4817	4818	4819	4820	4821	4822	4823	4824	4825	4826	4827
49	4915	4916	4917	4918	4919	4920	4921	4922	4923	4924	4925	4926	4927
50	5015	5016	5017	5018	5019	5020	5021	5022	5023	5024	5025	5026	5027
51	5115	5116	5117	5118	5119	5120	5121	5122	5123	5124	5125	5126	5127
52	5215	5216	5217	5218	5219	5220	5221	5222	5223	5224	5225	5226	5227
53	5315	5316	5317	5318	5319	5320	5321	5322	5323	5324	5325	5326	5327
54	5415	5416	5417	5418	5419	5420	5421	5422	5423	5424	5425	5426	5427
55	5515	5516	5517	5518	5519	5520	5521	5522	5523	5524	5525	5526	5527
56	5615	5616	5617	5618	5619	5620	5621	5622	5623	5624	5625	5626	5627
57	5715	5716	5717	5718	5719	5720	5721	5722	5723	5724	5725	5726	5727
58	5815	5816	5817	5818	5819	5820	5821	5822	5823	5824	5825	5826	5827
59	5915	5916	5917	5918	5919	5920	5921	5922	5923	5924	5925	5926	5927

60	6015	6016	6017	6018	6019	6020	6021	6022	6023	6024	6025	6026	6027
61	6115	6116	6117	6118	6119	6120	6121	6122	6123	6124	6125	6126	6127
62	6215	6216	6217	6218	6219	6220	6221	6222	6223	6224	6225	6226	6227
63	6315	6316	6317	6318	6319	6320	6321	6322	6323	6324	6325	6326	6327

Quadro - 3.13 (continuação)

	28	29	30	31	32	33	34	35	36	37	38	39	40
1	128	129	130	131	132	133	134	135	136	137	138	139	140
2	228	229	230	231	232	233	234	235	236	237	238	239	240
3	328	329	330	331	332	333	334	335	336	337	338	339	340
4	428	429	430	431	432	433	434	435	436	437	438	439	440
5	528	529	530	531	532	533	534	535	536	537	538	539	540
6	628	629	630	631	632	633	634	635	636	637	638	639	640
7	728	729	730	731	732	733	734	735	736	737	738	739	740
8	828	829	830	831	832	833	834	835	836	837	838	839	840
9	928	929	930	931	932	933	934	935	936	937	938	939	940
10	1028	1029	1030	1031	1032	1033	1034	1035	1036	1037	1038	1039	1040
11	1128	1129	1130	1131	1132	1133	1134	1135	1136	1137	1138	1139	1140
12	1228	1229	1230	1231	1232	1233	1234	1235	1236	1237	1238	1239	1240
13	1328	1329	1330	1331	1332	1333	1334	1335	1336	1337	1338	1339	1340
14	1428	1429	1430	1431	1432	1433	1434	1435	1436	1437	1438	1439	1440
15	1528	1529	1530	1531	1532	1533	1534	1535	1536	1537	1538	1539	1540
16	1628	1629	1630	1631	1632	1633	1634	1635	1636	1637	1638	1639	1640
17	1728	1729	1730	1731	1732	1733	1734	1735	1736	1737	1738	1739	1740

18	1828	1829	1830	1831	1832	1833	1834	1835	1836	1837	1838	1839	1840
19	1928	1929	1930	1931	1932	1933	1934	1935	1936	1937	1938	1939	1940
20	2028	2029	2030	2031	2032	2033	2034	2035	2036	2037	2038	2039	2040
21	2128	2129	2130	2131	2132	2133	2134	2135	2136	2137	2138	2139	2140
22	2228	2229	2230	2231	2232	2233	2234	2235	2236	2237	2238	2239	2240
23	2328	2329	2330	2331	2332	2333	2334	2335	2336	2337	2338	2339	2340
24	2428	2429	2430	2431	2432	2433	2434	2435	2436	2437	2438	2439	2440
25	2528	2529	2530	2531	2532	2533	2534	2535	2536	2537	2538	2539	2540
26	2628	2629	2630	2631	2632	2633	2634	2635	2636	2637	2638	2639	2640
27	2728	2729	2730	2731	2732	2733	2734	2735	2736	2737	2738	2739	2740
28	2828	2829	2830	2831	2832	2833	2834	2835	2836	2837	2838	2839	2840
29	2928	2929	2930	2931	2932	2933	2934	2935	2936	2937	2938	2939	2940
30	3028	3029	3030	3031	3032	3033	3034	3035	3036	3037	3038	3039	3040
31	3128	3129	3130	3131	3132	3133	3134	3135	3136	3137	3138	3139	3140
32	3228	3229	3230	3231	3232	3233	3234	3235	3236	3237	3238	3239	3240
33	3328	3329	3330	3331	3332	3333	3334	3335	3336	3337	3338	3339	3340
34	3428	3429	3430	3431	3432	3433	3434	3435	3436	3437	3438	3439	3440
35	3528	3529	3530	3531	3532	3533	3534	3535	3536	3537	3538	3539	3540
36	3628	3629	3630	3631	3632	3633	3634	3635	3636	3637	3638	3639	3640

37	3728	3729	3730	3731	3732	3733	3734	3735	3736	3737	3738	3739	3740
38	3828	3829	3830	3831	3832	3833	3834	3835	3836	3837	3838	3839	3840
39	3928	3929	3930	3931	3932	3933	3934	3935	3936	3937	3938	3939	3940
40	4028	4029	4030	4031	4032	4033	4034	4035	4036	4037	4038	4039	4040
41	4128	4129	4130	4131	4132	4133	4134	4135	4136	4137	4138	4139	4140
42	4228	4229	4230	4231	4232	4233	4234	4235	4236	4237	4238	4239	4240
43	4328	4329	4330	4331	4332	4333	4334	4335	4336	4337	4338	4339	4340
44	4428	4429	4430	4431	4432	4433	4434	4435	4436	4437	4438	4439	4440
45	4528	4529	4530	4531	4532	4533	4534	4535	4536	4537	4538	4539	4540
46	4628	4629	4630	4631	4632	4633	4634	4635	4636	4637	4638	4639	4640
47	4728	4729	4730	4731	4732	4733	4734	4735	4736	4737	4738	4739	4740
48	4828	4829	4830	4831	4832	4833	4834	4835	4836	4837	4838	4839	4840
49	4928	4929	4930	4931	4932	4933	4934	4935	4936	4937	4938	4939	4940
50	5028	5029	5030	5031	5032	5033	5034	5035	5036	5037	5038	5039	5040
51	5128	5129	5130	5131	5132	5133	5134	5135	5136	5137	5138	5139	5140
52	5228	5229	5230	5231	5232	5233	5234	5235	5236	5237	5238	5239	5240
53	5328	5329	5330	5331	5332	5333	5334	5335	5336	5337	5338	5339	5340
54	5428	5429	5430	5431	5432	5433	5434	5435	5436	5437	5438	5439	5440
55	5528	5529	5530	5531	5532	5533	5534	5535	5536	5537	5538	5539	5540

56	5628	5629	5630	5631	5632	5633	5634	5635	5636	5637	5638	5639	5640
57	5728	5729	5730	5731	5732	5733	5734	5735	5736	5737	5738	5739	5740
58	5828	5829	5830	5831	5832	5833	5834	5835	5836	5837	5838	5839	5840
59	5928	5929	5930	5931	5932	5933	5934	5935	5936	5937	5938	5939	5940
60	6028	6029	6030	6031	6032	6033	6034	6035	6036	6037	6038	6039	6040
61	6128	6129	6130	6131	6132	6133	6134	6135	6136	6137	6138	6139	6140
62	6228	6229	6230	6231	6232	6233	6234	6235	6236	6237	6238	6239	6240
63	6328	6329	6330	6331	6332	6333	6334	6335	6336	6337	6338	6339	6340

Quadro - 3.13 (continuação)

	41	42	43	44	45	46	47	48	49	50	51	52	53
1	141	142	143	144	145	146	147	148	149	150	151	152	153
2	241	242	243	244	245	246	247	248	249	250	251	252	253
3	341	342	343	344	345	346	347	348	349	350	351	352	353
4	441	442	443	444	445	446	447	448	449	450	451	452	453
5	541	542	543	544	545	546	547	548	549	550	551	552	553
6	641	642	643	644	645	646	647	648	649	650	651	652	653
7	741	742	743	744	745	746	747	748	749	750	751	752	753
8	841	842	843	844	845	846	847	848	849	850	851	852	853
9	941	942	943	944	945	946	947	948	949	950	951	952	953
10	1041	1042	1043	1044	1045	1046	1047	1048	1049	1050	1051	1052	1053
11	1141	1142	1143	1144	1145	1146	1147	1148	1149	1150	1151	1152	1153
12	1241	1242	1243	1244	1245	1246	1247	1248	1249	1250	1251	1252	1253
13	1341	1342	1343	1344	1345	1346	1347	1348	1349	1350	1351	1352	1353

14	1441	1442	1443	1444	1445	1446	1447	1448	1449	1450	1451	1452	1453
15	1541	1542	1543	1544	1545	1546	1547	1548	1549	1550	1551	1552	1553
16	1641	1642	1643	1644	1645	1646	1647	1648	1649	1650	1651	1652	1653
17	1741	1742	1743	1744	1745	1746	1747	1748	1749	1750	1751	1752	1753
18	1841	1842	1843	1844	1845	1846	1847	1848	1849	1850	1851	1852	1853
19	1941	1942	1943	1944	1945	1946	1947	1948	1949	1950	1951	1952	1953
20	2041	2042	2043	2044	2045	2046	2047	2048	2049	2050	2051	2052	2053
21	2141	2142	2143	2144	2145	2146	2147	2148	2149	2150	2151	2152	2153
22	2241	2242	2243	2244	2245	2246	2247	2248	2249	2250	2251	2252	2253
23	2341	2342	2343	2344	2345	2346	2347	2348	2349	2350	2351	2352	2353
24	2441	2442	2443	2444	2445	2446	2447	2448	2449	2450	2451	2452	2453
25	2541	2542	2543	2544	2545	2546	2547	2548	2549	2550	2551	2552	2553
26	2641	2642	2643	2644	2645	2646	2647	2648	2649	2650	2651	2652	2653
27	2741	2742	2743	2744	2745	2746	2747	2748	2749	2750	2751	2752	2753
28	2841	2842	2843	2844	2845	2846	2847	2848	2849	2850	2851	2852	2853
29	2941	2942	2943	2944	2945	2946	2947	2948	2949	2950	2951	2952	2953
30	3041	3042	3043	3044	3045	3046	3047	3048	3049	3050	3051	3052	3053
31	3141	3142	3143	3144	3145	3146	3147	3148	3149	3150	3151	3152	3153
32	3241	3242	3243	3244	3245	3246	3247	3248	3249	3250	3251	3252	3253

33	3341	3342	3343	3344	3345	3346	3347	3348	3349	3350	3351	3352	3353
34	3441	3442	3443	3444	3445	3446	3447	3448	3449	3450	3451	3452	3453
35	3541	3542	3543	3544	3545	3546	3547	3548	3549	3550	3551	3552	3553
36	3641	3642	3643	3644	3645	3646	3647	3648	3649	3650	3651	3652	3653
37	3741	3742	3743	3744	3745	3746	3747	3748	3749	3750	3751	3752	3753
38	3841	3842	3843	3844	3845	3846	3847	3848	3849	3850	3851	3852	3853
39	3941	3942	3943	3944	3945	3946	3947	3948	3949	3950	3951	3952	3953
40	4041	4042	4043	4044	4045	4046	4047	4048	4049	4050	4051	4052	4053
41	4141	4142	4143	4144	4145	4146	4147	4148	4149	4150	4151	4152	4153
42	4241	4242	4243	4244	4245	4246	4247	4248	4249	4250	4251	4252	4253
43	4341	4342	4343	4344	4345	4346	4347	4348	4349	4350	4351	4352	4353
44	4441	4442	4443	4444	4445	4446	4447	4448	4449	4450	4451	4452	4453
45	4541	4542	4543	4544	4545	4546	4547	4548	4549	4550	4551	4552	4553
46	4641	4642	4643	4644	4645	4646	4647	4648	4649	4650	4651	4652	4653
47	4741	4742	4743	4744	4745	4746	4747	4748	4749	4750	4751	4752	4753
48	4841	4842	4843	4844	4845	4846	4847	4848	4849	4850	4851	4852	4853
49	4941	4942	4943	4944	4945	4946	4947	4948	4949	4950	4951	4952	4953
50	5041	5042	5043	5044	5045	5046	5047	5048	5049	5050	5051	5052	5053
51	5141	5142	5143	5144	5145	5146	5147	5148	5149	5150	5151	5152	5153

52	5241	5242	5243	5244	5245	5246	5247	5248	5249	5250	5251	5252	5253
53	5341	5342	5343	5344	5345	5346	5347	5348	5349	5350	5351	5352	5353
54	5441	5442	5443	5444	5445	5446	5447	5448	5449	5450	5451	5452	5453
55	5541	5542	5543	5544	5545	5546	5547	5548	5549	5550	5551	5552	5553
56	5641	5642	5643	5644	5645	5646	5647	5648	5649	5650	5651	5652	5653
57	5741	5742	5743	5744	5745	5746	5747	5748	5749	5750	5751	5752	5753
58	5841	5842	5843	5844	5845	5846	5847	5848	5849	5850	5851	5852	5853
59	5941	5942	5943	5944	5945	5946	5947	5948	5949	5950	5951	5952	5953
60	6041	6042	6043	6044	6045	6046	6047	6048	6049	6050	6051	6052	6053
61	6141	6142	6143	6144	6145	6146	6147	6148	6149	6150	6151	6152	6153
62	6241	6242	6243	6244	6245	6246	6247	6248	6249	6250	6251	6252	6253
63	6341	6342	6343	6344	6345	6346	6347	6348	6349	6350	6351	6352	6353

Quadro - 3.13 (continuação)

	54	55	56	57	58	59	60	61	62	63
1	154	155	156	157	158	159	160	161	162	163
2	254	255	256	257	258	259	260	261	262	263
3	354	355	356	357	358	359	360	361	362	363
4	454	455	456	457	458	459	460	461	462	463
5	554	555	556	557	558	559	560	561	562	563
6	654	655	656	657	658	659	660	661	662	663
7	754	755	756	757	758	759	760	761	762	763
8	854	855	856	857	858	859	860	861	862	863
9	954	955	956	957	958	959	960	961	962	963
10	1054	1055	1056	1057	1058	1059	1060	1061	1062	1063

11	1154	1155	1156	1157	1158	1159	1160	1161	1162	1163
12	1254	1255	1256	1257	1258	1259	1260	1261	1262	1263
13	1354	1355	1356	1357	1358	1359	1360	1361	1362	1363
14	1454	1455	1456	1457	1458	1459	1460	1461	1462	1463
15	1554	1555	1556	1557	1558	1559	1560	1561	1562	1563
16	1654	1655	1656	1657	1658	1659	1660	1661	1662	1663
17	1754	1755	1756	1757	1758	1759	1760	1761	1762	1763
18	1854	1855	1856	1857	1858	1859	1860	1861	1862	1863
19	1954	1955	1956	1957	1958	1959	1960	1961	1962	1963
20	2054	2055	2056	2057	2058	2059	2060	2061	2062	2063
21	2154	2155	2156	2157	2158	2159	2160	2161	2162	2163
22	2254	2255	2256	2257	2258	2259	2260	2261	2262	2263
23	2354	2355	2356	2357	2358	2359	2360	2361	2362	2363
24	2454	2455	2456	2457	2458	2459	2460	2461	2462	2463
25	2554	2555	2556	2557	2558	2559	2560	2561	2562	2563
26	2654	2655	2656	2657	2658	2659	2660	2661	2662	2663
27	2754	2755	2756	2757	2758	2759	2760	2761	2762	2763
28	2854	2855	2856	2857	2858	2859	2860	2861	2862	2863
29	2954	2955	2956	2957	2958	2959	2960	2961	2962	2963
30	3054	3055	3056	3057	3058	3059	3060	3061	3062	3063
31	3154	3155	3156	3157	3158	3159	3160	3161	3162	3163
32	3254	3255	3256	3257	3258	3259	3260	3261	3262	3263
33	3354	3355	3356	3357	3358	3359	3360	3361	3362	3363
34	3454	3455	3456	3457	3458	3459	3460	3461	3462	3463
35	3554	3555	3556	3557	3558	3559	3560	3561	3562	3563
36	3654	3655	3656	3657	3658	3659	3660	3661	3662	3663
37	3754	3755	3756	3757	3758	3759	3760	3761	3762	3763
38	3854	3855	3856	3857	3858	3859	3860	3861	3862	3863
39	3954	3955	3956	3957	3958	3959	3960	3961	3962	3963
40	4054	4055	4056	4057	4058	4059	4060	4061	4062	4063
41	4154	4155	4156	4157	4158	4159	4160	4161	4162	4163
42	4254	4255	4256	4257	4258	4259	4260	4261	4262	4263
43	4354	4355	4356	4357	4358	4359	4360	4361	4362	4363
44	4454	4455	4456	4457	4458	4459	4460	4461	4462	4463
45	4554	4555	4556	4557	4558	4559	4560	4561	4562	4563
46	4654	4655	4656	4657	4658	4659	4660	4661	4662	4663

	1	2	3	4	5	6	7	8	9	10
47	4754	4755	4756	4757	4758	4759	4760	4761	4762	4763
48	4854	4855	4856	4857	4858	4859	4860	4861	4862	4863
49	4954	4955	4956	4957	4958	4959	4960	4961	4962	4963
50	5054	5055	5056	5057	5058	5059	5060	5061	5062	5063
51	5154	5155	5156	5157	5158	5159	5160	5161	5162	5163
52	5254	5255	5256	5257	5258	5259	5260	5261	5262	5263
53	5354	5355	5356	5357	5358	5359	5360	5361	5362	5363
54	5454	5455	5456	5457	5458	5459	5460	5461	5462	5463
55	5554	5555	5556	5557	5558	5559	5560	5561	5562	5563
56	5654	5655	5656	5657	5658	5659	5660	5661	5662	5663
57	5754	5755	5756	5757	5758	5759	5760	5761	5762	5763
58	5854	5855	5856	5857	5858	5859	5860	5861	5862	5863
59	5954	5955	5956	5957	5958	5959	5960	5961	5962	5963
60	6054	6055	6056	6057	6058	6059	6060	6061	6062	6063
61	6154	6155	6156	6157	6158	6159	6160	6161	6162	6163
62	6254	6255	6256	6257	6258	6259	6260	6261	6262	6263
63	6354	6355	6356	6357	6358	6359	6360	6361	6362	6363

Quadro - 3.14

	1	2	3	4	5	6	7	8	9	10
1	0.17	0.19	0.21	0.22	0.24	0.25	0.27	0.29	0.30	1.75
2	0.33	0.35	12.50	0.38	13.50	0.41	14.50	0.44	15.50	3.33
3	0.49	17.00	0.52	12.33	13.67	0.57	19.50	14.67	0.62	104.33
4	0.65	0.67	15.33	0.70	12.25	13.50	14.75	0.76	13.25	104.50
5	0.81	27.00	19.67	14.50	0.87	12.20	13.40	14.60	15.80	8.10
6	0.97	0.98	1.00	18.00	14.00	1.05	1.06	1.08	1.10	9.68
7	1.13	37.00	37.50	21.50	17.00	1.21	1.22	12.14	13.29	104.43
8	1.29	1.30	29.67	1.33	20.00	1.37	13.43	2.40	12.13	103.25
9	1.44	47.00	1.48	24.50	23.00	1.52	15.86	13.25	1.57	102.11
10	1.60	1.62	35.33	28.00	1.67	1.68	18.29	15.50	13.11	16.03
11	1.76	57.00	39.67	31.50	58.50	1.84	20.71	17.75	15.22	112.00
12	1.92	1.94	1.95	1.97	27.00	2.00	23.14	20.00	17.33	123.00

13	2.08	67.00	67.50	34.50	30.00	2.16	25.57	22.25	19.44	134.00
14	2.24	2.25	49.67	38.00	33.00	2.32	2.33	23.50	21.56	145.00
15	2.40	77.00	2.43	41.50	2.46	2.48	23.43	26.75	23.67	156.00
16	2.56	2.57	55.33	2.60	34.00	31.67	25.86	2.67	25.78	167.00
17	2.71	87.00	59.67	44.50	60.33	33.33	28.29	23.25	27.89	178.00
18	2.87	2.89	2.90	48.00	40.00	35.00	30.71	25.50	3.00	189.00
19	3.03	97.00	97.50	51.50	43.00	36.67	33.14	27.75	100.50	200.00
20	3.19	3.21	69.67	3.24	3.25	38.33	35.57	30.00	25.22	31.90
21	3.35	107.00	3.38	54.50	108.50	40.00	3.44	32.25	39.50	212.00
22	3.51	3.52	75.33	58.00	47.00	41.67	76.67	34.50	29.44	223.00
23	3.67	117.00	79.67	61.50	50.00	43.33	35.86	36.75	31.56	234.00
24	3.83	3.84	3.86	3.87	53.00	45.00	38.29	3.94	33.67	245.00
25	3.98	127.00	127.50	85.67	4.05	45.67	40.71	33.25	35.78	256.00
26	4.14	4.16	89.67	68.00	54.00	47.33	43.14	91.33	37.89	267.00
27	4.30	137.00	4.33	71.50	57.00	49.00	45.57	37.75	4.43	278.00
28	4.46	4.48	95.33	4.51	60.00	50.67	4.56	40.00	33.11	289.00
29	4.62	147.00	99.67	74.50	63.00	52.33	43.43	42.25	35.22	300.00
30	4.78	4.79	4.81	78.00	4.84	54.00	45.86	44.50	37.33	47.78
31	4.94	157.00	157.50	81.50	158.50	55.67	82.25	46.75	39.44	1037.67

32	5.10	5.11	109.67	5.14	110.33	57.33	50.71	5.21	41.56	323.00
33	5.25	167.00	5.29	84.50	70.00	59.00	53.14	43.25	43.67	334.00
34	5.41	5.43	115.33	88.00	73.00	60.67	55.57	45.50	45.78	345.00
35	5.57	177.00	119.67	91.50	5.63	61.33	5.67	47.75	47.89	356.00
36	5.73	5.75	5.76	5.78	74.00	63.00	53.43	50.00	5.86	367.00
37	5.89	187.00	187.50	125.67	77.00	64.67	77.40	52.25	190.50	378.00
38	6.05	6.06	129.67	98.00	80.00	66.33	58.29	54.50	45.22	389.00
39	6.21	197.00	6.24	101.50	83.00	68.00	60.71	56.75	69.50	400.00
40	6.37	6.38	135.33	6.41	6.43	69.67	63.14	6.48	49.44	63.65
41	6.52	207.00	139.67	104.50	208.50	71.33	65.57	53.25	51.56	412.00
42	6.68	6.70	6.71	108.00	87.00	73.00	6.78	55.50	53.67	528.25
43	6.84	217.00	217.50	111.50	90.00	74.67	219.50	90.60	55.78	434.00
44	7.00	7.02	149.67	7.05	93.00	76.33	65.86	60.00	57.89	445.00
45	7.16	227.00	7.19	114.50	7.22	77.00	68.29	62.25	7.29	456.00
46	7.32	7.33	155.33	118.00	94.00	78.67	70.71	64.50	53.11	467.00
47	7.48	237.00	159.67	121.50	160.33	80.33	73.14	66.75	55.22	478.00
48	7.63	7.65	7.67	7.68	100.00	82.00	75.57	7.75	57.33	489.00
49	7.79	247.00	247.50	124.50	103.00	100.20	7.89	63.25	103.80	500.00
50	7.95	7.97	169.67	128.00	8.02	85.33	73.43	171.33	61.56	79.52

51	8.11	257.00	8.14	131.50	258.50	87.00	75.86	67.75	63.67	512.00
52	8.27	8.29	175.33	8.32	107.00	88.67	78.29	70.00	65.78	523.00
53	8.43	267.00	179.67	134.50	110.00	90.33	80.71	72.25	67.89	534.00
54	8.59	8.60	8.62	138.00	113.00	110.20	83.14	76.50	8.71	545.00
55	8.75	277.00	277.50	141.50	8.81	93.67	85.57	76.75	280.50	556.00
56	8.90	8.92	189.67	8.95	114.00	95.33	9.00	9.02	65.22	567.00
57	9.06	287.00	9.10	192.33	117.00	97.00	289.50	73.25	99.50	578.00
58	9.22	9.24	195.33	148.00	120.00	98.67	85.86	75.50	69.44	589.00
59	9.38	297.00	199.67	151.25	122.60	99.83	151.25	77.13	70.89	600.00
60	9.54	9.56	9.57	9.59	9.60	102.00	90.71	80.00	73.67	95.40
61	9.70	307.00	307.50	205.67	308.50	103.67	93.14	82.25	75.78	2037.67
62	9.86	9.87	209.67	158.00	210.33	105.33	95.57	84.50	77.89	623.00
63	10.02	317.00	10.05	161.50	130.00	107.00	10.11	86.75	10.14	634.00

Quadro - 3.14 (continuação)

	11	12	13	14	15	16	17	18	19
1	1.76	1.78	1.79	1.81	1.83	1.84	1.86	1.87	1.89
2	106.50	3.37	107.50	3.40	108.50	3.43	109.50	3.46	110.50
3	105.67	4.95	157.50	106.67	5.00	106.33	107.67	5.05	160.50
4	105.75	6.54	104.25	105.50	106.75	6.60	105.25	106.50	107.75

5	256.50	104.40	105.60	106.80	8.17	104.20	174.33	106.60	107.80
6	9.70	9.71	9.73	9.75	9.76	106.67	106.83	107.00	107.17
7	105.57	106.71	107.86	11.33	103.14	104.29	105.43	106.57	107.71
8	104.38	105.50	106.63	107.75	108.88	12.95	103.13	104.25	105.38
9	103.22	104.33	105.44	106.56	107.67	108.78	109.89	14.57	460.50
10	102.10	103.20	104.30	105.40	106.50	107.60	108.70	109.80	110.90
11	17.63	102.09	103.18	104.27	105.36	106.45	107.55	108.64	109.73
12	111.09	19.24	102.08	103.17	104.25	105.33	106.42	107.50	108.58
13	121.18	110.33	20.84	102.08	103.15	104.23	105.31	106.38	107.46
14	131.27	119.67	109.69	22.44	102.07	103.14	104.21	105.29	106.36
15	141.36	129.00	118.38	109.14	24.05	102.07	103.13	104.20	105.27
16	151.45	138.33	127.08	117.29	108.67	25.65	102.06	103.13	104.19
17	161.55	147.67	135.77	125.43	116.33	108.25	27.25	102.06	103.12
18	171.64	157.00	144.46	133.57	124.00	115.50	107.88	28.86	102.06
19	181.73	166.33	153.15	141.71	131.67	122.75	114.76	107.56	30.46
20	191.82	175.67	161.85	149.86	139.33	130.00	121.65	114.11	107.26
21	201.91	185.00	170.54	158.00	147.00	137.25	128.53	120.67	113.53
22	35.10	194.33	179.23	166.14	154.67	144.50	135.41	127.22	119.79
23	211.09	203.67	187.92	174.29	162.33	151.75	142.29	133.78	126.05

24	221.18	38.29	196.62	182.43	170.00	159.00	149.18	140.33	132.32
25	231.27	210.33	849.67	190.57	177.67	166.25	156.06	146.89	138.58
26	241.36	219.67	41.48	198.71	185.33	173.50	162.94	153.44	144.84
27	251.45	229.00	209.69	206.86	193.00	180.75	169.82	160.00	151.11
28	261.55	355.50	218.38	44.67	200.67	188.00	176.71	166.56	157.37
29	271.64	247.67	227.08	209.14	208.33	195.25	183.59	173.11	163.63
30	281.73	257.00	235.77	217.29	47.86	202.50	190.47	179.67	169.89
31	291.82	266.33	244.46	225.43	208.67	209.75	197.35	186.22	176.16
32	301.91	275.67	253.15	233.57	216.33	51.05	204.24	192.78	182.42
33	52.56	285.00	261.85	241.71	555.50	208.25	211.12	200.33	188.68
34	311.09	294.33	270.54	249.86	231.67	215.50	54.24	206.89	194.95
35	1172.33	303.67	279.23	258.00	356.50	222.75	1759.50	213.44	201.21
36	331.27	57.33	287.92	266.14	247.00	230.00	214.76	57.43	207.47
37	341.36	310.33	296.62	274.29	254.67	237.25	534.00	207.56	213.74
38	351.45	319.67	305.31	282.43	262.33	244.50	228.53	956.50	60.62
39	361.55	655.00	62.11	290.57	270.00	251.75	235.41	220.67	207.26
40	371.64	338.33	309.69	298.71	277.67	259.00	242.29	227.22	213.53
41	381.73	347.67	318.38	306.86	285.33	266.25	249.18	233.78	219.79
42	391.82	357.00	327.08	66.89	293.00	273.50	256.06	357.50	226.05

43	401.91	366.33	335.77	309.14	300.67	280.75	262.94	246.89	232.32
44	70.02	375.67	344.46	1473.33	308.33	288.00	269.82	253.44	238.58
45	411.09	385.00	353.15	325.43	71.67	295.25	276.71	260.00	244.84
46	421.18	394.33	361.85	333.57	308.67	302.50	283.59	266.56	251.11
47	1573.33	403.67	370.54	341.71	316.33	309.75	290.47	273.11	257.37
48	441.36	76.38	379.23	349.86	324.00	76.44	297.35	279.67	263.63
49	451.45	410.33	387.92	358.00	331.67	1639.67	304.24	286.22	269.89
50	461.55	419.67	396.62	366.14	339.33	315.50	311.12	292.78	276.16
51	471.64	429.00	405.31	374.29	347.00	322.75	81.22	300.33	282.42
52	481.73	655.50	82.75	382.43	354.67	330.00	307.88	306.89	288.68
53	491.82	447.67	2657.50	390.57	362.33	337.25	1774.33	313.44	294.95
54	501.91	457.00	418.38	398.71	370.00	344.50	321.65	86.00	301.21
55	87.48	466.33	427.08	406.86	377.67	351.75	328.53	307.56	307.47
56	1123.20	475.67	435.77	89.11	385.33	359.00	335.41	314.11	313.74
57	521.18	485.00	444.46	409.14	393.00	366.25	342.29	320.67	90.78
58	531.27	494.33	453.15	1940.00	400.67	373.50	349.18	327.22	307.26
59	848.43	503.67	461.85	425.43	408.33	380.75	356.06	333.78	313.53
60	551.45	95.43	470.54	433.57	95.48	388.00	362.94	340.33	319.79
61	561.55	510.33	479.23	441.71	3058.50	395.25	369.82	346.89	326.05

									353.4	332.3
6 2	571.64	1244.40	487.92	782.75	416.33	402.50	376.71		4	2
6 3	581.73	529.00	496.62	458.00	1581.75	409.75	383.59	360.00	338.58

Quadro - 3.14 (continuação)

	20	21	22	23	24	25	26	27	28	29
1	1.90	1.92	1.94	1.95	1.97	1.98	2.00	2.02	2.03	2.05
2	3.49	111.50	3.52	112.50	3.56	113.50	3.59	114.50	3.62	115.50
3	108.67	5.10	108.33	109.67	5.14	163.50	110.67	5.19	110.33	111.67
4	6.67	106.25	107.50	108.75	6.73	142.67	108.50	109.75	6.79	108.25
5	8.25	261.50	106.40	107.60	108.80	8.33	106.20	107.40	108.60	109.80
6	107.33	107.50	107.67	107.83	108.00	107.17	107.33	107.50	107.67	107.83
7	108.86	11.44	241.67	105.29	106.43	107.57	108.71	109.86	11.56	105.14
8	106.50	107.63	108.75	109.88	13.08	104.13	277.33	106.38	107.50	108.63
9	104.22	156.50	106.44	107.56	108.67	109.78	110.89	14.71	104.11	105.22
10	16.19	103.10	104.20	105.30	106.40	107.50	108.60	109.70	110.80	111.90
11	110.82	111.91	17.81	103.09	104.18	105.27	106.36	107.45	108.55	109.64
12	109.67	110.75	111.83	112.92	19.43	103.08	104.17	105.25	157.50	107.42
13	108.54	109.62	110.69	111.77	112.85	453.67	21.05	103.08	104.15	105.23
14	107.43	108.50	109.57	110.64	111.71	112.79	113.86	114.93	22.67	103.07
15	106.33	107.40	108.47	109.53	110.60	111.67	112.73	113.80	114.87	115.93

16	105.25	106.31	107.38	108.44	109.50	110.56	111.63	112.69	113.75	114.81
17	104.18	105.24	106.29	107.35	108.41	109.47	110.53	111.59	112.65	113.71
18	103.11	104.17	105.22	106.28	107.33	108.39	109.44	110.50	111.56	112.61
19	102.05	103.11	104.16	105.21	106.26	107.32	108.37	109.42	110.47	111.53
20	32.06	102.05	103.10	104.15	105.20	106.25	107.30	108.35	109.40	110.45
21	107.00	33.67	102.05	103.10	104.14	105.19	106.24	107.29	108.33	109.38
22	113.00	106.76	35.27	102.05	103.09	104.14	105.18	106.23	107.27	108.32
23	119.00	112.52	106.55	36.87	102.04	103.09	104.13	105.17	106.22	107.26
24	125.00	118.29	112.09	106.35	38.48	102.04	103.08	104.13	105.17	106.21
25	131.00	124.05	117.64	111.70	106.17	40.08	102.04	103.08	104.12	105.16
26	137.00	129.81	123.18	117.04	111.33	106.00	41.68	102.04	103.08	104.12
27	143.00	135.57	128.73	122.39	116.50	111.00	105.85	43.29	102.04	103.07
28	149.00	141.33	134.27	127.74	121.67	116.00	110.69	105.70	44.89	102.04
29	155.00	147.10	139.82	133.09	126.83	121.00	115.54	110.41	105.57	46.49
30	161.00	152.86	145.36	138.43	132.00	126.00	120.38	115.11	110.14	105.45
31	167.00	158.62	150.91	143.78	137.17	131.00	125.23	119.81	114.71	109.90
32	173.00	164.38	156.45	149.13	142.33	136.00	130.08	124.52	119.29	114.34
33	179.00	170.14	162.00	154.48	147.50	141.00	134.92	129.22	123.86	118.79
34	185.00	175.90	167.55	159.83	152.67	146.00	139.77	133.93	128.43	123.24

35	191.00	181.67	173.09	165.17	157.83	151.00	144.62	138.63	133.00	127.69
36	197.00	187.43	178.64	170.52	163.00	156.00	149.46	143.33	137.57	132.14
37	203.00	193.19	184.18	175.87	168.17	161.00	154.31	148.04	142.14	136.59
38	209.00	198.95	189.73	181.22	173.33	166.00	159.15	152.74	146.71	141.03
39	215.00	204.71	195.27	186.57	178.50	171.00	164.00	157.44	151.29	145.48
40	63.81	210.48	200.82	191.91	183.67	176.00	168.85	162.15	155.86	149.93
41	207.00	206.24	206.36	197.26	188.83	181.00	173.69	166.85	160.43	154.38
42	213.00	67.00	211.91	202.61	194.00	186.00	178.54	171.56	165.00	158.83
43	219.00	206.76	217.45	207.96	199.17	191.00	183.38	176.26	169.57	163.28
44	1477.33	212.52	70.19	213.30	204.33	196.00	188.23	180.96	174.14	167.72
45	231.00	218.29	206.55	218.65	209.50	201.00	193.08	185.67	178.71	172.17
46	237.00	224.05	212.09	73.38	214.67	206.00	197.92	190.37	183.29	176.62
47	243.00	229.81	217.64	206.35	219.83	211.00	202.77	195.07	187.86	181.07
48	249.00	235.57	223.18	211.70	76.57	216.00	207.62	199.78	192.43	185.52
49	255.00	358.50	228.73	217.04	206.17	221.00	212.46	204.48	197.00	189.97
50	261.00	247.10	234.27	222.39	211.33	79.76	217.31	209.19	201.57	194.41
51	267.00	252.86	239.82	227.74	216.50	2563.50	222.15	213.89	206.14	198.86
52	273.00	258.62	245.36	233.09	221.67	211.00	82.95	218.59	210.71	203.31
53	279.00	264.38	250.91	238.43	226.83	216.00	205.85	223.30	215.29	207.76

5 4	285.00	270.14	256.45	243.78	232.00	221.00	210.69	86.14	219.86	212.21
5 5	291.00	275.90	262.00	249.13	237.17	557.50	215.54	205.70	224.43	216.66
5 6	297.00	281.67	267.55	254.48	359.50	231.00	220.38	210.41	89.33	221.10
5 7	303.00	287.43	273.09	259.83	247.50	236.00	225.23	957.50	1910.33	225.55
5 8	309.00	293.19	278.64	265.17	252.67	241.00	230.08	219.81	210.14	92.52
5 9	315.00	298.95	284.18	270.52	257.83	246.00	234.92	224.52	214.71	2965.50
6 0	95.56	304.71	289.73	275.87	263.00	251.00	239.77	229.22	219.29	209.90
6 1	307.00	310.48	295.27	281.22	268.17	256.00	244.62	233.93	223.86	214.34
6 2	1038.67	306.24	300.82	286.57	273.33	261.00	249.46	238.63	228.43	218.79
6 3	319.00	100.33	306.36	291.91	278.50	266.00	254.31	360.50	233.00	532.42

Quadro - 3.14 (continuação)

	30	31	32	33	34	35	36	37	38	39
1	2.06	2.08	2.10	2.11	2.13	2.14	2.16	2.17	2.19	2.21
2	3.65	116.50	3.68	117.50	3.71	118.50	3.75	119.50	3.78	120.50
3	5.24	166.50	112.67	5.29	112.33	113.67	5.33	169.50	114.67	5.38
4	109.50	110.75	6.86	109.25	110.50	111.75	6.92	146.67	111.50	112.75
5	8.41	266.50	179.33	109.60	110.80	8.49	108.20	109.40	110.60	111.80
6	108.00	108.17	108.33	108.50	108.67	107.83	108.00	108.17	108.33	108.50
7	106.29	185.75	108.57	109.71	110.86	11.67	106.14	149.40	108.43	109.57

8	109.75	110.88	13.21	105.13	106.25	107.38	108.50	109.63	110.75	111.88
9	106.33	107.44	108.56	109.67	110.78	111.89	14.86	469.50	106:22	159.50
10	16.35	344.67	105.20	106.30	107.40	108.50	109.60	110.70	111.80	112.90
11	110.73	111.82	112.91	17.98	104.09	380.33	106.27	107.36	108.45	109.55
12	108.50	109.58	110.67	111.75	112.83	113.92	19.62	104.08	105.17	209.50
13	106.31	107.38	108.46	109.54	110.62	111.69	112.77	113.85	114.92	21.25
14	104.14	105.21	106.29	107.36	108.43	109.50	110.57	111.64	112.71	113.79
15	24.29	103.07	104.13	258.50	106.27	158.50	108.40	109.47	110.53	111.60
16	115.88	116.94	25.90	103.06	104.13	105.19	106.25	107.31	108.38	109.44
17	114.76	115.82	116.88	117.94	27.52	868.50	104.12	251.14	106.24	107.29
18	113.67	114.72	115.78	117.83	118.89	119.94	29.14	103.06	461.50	105.17
19	112.58	113.63	114.68	115.74	116.79	117.84	118.89	119.95	30.76	103.05
20	111.50	112.55	113.60	114.65	115.70	116.75	117.80	118.85	119.90	120.95
21	110.43	111.48	112.52	113.57	114.62	115.67	116.71	117.76	118.81	119.86
22	109.36	110.41	111.45	112.50	113.55	114.59	115.64	116.68	117.73	118.77
23	108.30	109.35	110.39	111.43	112.48	113.52	114.57	115.61	116.65	117.70
24	107.25	108.29	109.33	110.38	111.42	112.46	113.50	114.54	115.58	116.63
25	106.20	107.24	108.28	109.32	110.36	111.40	112.44	113.48	114.52	115.56
26	105.15	106.19	107.23	108.27	109.31	110.35	111.38	112.42	113.46	114.50

27	104.11	105.15	106.19	107.22	108.26	109.30	110.33	111.37	112.41	113.44
28	103.07	104.11	105.14	106.18	107.21	108.25	109.29	110.32	111.36	112.39
29	102.03	103.07	104.10	105.14	106.17	107.21	108.24	109.28	110.31	111.34
30	48.10	102.03	103.07	104.10	105.13	106.17	107.20	108.23	109.27	110.30
31	105.33	49.70	102.03	103.06	104.10	105.13	106.16	107.19	108.23	109.26
32	109.67	105.23	51.30	102.03	103.06	104.09	105.13	106.16	107.19	108.22
33	114.00	109.45	105.13	52.90	102.03	103.06	104.09	105.12	106.15	107.18
34	118.33	113.68	109.25	105.03	54.51	102.03	103.06	104.09	105.12	106.15
35	122.67	117.90	113.38	109.06	104.94	56.11	102.03	103.06	104.09	105.11
36	127.00	122.13	117.50	113.09	108.88	104.86	57.71	102.03	103.06	104.08
37	131.33	126.35	121.63	117.12	112.82	108.71	104.78	59.32	102.03	103.05
38	135.67	130.58	125.75	121.15	116.76	112.57	108.56	104.70	60.92	102.03
39	140.00	134.81	129.88	125.18	120.71	116.43	112.33	108.41	104.63	62.52
40	144.33	139.03	134.00	129.21	124.65	120.29	116.11	112.11	108.26	104.56
41	148.67	143.26	138.13	133.24	128.59	124.14	119.89	115.81	111.89	108.13
42	153.00	147.48	142.25	137.27	132.53	128.00	123.67	119.51	115.53	111.69
43	157.33	151.71	146.38	141.30	136.47	131.86	127.44	123.22	119.16	115.26
44	161.67	155.94	150.50	145.33	140.41	135.71	131.22	126.92	122.79	118.82
45	166.00	160.16	154.63	149.36	144.35	139.57	135.00	130.62	126.42	122.38

46	170.33	164.39	158.75	153.39	148.29	143.43	138.78	134.32	130.05	125.95
47	174.67	168.61	162.88	157.42	152.24	147.29	142.56	138.03	133.68	129.51
48	179.00	172.84	167.00	161.45	156.18	151.14	146.33	141.73	137.32	133.08
49	183.33	177.06	171.13	165.48	160.12	155.00	150.11	145.43	140.95	136.64
50	187.67	181.29	175.25	169.52	164.06	158.86	153.89	149.14	144.58	140.21
51	192.00	185.52	179.38	173.55	168.00	162.71	157.67	152.84	148.21	143.77
52	196.33	189.74	183.50	177.58	171.94	166.57	161.44	156.54	151.84	147.33
53	200.67	193.97	187.63	181.61	175.88	170.43	165.22	160.24	155.47	150.90
54	205.00	198.19	191.75	185.64	179.82	174.29	169.00	163.95	159.11	154.46
55	209.33	202.42	195.88	189.67	183.76	178.14	172.78	167.65	162.74	158.03
56	213.67	206.65	200.00	193.70	187.71	182.00	176.56	171.35	166.37	161.59
57	218.00	210.87	204.13	197.73	191.65	185.86	180.33	175.05	170.00	165.15
58	222.33	215.10	208.25	201.76	195.59	189.71	184.11	178.76	173.63	168.72
59	226.67	219.32	212.38	205.79	199.53	193.57	187.89	182.46	177.26	172.28
60	95.71	223.55	216.50	209.82	203.47	197.43	191.67	186.16	180.89	175.85
61	205.33	227.77	220.63	213.85	207.41	201.29	195.44	189.86	184.53	179.41
62	1559.50	98.90	224.75	217.88	211.35	205.14	199.22	193.57	188.16	182.97
63	214.00	2111.33	228.88	221.91	215.29	209.00	203.00	197.27	191.79	186.54

Quadro - 3.14 (continuação)

	40	41	42	43	44	45	46	47	48	49	50
1	2.22	2.24	2.25	2.27	2.29	2.30	2.32	2.33	2.35	2.37	2.38
2	3.81	121.50	3.84	122.50	3.87	123.50	3.90	124.50	3.94	125.50	3.97
3	114.33	115.67	5.43	172.50	116.67	5.48	116.33	117.67	5.52	175.50	118.67
4	6.98	111.25	112.50	113.75	7.05	112.25	113.50	114.75	7.11	113.25	114.50
5	8.57	271.50	110.40	111.60	112.80	8.65	110.20	184.33	112.60	113.80	8.73
6	108.67	108.83	109.00	109.17	109.33	108.50	108.67	108.83	109.00	130.80	109.33
7	110.71	111.86	11.78	372.50	108.29	109.43	110.57	111.71	112.86	11.89	108.14
8	13.33	106.13	107.25	171.60	109.50	110.63	111.75	112.88	13.46	107.13	285.33
9	108.44	109.56	110.67	111.78	112.89	15.00	106.11	107.22	108.33	193.80	110.56
10	16.51	105.10	132.25	107.30	108.40	109.50	110.60	111.70	112.80	113.90	16.67
11	110.64	111.73	112.82	113.91	18.16	105.09	106.18	385.33	108.36	109.45	110.55
12	107.33	108.42	109.50	110.58	111.67	112.75	113.83	114.92	19.81	105.08	106.17
13	104.08	105.15	106.23	107.31	108.38	109.46	110.54	111.62	112.69	113.77	114.85
14	114.86	115.93	22.89	104.07	483.33	106.21	107.29	108.36	109.43	110.50	111.57
15	112.67	113.73	114.80	115.87	116.93	24.52	104.07	105.13	106.20	107.27	108.33
16	110.50	111.56	112.63	113.69	114.75	115.81	116.88	117.94	26.16	550.67	105.13
17	108.35	109.41	110.47	111.53	112.59	113.65	114.71	115.76	116.82	117.88	118.94
18	106.22	107.28	159.50	109.39	110.44	111.50	112.56	113.61	114.67	115.72	116.78
19	104.11	105.16	106.21	107.26	108.32	109.37	110.42	111.47	112.53	113.58	114.63
20	32.38	103.05	104.10	105.15	685.33	107.25	108.30	109.35	110.40	111.45	112.50
21	120.90	111.95	34.00	103.05	104.10	105.14	106.19	107.24	108.29	160.50	110.38

22	119.82	120.86	121.91	122.95	35.62	103.05	104.09	105.14	106.18	107.23	108.27
23	118.74	119.78	120.83	121.87	122.91	123.96	37.24	103.04	104.09	105.13	106.17
24	117.67	118.71	119.75	120.79	121.83	122.88	123.92	124.96	38.86	103.04	104.08
25	116.60	117.64	118.68	119.72	120.76	121.80	122.84	123.88	124.92	125.96	40.48
26	115.54	116.58	117.62	118.65	119.69	120.73	121.77	122.81	123.85	124.88	125.92
27	114.48	115.52	116.56	117.59	118.63	119.67	120.70	121.74	122.78	123.81	124.85
28	113.43	114.46	115.50	116.54	117.57	118.61	119.64	120.68	121.71	122.75	123.79
29	112.38	113.41	114.45	115.48	116.52	117.55	118.59	119.62	120.66	121.69	122.72
30	111.33	112.37	113.40	114.43	115.47	116.50	117.53	118.57	119.60	120.63	121.67
31	110.29	111.32	112.35	113.39	114.42	115.45	116.48	117.52	118.55	119.58	120.61
32	109.25	110.28	111.31	112.34	113.38	114.41	115.44	116.47	117.50	118.53	119.56
33	108.21	109.24	110.27	111.30	112.33	113.36	114.39	115.42	116.45	117.48	118.52
34	107.18	108.21	109.24	110.26	111.29	112.32	113.35	114.38	115.41	116.44	117.47
35	106.14	107.17	108.20	109.23	110.26	111.29	112.31	113.34	114.37	115.40	116.43
36	105.11	106.14	107.17	108.19	109.22	110.25	111.28	112.31	113.33	114.36	115.39
37	104.08	105.11	106.14	107.16	108.19	109.22	110.24	111.27	112.30	113.32	114.35
38	103.05	104.08	105.11	106.13	107.16	108.18	109.21	110.24	111.26	112.29	113.32
39	102.03	103.05	104.08	105.10	106.13	107.15	108.18	109.21	110.23	111.26	112.28
40	64.13	102.03	103.05	104.08	105.10	106.13	107.15	108.18	109.20	110.23	111.25
41	104.50	65.73	101.02	101.05	101.07	101.10	101.12	101.15	101.17	101.20	101.22
42	108.00	103.44	67.33	103.49	103.51	103.54	103.56	103.59	103.61	103.63	103.66

43	111.50	105.88	105.90	68.94	105.95	105.98	106.00	106.02	106.05	106.07	106.10
44	115.00	108.32	108.34	108.37	70.54	108.41	108.44	108.46	108.49	108.51	108.54
45	118.50	110.76	110.78	110.80	110.83	72.14	110.88	110.90	110.93	110.95	110.98
46	122.00	113.20	113.22	113.24	113.27	113.29	73.75	113.34	113.37	113.39	113.41
47	125.50	115.63	115.66	115.68	115.71	115.73	115.76	75.35	115.80	115.83	115.85
48	129.00	118.07	118.10	118.12	118.15	118.17	118.20	118.22	76.95	118.27	118.29
49	132.50	120.51	120.54	120.56	120.59	120.61	120.63	120.66	120.68	78.56	120.73
50	136.00	122.95	122.98	123.00	123.02	123.05	123.07	123.10	123.12	123.15	80.16
51	139.50	125.39	125.41	125.44	125.46	125.49	125.51	125.54	125.56	125.59	125.61
52	143.00	127.83	127.85	127.88	127.90	127.93	127.95	127.98	128.00	128.02	128.05
53	146.50	97.11	97.13	97.15	97.16	97.18	97.20	97.22	97.24	130.46	130.49
54	150.00	98.93	98.95	98.96	98.98	99.00	99.02	99.04	99.05	99.07	99.09
55	153.50	100.75	100.76	100.78	100.80	100.82	100.84	100.85	100.87	100.89	100.91
56	157.00	102.56	102.58	102.60	102.62	102.64	102.65	102.67	102.69	102.71	102.73
57	160.50	104.38	104.40	104.42	104.44	104.45	104.47	104.49	104.51	104.53	104.55
58	164.00	106.20	106.22	106.24	106.25	106.27	106.29	106.31	106.33	106.35	106.36
59	167.50	108.02	108.04	108.05	108.07	108.09	108.11	108.13	108.15	108.16	108.18
60	171.00	109.84	109.85	109.87	109.89	109.91	109.93	109.95	109.96	109.98	110.00
61	174.50	111.65	111.67	111.69	111.71	111.73	111.75	111.76	111.78	111.80	111.82
62	178.00	113.47	113.49	113.51	113.53	113.55	113.56	113.58	113.60	113.62	113.64
63	181.50	115.29	115.31	115.33	115.35	115.36	115.38	115.40	115.42	115.44	115.45

Quadro - 3.14 (continuação)

	51	52	53	54	55	56	57	58
1	2.40	2.41	2.43	2.44	2.46	2.48	2.49	2.51
2	126.50	4.00	127.50	4.03	128.50	4.06	129.50	4.10
3	5.57	118.33	119.67	5.62	178.50	120.67	5.67	120.33
4	115.75	7.17	114.25	115.50	116.75	7.24	153.33	116.50
5	276.50	112.40	113.60	114.80	8.81	112.20	113.40	114.60
6	109.50	109.67	109.83	131.80	110.17	110.33	110.50	110.67
7	109.29	110.43	111.57	112.71	113.86	12.00	379.50	110.29
8	109.38	110.50	111.63	113.75	113.88	13.59	108.13	109.25
9	111.67	112.78	113.89	15.14	478.50	108.22	162.50	110.44
10	106.10	107.20	108.30	109.40	110.50	111.60	112.70	113.80
11	111.64	112.73	113.82	114.91	18.33	232.20	107.18	108.27
12	107.25	160.50	109.42	110.50	111.58	112.67	113.75	114.83
13	115.92	21.46	677.50	106.15	107.23	108.31	109.38	110.46
14	112.64	113.71	114.79	115.86	116.93	23.11	105.07	488.00
15	109.40	110.47	111.53	112.60	113.67	114.73	115.80	116.87
16	106.19	107.25	108.31	109.38	110.44	111.50	112.56	113.63
17	27.79	104.06	586.33	106.18	107.24	108.29	109.35	110.41
18	118.83	119.89	120.94	29.43	104.06	105.11	106.17	107.22
19	115.68	116.74	117.79	118.84	119.89	120.95	31.06	104.05
20	113.55	114.60	115.65	116.70	117.75	118.80	119.85	120.90
21	111.43	112.48	113.52	114.57	115.62	116.67	117.71	118.76
22	109.32	110.36	111.41	112.45	113.50	114.55	115.59	116.64
23	107.22	108.26	109.30	110.35	111.39	112.43	113.48	114.52
24	105.13	106.17	107.21	108.25	109.29	161.50	111.38	112.42
25	1276.50	104.08	105.12	106.16	260.50	108.24	109.28	110.32
26	126.96	42.10	103.04	104.08	105.12	106.15	107.19	108.23
27	125.89	126.93	127.96	43.71	103.04	104.07	462.50	106.15
28	124.82	125.86	126.89	127.93	128.96	45.33	953.33	104.07
29	123.76	124.79	125.83	126.86	127.90	128.93	129.97	46.95
30	122.70	123.73	124.77	125.80	126.83	127.87	128.90	129.93
31	121.65	122.68	123.71	124.74	125.77	126.81	127.84	128.87
32	120.59	121.63	122.66	123.69	124.72	125.75	126.78	127.81

33	119.55	120.58	121.61	122.64	123.67	124.70	125.73	126.76
34	118.50	119.53	120.56	121.59	122.62	123.65	124.68	125.71
35	117.46	118.49	119.51	120.54	121.57	122.60	123.63	124.66
36	116.42	117.44	118.47	119.50	120.53	121.56	122.58	123.61
37	115.38	116.41	117.43	118.46	119.49	120.51	121.54	122.57
38	114.34	115.37	116.39	117.42	118.45	119.47	120.50	121.53
39	113.31	114.33	115.36	116.38	117.41	118.44	119.46	120.49
40	112.28	113.30	114.33	115.35	116.38	117.40	118.43	119.45
41	101.24	101.27	75.51	75.53	75.55	75.56	75.58	75.60
42	103.68	103.71	77.33	77.35	77.36	77.38	77.40	77.42
43	106.12	106.15	79.15	79.16	79.18	79.20	79.22	79.24
44	108.56	108.59	80.96	80.98	81.00	81.02	81.04	81.05
45	111.00	111.02	82.78	82.80	82.82	82.84	82.85	82.87
46	113.44	113.46	84.60	84.62	84.64	84.65	84.67	84.69
47	115.88	115.90	86.42	86.44	86.45	86.47	86.49	86.51
48	118.32	118.34	88.24	88.25	88.27	88.29	88.31	88.33
49	120.76	120.78	120.80	90.07	90.09	90.11	90.13	90.15
50	123.20	123.22	123.24	91.89	91.91	91.93	91.95	91.96
51	81.76	125.66	125.68	93.71	93.73	93.75	93.76	93.78
52	128.07	83.37	128.12	95.53	95.55	95.56	95.58	95.60
53	130.51	130.54	84.97	101.02	101.04	101.06	101.08	101.09
54	99.11	99.13	102.89	86.57	102.92	102.94	102.96	102.98
55	100.93	100.95	104.77	104.79	88.17	104.83	104.85	104.87
56	102.75	102.76	106.66	106.68	106.70	89.78	106.74	106.75
57	104.56	104.58	108.55	108.57	108.58	108.60	91.38	108.64
58	106.38	106.40	110.43	110.45	110.47	110.49	110.51	92.98
59	108.20	108.22	112.32	112.34	112.36	112.38	112.40	112.42
60	110.02	110.04	114.21	114.23	114.25	114.26	114.28	114.30
61	111.84	111.85	116.09	116.11	116.13	116.15	116.17	116.19
62	113.65	113.67	117.98	118.00	118.02	118.04	118.06	118.08
63	115.47	115.49	119.87	119.89	119.91	119.92	119.94	119.96

Quadro - 3.14 (continuação)

	59	60	61	62	63
1	2.52	2.54	2.56	2.57	2.59

2	130.50	4.13	131.50	4.16	131.50
3	121.67	5.71	181.50	122.67	5.76
4	117.75	7.30	154.67	117.50	118.75
5	115.80	8.89	281.50	189.33	115.60
6	110.83	111.00	111.17	111.33	113.50
7	192.75	112.57	113.71	114.86	12.11
8	110.38	111.50	112.63	113.75	114.88
9	111.56	112.67	113.78	114.89	15.29
10	114.90	16.83	354.67	108.20	109.30
11	169.57	110.45	111.55	112.64	113.73
12	115.92	20.00	106.08	254.40	108.25
13	111.54	112.62	113.69	114.77	115.85
14	107.21	108.29	109.36	188.75	111.50
15	117.93	24.76	781.50	106.13	393.75
16	114.69	115.75	116.81	117.88	118.94
17	111.47	112.53	113.59	114.65	115.71
18	108.28	109.33	110.39	111.44	112.50
19	105.11	106.16	107.21	108.26	109.32
20	121.95	32.70	104.05	345.67	106.15
21	119.81	120.86	121.90	112.95	34.33
22	117.68	118.73	119.77	120.82	121.86
23	115.57	116.61	117.65	118.70	119.74
24	113.46	114.50	115.54	116.58	117.63
25	111.36	112.40	113.44	114.48	115.52
26	109.27	110.31	111.35	112.38	113.42
27	107.19	108.22	109.26	110.30	162.50
28	105.11	106.14	107.18	108.21	109.25
29	1480.50	104.07	105.10	106.14	251.92
30	130.97	48.57	103.03	767.50	105.10
31	129.90	130.94	131.97	50.19	1055.33
32	128.84	129.88	130.91	131.94	132.97
33	127.79	128.82	129.85	130.88	131.91
34	126.74	127.76	128.79	129.82	130.85
35	125.69	126.71	127.74	128.77	129.80
36	124.64	125.67	126.69	127.72	128.75
37	123.59	124.62	125.65	126.68	127.70

38	122.55	123.58	124.61	125.63	126.66
39	121.51	122.54	123.56	124.59	125.62
40	120.48	121.50	122.53	123.55	124.58
41	75.62	75.64	75.65	75.67	75.69
42	77.44	77.45	77.47	77.49	77.51
43	79.25	79.27	79.29	79.31	79.33
44	81.07	81.09	81.11	81.13	81.15
45	82.89	82.91	82.93	82.95	82.96
46	84.71	84.73	84.75	84.76	84.78
47	86.53	86.55	86.56	86.58	86.60
48	88.35	88.36	88.38	88.40	88.42
49	90.16	90.18	90.20	90.22	90.24
50	91.98	92.00	92.02	92.04	92.05
51	93.80	93.82	93.84	93.85	93.87
52	95.62	95.64	95.65	95.67	95.69
53	101.11	101.13	101.15	101.17	101.19
54	103.00	103.02	103.04	103.06	103.08
55	104.89	104.91	104.92	104.94	104.96
56	106.77	106.79	106.81	106.83	106.85
57	108.66	108.68	108.70	108.72	108.74
58	110.55	110.57	110.58	110.60	110.62
59	94.59	112.45	112.47	112.49	112.51
60	114.32	96.19	114.36	114.38	114.40
61	116.21	116.23	97.79	116.26	116.28
62	118.09	118.11	118.13	99.40	118.17
63	119.98	120.00	120.02	120.04	101.00

O decimal 0 que aparece no códão da Tabela - 3.2 não está incluído em nenhuma relação parcialmente ordenada e as entradas continuam a não estar incluídas na tabela. Para completar as Tabelas - 3.13 e 3.14, continuamos a dividir as entradas à esquerda { (0, 1), (0, 2), ..., (0, 63) } da Tabela - 3. 15 por 63 para determinar a Tabela - 3.16. As suas entradas estão destacadas a azul escuro. Não utilizámos nenhuma relação parcialmente ordenada. Se necessário, pode ser utilizada mais uma relação parcialmente ordenada para completar a tabela.

Quadro - 3.15

	0	1	2	3	4	5	6	7	8	9	10	11	12	13
0	0	1	2	3	4	5	6	7	8	9	10	11	12	13
1	10	11	12	13	14	15	16	17	18	19	110	111	112	113
2	20	21	22	23	24	25	26	27	28	29	210	211	212	213
3	30	31	32	33	34	35	36	37	38	39	310	311	312	313
4	40	41	42	43	44	45	46	47	48	49	410	411	412	413
5	50	51	52	53	54	55	56	57	58	59	510	511	512	513
6	60	61	62	63	64	65	66	67	68	69	610	611	612	613
7	70	71	72	73	74	75	76	77	78	79	710	711	712	713
8	80	81	82	83	84	85	86	87	88	89	810	811	812	813
9	90	91	92	93	94	95	96	97	98	99	910	911	912	913
10	100	101	102	103	104	105	106	107	108	109	1010	1011	1012	1013
11	110	111	112	113	114	115	116	117	118	119	1110	1111	1112	1113
12	120	121	122	123	124	125	126	127	128	129	1210	1211	1212	1213
13	130	131	132	133	134	135	136	137	138	139	1310	1311	1312	1313
14	140	141	142	143	144	145	146	147	140	149	1410	1411	1412	1413
15	150	151	152	153	154	155	156	157	158	159	1510	1511	1512	1513
16	160	161	162	163	164	165	166	167	168	169	1610	1611	1612	1613
17	170	171	172	173	174	175	176	177	178	179	1710	1711	1712	1713
18	180	181	182	183	184	185	186	187	188	189	1810	1811	1812	1813
19	190	191	192	193	194	195	196	197	198	199	1910	1911	1912	1913

20	200	201	202	203	204	205	206	207	208	209	2010	2011	2012	2013
21	210	211	212	213	214	215	216	217	218	219	2110	2111	2112	2113
22	220	221	222	223	224	225	226	227	228	229	2210	2211	2212	2213
23	230	231	232	233	234	235	236	237	238	239	2310	2311	2312	2313
24	240	241	242	243	244	245	246	247	248	249	2410	2411	2412	2413
25	250	251	252	253	254	255	256	257	258	259	2510	2511	2512	2513
26	260	261	262	263	264	265	266	267	268	269	2610	2611	2612	2613
27	270	271	272	273	274	275	276	277	278	279	2710	2711	2712	2713
28	280	281	282	283	284	285	286	287	288	289	2810	2811	2812	2813
29	290	291	292	293	294	295	296	297	298	299	2910	2911	2912	2913
30	300	301	302	303	304	305	306	307	308	309	3010	3011	3012	3013
31	310	311	312	313	314	315	316	317	318	319	3110	3111	3112	3113
32	320	321	322	323	324	325	326	327	328	329	3210	3211	3212	3213
33	330	331	332	333	334	335	336	337	338	339	3310	3311	3312	3313
34	340	341	342	343	344	345	346	347	348	349	3410	3411	3412	3413
35	350	351	352	353	354	355	356	357	358	359	3510	3511	3512	3513
36	360	361	362	363	364	365	366	367	368	369	3610	3611	3612	3613
37	370	371	372	373	374	375	376	377	378	379	3710	3711	3712	3713
38	380	381	382	383	384	385	386	387	388	389	3810	3811	3812	3813

	0	1	2	3	4	5	6	7	8	9	10	11	12	13
39	390	391	392	393	394	395	396	397	398	399	3910	3911	3912	3913
40	400	401	402	403	404	405	406	407	408	409	4010	4011	4012	4013
41	410	411	412	413	414	415	416	417	418	419	4110	4111	4112	4113
42	420	421	422	423	424	425	426	427	428	429	4210	4211	4212	4213
43	430	431	432	433	434	435	436	437	438	439	4310	4311	4312	4313
44	440	441	442	443	444	445	446	447	448	449	4410	4411	4412	4413
45	450	451	452	453	454	455	456	457	458	459	4510	4511	4512	4513
46	460	461	462	463	464	465	466	467	468	469	4610	4611	4612	4613
47	470	471	472	473	474	475	476	477	478	479	4710	4711	4712	4713
48	480	481	482	483	484	485	486	487	488	489	4810	4811	4812	4813
49	490	491	492	493	494	495	496	497	498	499	4910	4911	4912	4913
50	500	501	502	503	504	505	506	507	508	509	5010	5011	5012	5013
51	510	511	512	513	514	515	516	517	518	519	5110	5111	5112	5113
52	520	521	522	523	524	525	526	527	528	529	5210	5211	5212	5213
53	530	531	532	533	534	535	536	537	538	539	5310	5311	5312	5313
54	540	541	542	543	544	545	546	547	548	549	5410	5411	5412	5413
55	550	551	552	553	554	555	556	557	558	559	5510	5511	5512	5513
56	560	561	562	563	564	565	566	567	568	569	5610	5611	5612	5613
57	570	571	572	573	574	575	576	577	578	579	5710	5711	5712	5713

5 8	580	581	582	583	584	585	586	587	588	589	5810	5811	5812	5813
5 9	590	591	592	593	593	593	593	593	593	593	5910	5911	5912	5913
6 0	600	601	602	603	604	605	606	607	608	609	6010	6011	6012	6013
6 1	610	611	612	613	614	615	616	617	618	619	6110	6111	6112	6113
6 2	620	621	622	623	624	625	626	627	628	629	6210	6211	6212	6213
6 3	630	631	632	633	634	635	636	637	638	639	6310	6311	6312	6313

Quadro - 3.15 (continuação)

	14	15	16	17	18	19	20	21	22	23	24	25	26
0	14	15	16	17	18	19	20	21	22	23	24	25	26
1	114	115	116	117	118	119	120	121	122	123	124	125	126
2	214	215	216	217	218	219	220	221	222	223	224	225	226
3	314	315	316	317	318	319	320	321	322	323	324	325	326
4	414	415	416	417	418	419	420	421	422	423	424	425	426
5	514	515	516	517	518	519	520	521	522	523	524	525	526
6	614	615	616	617	618	619	620	621	622	623	624	625	626
7	714	715	716	717	718	719	720	721	722	723	724	725	726
8	814	815	816	817	818	819	820	821	822	823	824	825	826
9	914	915	916	917	918	919	920	921	922	923	924	925	926
1 0	1014	1015	1016	1017	1018	1019	1020	1021	1022	1023	1024	1025	1026
1 1	1114	1115	1116	1117	1118	1119	1120	1121	1122	1123	1124	1125	1126
1 2	1214	1215	1216	1217	1218	1219	1220	1221	1222	1223	1224	1225	1226
1 3	1314	1315	1316	1317	1318	1319	1320	1321	1322	1323	1324	1325	1326
1 4	1414	1415	1416	1417	1418	1419	1420	1421	1422	1423	1424	1425	1426
1 5	1514	1515	1516	1517	1518	1519	1520	1521	1522	1523	1524	1525	1526

16	1614	1615	1616	1617	1618	1619	1620	1621	1622	1623	1624	1625	1626
17	1714	1715	1716	1717	1718	1719	1720	1721	1722	1723	1724	1725	1726
18	1814	1815	1816	1817	1818	1819	1820	1821	1822	1823	1824	1825	1826
19	1914	1915	1916	1917	1918	1919	1920	1921	1922	1923	1924	1925	1926
20	2014	2015	2016	2017	2018	2019	2020	2021	2022	2023	2024	2025	2026
21	2114	2115	2116	2117	2118	2119	2120	2121	2122	2123	2124	2125	2126
22	2214	2215	2216	2217	2218	2219	2220	2221	2222	2223	2224	2225	2226
23	2314	2315	2316	2317	2318	2319	2320	2321	2322	2323	2324	2325	2326
24	2414	2415	2416	2417	2418	2419	2420	2421	2422	2423	2424	2425	2426
25	2514	2515	2516	2517	2518	2519	2520	2521	2522	2523	2524	2525	2526
26	2614	2615	2616	2617	2618	2619	2620	2621	2622	2623	2624	2625	2626
27	2714	2715	2716	2717	2718	2719	2720	2721	2722	2723	2724	2725	2726
28	2814	2815	2816	2817	2818	2819	2820	2821	2822	2823	2824	2825	2826
29	2914	2915	2916	2917	2918	2919	2920	2921	2922	2923	2924	2925	2926
30	3014	3015	3016	3017	3018	3019	3020	3021	3022	3023	3024	3025	3026
31	3114	3115	3116	3117	3118	3119	3120	3121	3122	3123	3124	3125	3126
32	3214	3215	3216	3217	3218	3219	3220	3221	3222	3223	3224	3225	3226
33	3314	3315	3316	3317	3318	3319	3320	3321	3322	3323	3324	3325	3326
34	3414	3415	3416	3417	3418	3419	3420	3421	3422	3423	3424	3425	3426

35	3514	3515	3516	3517	3518	3519	3520	3521	3522	3523	3524	3525	3526
36	3614	3615	3616	3617	3618	3619	3620	3621	3622	3623	3624	3625	3626
37	3714	3715	3716	3717	3718	3719	3720	3721	3722	3723	3724	3725	3726
38	3814	3815	3816	3817	3818	3819	3820	3821	3822	3823	3824	3825	3826
39	3914	3915	3916	3917	3918	3919	3920	3921	3922	3923	3924	3925	3926
40	4014	4015	4016	4017	4018	4019	4020	4021	4022	4023	4024	4025	4026
41	4114	4115	4116	4117	4118	4119	4120	4121	4122	4123	4124	4125	4126
42	4214	4215	4216	4217	4218	4219	4220	4221	4222	4223	4224	4225	4226
43	4314	4315	4316	4317	4318	4319	4320	4321	4322	4323	4324	4325	4326
44	4414	4415	4416	4417	4418	4419	4420	4421	4422	4423	4424	4425	4426
45	4514	4515	4516	4517	4518	4519	4520	4521	4522	4523	4524	4525	4526
46	4614	4615	4616	4617	4618	4619	4620	4621	4622	4623	4624	4625	4626
47	4714	4715	4716	4717	4718	4719	4720	4721	4722	4723	4724	4725	4726
48	4814	4815	4816	4817	4818	4819	4820	4821	4822	4823	4824	4825	4826
49	4914	4915	4916	4917	4918	4919	4920	4921	4922	4923	4924	4925	4926
50	5014	5015	5016	5017	5018	5019	5020	5021	5022	5023	5024	5025	5026
51	5114	5115	5116	5117	5118	5119	5120	5121	5122	5123	5124	5125	5126
52	5214	5215	5216	5217	5218	5219	5220	5221	5222	5223	5224	5225	5226
53	5314	5315	5316	5317	5318	5319	5320	5321	5322	5323	5324	5325	5326

54	5414	5415	5416	5417	5418	5419	5420	5421	5422	5423	5424	5425	5426
55	5514	5515	5516	5517	5518	5519	5520	5521	5522	5523	5524	5525	5526
56	5614	5615	5616	5617	5618	5619	5620	5621	5622	5623	5624	5625	5626
57	5714	5715	5716	5717	5718	5719	5720	5721	5722	5723	5724	5725	5726
58	5814	5815	5816	5817	5818	5819	5820	5821	5822	5823	5824	5825	5826
59	5914	5915	5916	5917	5918	5919	5920	5921	5922	5923	5924	5925	5926
60	6014	6015	6016	6017	6018	6019	6020	6021	6022	6023	6024	6025	6026
61	6114	6115	6116	6117	6118	6119	6120	6121	6122	6123	6124	6125	6126
62	6214	6215	6216	6217	6218	6219	6220	6221	6222	6223	6224	6225	6226
63	6314	6315	6316	6317	6318	6319	6320	6321	6322	6323	6324	6325	6326

Quadro - 3.15 (continuação)

	27	28	29	30	31	32	33	34	35	36	37	38	39
0	27	28	29	30	31	32	33	34	35	36	37	38	39
1	127	128	129	130	131	132	133	134	135	136	137	138	139
2	227	228	229	230	231	232	233	234	235	236	237	238	239
3	327	328	329	330	331	332	333	334	335	336	337	338	339
4	427	428	429	430	431	432	433	434	435	436	437	438	439
5	527	528	529	530	531	532	533	534	535	536	537	538	539
6	627	628	629	630	631	632	633	634	635	636	637	638	639
7	727	728	729	730	731	732	733	734	735	736	737	738	739
8	827	828	829	830	831	832	833	834	835	836	837	838	839
9	927	928	929	930	931	932	933	934	935	936	937	938	939
10	1027	1028	1029	1030	1031	1032	1033	1034	1035	1036	1037	1038	1039
11	1127	1128	1129	1130	1131	1132	1133	1134	1135	1136	1137	1138	1139

12	1227	1228	1229	1230	1231	1232	1233	1234	1235	1236	1237	1238	1239
13	1327	1328	1329	1330	1331	1332	1333	1334	1335	1336	1337	1338	1339
14	1427	1428	1429	1430	1431	1432	1433	1434	1435	1436	1437	1438	1439
15	1527	1528	1529	1530	1531	1532	1533	1534	1535	1536	1537	1538	1539
16	1627	1628	1629	1630	1631	1632	1633	1634	1635	1636	1637	1638	1639
17	1727	1728	1729	1730	1731	1732	1733	1734	1735	1736	1737	1738	1739
18	1827	1828	1829	1830	1831	1832	1833	1834	1835	1836	1837	1838	1839
19	1927	1928	1929	1930	1931	1932	1933	1934	1935	1936	1937	1938	1939
20	2027	2028	2029	2030	2031	2032	2033	2034	2035	2036	2037	2038	2039
21	2127	2128	2129	2130	2131	2132	2133	2134	2135	2136	2137	2138	2139
22	2227	2228	2229	2230	2231	2232	2233	2234	2235	2236	2237	2238	2239
23	2327	2328	2329	2330	2331	2332	2333	2334	2335	2336	2337	2338	2339
24	2427	2428	2429	2430	2431	2432	2433	2434	2435	2436	2437	2438	2439
25	2527	2528	2529	2530	2531	2532	2533	2534	2535	2536	2537	2538	2539
26	2627	2628	2629	2630	2631	2632	2633	2634	2635	2636	2637	2638	2639
27	2727	2728	2729	2730	2731	2732	2733	2734	2735	2736	2737	2738	2739
28	2827	2828	2829	2830	2831	2832	2833	2834	2835	2836	2837	2838	2839
29	2927	2928	2929	2930	2931	2932	2933	2934	2935	2936	2937	2938	2939
30	3027	3028	3029	3030	3031	3032	3033	3034	3035	3036	3037	3038	3039

31	3127	3128	3129	3130	3131	3132	3133	3134	3135	3136	3137	3138	3139
32	3227	3228	3229	3230	3231	3232	3233	3234	3235	3236	3237	3238	3239
33	3327	3328	3329	3330	3331	3332	3333	3334	3335	3336	3337	3338	3339
34	3427	3428	3429	3430	3431	3432	3433	3434	3435	3436	3437	3438	3439
35	3527	3528	3529	3530	3531	3532	3533	3534	3535	3536	3537	3538	3539
36	3627	3628	3629	3630	3631	3632	3633	3634	3635	3636	3637	3638	3639
37	3727	3728	3729	3730	3731	3732	3733	3734	3735	3736	3737	3738	3739
38	3827	3828	3829	3830	3831	3832	3833	3834	3835	3836	3837	3838	3839
39	3927	3928	3929	3930	3931	3932	3933	3934	3935	3936	3937	3938	3939
40	4027	4028	4029	4030	4031	4032	4033	4034	4035	4036	4037	4038	4039
41	4127	4128	4129	4130	4131	4132	4133	4134	4135	4136	4137	4138	4139
42	4227	4228	4229	4230	4231	4232	4233	4234	4235	4236	4237	4238	4239
43	4327	4328	4329	4330	4331	4332	4333	4334	4335	4336	4337	4338	4339
44	4427	4428	4429	4430	4431	4432	4433	4434	4435	4436	4437	4438	4439
45	4527	4528	4529	4530	4531	4532	4533	4534	4535	4536	4537	4538	4539
46	4627	4628	4629	4630	4631	4632	4633	4634	4635	4636	4637	4638	4639
47	4727	4728	4729	4730	4731	4732	4733	4734	4735	4736	4737	4738	4739
48	4827	4828	4829	4830	4831	4832	4833	4834	4835	4836	4837	4838	4839
49	4927	4928	4929	4930	4931	4932	4933	4934	4935	4936	4937	4938	4939

50	5027	5028	5029	5030	5031	5032	5033	5034	5035	5036	5037	5038	5039
51	5127	5128	5129	5130	5131	5132	5133	5134	5135	5136	5137	5138	5139
52	5227	5228	5229	5230	5231	5232	5233	5234	5235	5236	5237	5238	5239
53	5327	5328	5329	5330	5331	5332	5333	5334	5335	5336	5337	5338	5339
54	5427	5428	5429	5430	5431	5432	5433	5434	5435	5436	5437	5438	5439
55	5527	5528	5529	5530	5531	5532	5533	5534	5535	5536	5537	5538	5539
56	5627	5628	5629	5630	5631	5632	5633	5634	5635	5636	5637	5638	5639
57	5727	5728	5729	5730	5731	5732	5733	5734	5735	5736	5737	5738	5739
58	5827	5828	5829	5830	5831	5832	5833	5834	5835	5836	5837	5838	5839
59	5927	5928	5929	5930	5931	5932	5933	5934	5935	5936	5937	5938	5939
60	6027	6028	6029	6030	6031	6032	6033	6034	6035	6036	6037	6038	6039
61	6127	6128	6129	6130	6131	6132	6133	6134	6135	6136	6137	6138	6139
62	6227	6228	6229	6230	6231	6232	6233	6234	6235	6236	6237	6238	6239
63	6327	6328	6329	6330	6331	6332	6333	6334	6335	6336	6337	6338	6339

Quadro - 3.15 (continuação)

	40	41	42	43	44	45	46	47	48	49	50	51	52
0	40	41	42	43	44	45	46	47	48	49	50	51	52
1	140	141	142	143	144	145	146	147	148	149	150	151	152
2	240	241	242	243	244	245	246	247	248	249	250	251	252
3	340	341	342	343	344	345	346	347	348	349	350	351	352
4	440	441	442	443	444	445	446	447	448	449	450	451	452
5	540	541	542	543	544	545	546	547	548	549	550	551	552

6	640	641	642	643	644	645	646	647	648	649	650	651	652
7	740	741	742	743	744	745	746	747	748	749	750	751	752
8	840	841	842	843	844	845	846	847	848	849	850	851	852
9	940	941	942	943	944	945	946	947	948	949	950	951	952
10	1040	1041	1042	1043	1044	1045	1046	1047	1048	1049	1050	1051	1052
11	1140	1141	1142	1143	1144	1145	1146	1147	1148	1149	1150	1151	1152
12	1240	1241	1242	1243	1244	1245	1246	1247	1248	1249	1250	1251	1252
13	1340	1341	1342	1343	1344	1345	1346	1347	1348	1349	1350	1351	1352
14	1440	1441	1442	1443	1444	1445	1446	1447	1448	1449	1450	1451	1452
15	1540	1541	1542	1543	1544	1545	1546	1547	1548	1549	1550	1551	1552
16	1640	1641	1642	1643	1644	1645	1646	1647	1648	1649	1650	1651	1652
17	1740	1741	1742	1743	1744	1745	1746	1747	1748	1749	1750	1751	1752
18	1840	1841	1842	1843	1844	1845	1846	1847	1848	1849	1850	1851	1852
19	1940	1941	1942	1943	1944	1945	1946	1947	1948	1949	1950	1951	1952
20	2040	2041	2042	2043	2044	2045	2046	2047	2048	2049	2050	2051	2052
21	2140	2141	2142	2143	2144	2145	2146	2147	2148	2149	2150	2151	2152
22	2240	2241	2242	2243	2244	2245	2246	2247	2248	2249	2250	2251	2252
23	2340	2341	2342	2343	2344	2345	2346	2347	2348	2349	2350	2351	2352
24	2440	2441	2442	2443	2444	2445	2446	2447	2448	2449	2450	2451	2452
25	2540	2541	2542	2543	2544	2545	2546	2547	2548	2549	2550	2551	2552
26	2640	2641	2642	2643	2644	2645	2646	2647	2648	2649	2650	2651	2652

27	2740	2741	2742	2743	2744	2745	2746	2747	2748	2749	2750	2751	2752
28	2840	2841	2842	2843	2844	2845	2846	2847	2848	2849	2850	2851	2852
29	2940	2941	2942	2943	2944	2945	2946	2947	2948	2949	2950	2951	2952
30	3040	3041	3042	3043	3044	3045	3046	3047	3048	3049	3050	3051	3052
31	3140	3141	3142	3143	3144	3145	3146	3147	3148	3149	3150	3151	3152
32	3240	3241	3242	3243	3244	3245	3246	3247	3248	3249	3250	3251	3252
33	3340	3341	3342	3343	3344	3345	3346	3347	3348	3349	3350	3351	3352
34	3440	3441	3442	3443	3444	3445	3446	3447	3448	3449	3450	3451	3452
35	3540	3541	3542	3543	3544	3545	3546	3547	3548	3549	3550	3551	3552
36	3640	3641	3642	3643	3644	3645	3646	3647	3648	3649	3650	3651	3652
37	3740	3741	3742	3743	3744	3745	3746	3747	3748	3749	3750	3751	3752
38	3840	3841	3842	3843	3844	3845	3846	3847	3848	3849	3850	3851	3852
39	3940	3941	3942	3943	3944	3945	3946	3947	3948	3949	3950	3951	3952
40	4040	4041	4042	4043	4044	4045	4046	4047	4048	4049	4050	4051	4052
41	4140	4141	4142	4143	4144	4145	4146	4147	4148	4149	4150	4151	4152
42	4240	4241	4242	4243	4244	4245	4246	4247	4248	4249	4250	4251	4252
43	4340	4341	4342	4343	4344	4345	4346	4347	4348	4349	4350	4351	4352
44	4440	4441	4442	4443	4444	4445	4446	4447	4448	4449	4450	4451	4452
45	4540	4541	4542	4543	4544	4545	4546	4547	4548	4549	4550	4551	4552

46	4640	4641	4642	4643	4644	4645	4646	4647	4648	4649	4650	4651	4652
47	4740	4741	4742	4743	4744	4745	4746	4747	4748	4749	4750	4751	4752
48	4840	4841	4842	4843	4844	4845	4846	4847	4848	4849	4850	4851	4852
49	4940	4941	4942	4943	4944	4945	4946	4947	4948	4949	4950	4951	4952
50	5040	5041	5042	5043	5044	5045	5046	5047	5048	5049	5050	5051	5052
51	5140	5141	5142	5143	5144	5145	5146	5147	5148	5149	5150	5151	5152
52	5240	5241	5242	5243	5244	5245	5246	5247	5248	5249	5250	5251	5252
53	5340	5341	5342	5343	5344	5345	5346	5347	5348	5349	5350	5351	5352
54	5440	5441	5442	5443	5444	5445	5446	5447	5448	5449	5450	5451	5452
55	5540	5541	5542	5543	5544	5545	5546	5547	5548	5549	5550	5551	5552
56	5640	5641	5642	5643	5644	5645	5646	5647	5648	5649	5650	5651	5652
57	5740	5741	5742	5743	5744	5745	5746	5747	5748	5749	5750	5751	5752
58	5840	5841	5842	5843	5844	5845	5846	5847	5848	5849	5850	5851	5852
59	5940	5941	5942	5943	5944	5945	5946	5947	5948	5949	5950	5951	5952
60	6040	6041	6042	6043	6044	6045	6046	6047	6048	6049	6050	6051	6052
61	6140	6141	6142	6143	6144	6145	6146	6147	6148	6149	6150	6151	6152
62	6240	6241	6242	6243	6244	6245	6246	6247	6248	6249	6250	6251	6252
63	6340	6341	6342	6343	6344	6345	6346	6347	6348	6349	6350	6351	6352

Quadro - 3.15 (continuação)

	53	54	55	56	57	58	59	60	61	62	63
0	53	54	55	56	57	58	59	60	61	62	63
1	153	154	155	156	157	158	159	160	161	162	163
2	253	254	255	256	257	258	259	260	261	262	263
3	353	354	355	356	357	358	359	360	361	362	363
4	453	454	455	456	457	458	459	460	461	462	463
5	553	554	555	556	557	558	559	560	561	562	563
6	653	654	655	656	657	658	659	660	661	662	663
7	753	754	755	756	757	758	759	760	761	762	763
8	853	854	855	856	857	858	859	860	861	862	863
9	953	954	955	956	957	958	959	960	961	962	963
10	1053	1054	1055	1056	1057	1058	1059	1060	1061	1062	1063
11	1153	1154	1155	1156	1157	1158	1159	1160	1161	1162	1163
12	1253	1254	1255	1256	1257	1258	1259	1260	1261	1262	1263
13	1353	1354	1355	1356	1357	1358	1359	1360	1361	1362	1363
14	1453	1454	1455	1456	1457	1458	1459	1460	1461	1462	1463
15	1553	1554	1555	1556	1557	1558	1559	1560	1561	1562	1563
16	1653	1654	1655	1656	1657	1658	1659	1660	1661	1662	1663
17	1753	1754	1755	1756	1757	1758	1759	1760	1761	1762	1763
18	1853	1854	1855	1856	1857	1858	1859	1860	1861	1862	1863
19	1953	1954	1955	1956	1957	1958	1959	1960	1961	1962	1963
20	2053	2054	2055	2056	2057	2058	2059	2060	2061	2062	2063
21	2153	2154	2155	2156	2157	2158	2159	2160	2161	2162	2163
22	2253	2254	2255	2256	2257	2258	2259	2260	2261	2262	2263
23	2353	2354	2355	2356	2357	2358	2359	2360	2361	2362	2363
24	2453	2454	2455	2456	2457	2458	2459	2460	2461	2462	2463
25	2553	2554	2555	2556	2557	2558	2559	2560	2561	2562	2563
26	2653	2654	2655	2656	2657	2658	2659	2660	2661	2662	2663
27	2753	2754	2755	2756	2757	2758	2759	2760	2761	2762	2763
28	2853	2854	2855	2856	2857	2858	2859	2860	2861	2862	2863
29	2953	2954	2955	2956	2957	2958	2959	2960	2961	2962	2963
30	3053	3054	3055	3056	3057	3058	3059	3060	3061	3062	3063
31	3153	3154	3155	3156	3157	3158	3159	3160	3161	3162	3163
32	3253	3254	3255	3256	3257	3258	3259	3260	3261	3262	3263
33	3353	3354	3355	3356	3357	3358	3359	3360	3361	3362	3363
34	3453	3454	3455	3456	3457	3458	3459	3460	3461	3462	3463

35	3553	3554	3555	3556	3557	3558	3559	3560	3561	3562	3563
36	3653	3654	3655	3656	3657	3658	3659	3660	3661	3662	3663
37	3753	3754	3755	3756	3757	3758	3759	3760	3761	3762	3763
38	3853	3854	3855	3856	3857	3858	3859	3860	3861	3862	3863
39	3953	3954	3955	3956	3957	3958	3959	3960	3961	3962	3963
40	4053	4054	4055	4056	4057	4058	4059	4060	4061	4062	4063
41	4153	4154	4155	4156	4157	4158	4159	4160	4161	4162	4163
42	4253	4254	4255	4256	4257	4258	4259	4260	4261	4262	4263
43	4353	4354	4355	4356	4357	4358	4359	4360	4361	4362	4363
44	4453	4454	4455	4456	4457	4458	4459	4460	4461	4462	4463
45	4553	4554	4555	4556	4557	4558	4559	4560	4561	4562	4563
46	4653	4654	4655	4656	4657	4658	4659	4660	4661	4662	4663
47	4753	4754	4755	4756	4757	4758	4759	4760	4761	4762	4763
48	4853	4854	4855	4856	4857	4858	4859	4860	4861	4862	4863
49	4953	4954	4955	4956	4957	4958	4959	4960	4961	4962	4963
50	5053	5054	5055	5056	5057	5058	5059	5060	5061	5062	5063
51	5153	5154	5155	5156	5157	5158	5159	5160	5161	5162	5163
52	5253	5254	5255	5256	5257	5258	5259	5260	5261	5262	5263
53	5353	5354	5355	5356	5357	5358	5359	5360	5361	5362	5363
54	5453	5454	5455	5456	5457	5458	5459	5460	5461	5462	5463
55	5553	5554	5555	5556	5557	5558	5559	5560	5561	5562	5563
56	5653	5654	5655	5656	5657	5658	5659	5660	5661	5662	5663
57	5753	5754	5755	5756	5757	5758	5759	5760	5761	5762	5763
58	5853	5854	5855	5856	5857	5858	5859	5860	5861	5862	5863
59	5953	5954	5955	5956	5957	5958	5959	5960	5961	5962	5963
60	6053	6054	6055	6056	6057	6058	6059	6060	6061	6062	6063
61	6153	6154	6155	6156	6157	6158	6159	6160	6161	6162	6163
62	6253	6254	6255	6256	6257	6258	6259	6260	6261	6262	6263
63	6353	6354	6355	6356	6357	6358	6359	6360	6361	6362	6363

Quadro - 3.16

	0	1	2	3	4	5	6	7	8	9
0	0.00	0.02	0.03	0.05	0.06	0.08	0.10	0.11	0.13	0.14
1	0.16	0.17	0.19	0.21	0.22	0.24	0.25	0.27	0.29	0.30
2	0.32	0.33	0.35	12.50	0.38	13.50	0.41	14.50	0.44	15.50

3	0.48	0.49	17.00	0.52	12.33	13.67	0.57	19.50	14.67	0.62
4	0.63	0.65	0.67	15.33	0.70	12.25	13.50	14.75	0.76	13.25
5	0.79	0.81	27.00	19.67	14.50	0.87	12.20	13.40	14.60	15.80
6	0.95	0.97	0.98	1.00	18.00	14.00	1.05	1.06	1.08	1.10
7	1.11	1.13	37.00	37.50	21.50	17.00	1.21	1.22	12.14	13.29
8	1.27	1.29	1.30	29.67	1.33	20.00	1.37	13.43	2.40	12.13
9	1.43	1.44	47.00	1.48	24.50	23.00	1.52	15.86	13.25	1.57
10	1.59	1.60	1.62	35.33	28.00	1.67	1.68	18.29	15.50	13.11
11	1.75	1.76	57.00	39.67	31.50	58.50	1.84	20.71	17.75	15.22
12	1.90	1.92	1.94	1.95	1.97	27.00	2.00	23.14	20.00	17.33
13	2.06	2.08	67.00	67.50	34.50	30.00	2.16	25.57	22.25	19.44
14	2.22	2.24	2.25	49.67	38.00	33.00	2.32	2.33	23.50	21.56
15	2.38	2.40	77.00	2.43	41.50	2.46	2.48	23.43	26.75	23.67
16	2.54	2.56	2.57	55.33	2.60	34.00	31.67	25.86	2.67	25.78
17	2.70	2.71	87.00	59.67	44.50	60.33	33.33	28.29	23.25	27.89
18	2.86	2.87	2.89	2.90	48.00	40.00	35.00	30.71	25.50	3.00
19	3.02	3.03	97.00	97.50	51.50	43.00	36.67	33.14	27.75	100.50
20	3.17	3.19	3.21	69.67	3.24	3.25	38.33	35.57	30.00	25.22
21	3.33	3.35	107.00	3.38	54.50	108.50	40.00	3.44	32.25	39.50
22	3.49	3.51	3.52	75.33	58.00	47.00	41.67	76.67	34.50	29.44
23	3.65	3.67	117.00	79.67	61.50	50.00	43.33	35.86	36.75	31.56
24	3.81	3.83	3.84	3.86	3.87	53.00	45.00	38.29	3.94	33.67
25	3.97	3.98	127.00	127.50	85.67	4.05	45.67	40.71	33.25	35.78
26	4.13	4.14	4.16	89.67	68.00	54.00	47.33	43.14	91.33	37.89
27	4.29	4.30	137.00	4.33	71.50	57.00	49.00	45.57	37.75	4.43
28	4.44	4.46	4.48	95.33	4.51	60.00	50.67	4.56	40.00	33.11
29	4.60	4.62	147.00	99.67	74.50	63.00	52.33	43.43	42.25	35.22
30	4.76	4.78	4.79	4.81	78.00	4.84	54.00	45.86	44.50	37.33
31	4.92	4.94	157.00	157.50	81.50	158.50	55.67	82.25	46.75	39.44
32	5.08	5.10	5.11	109.67	5.14	110.33	57.33	50.71	5.21	41.56
33	5.24	5.25	167.00	5.29	84.50	70.00	59.00	53.14	43.25	43.67
34	5.40	5.41	5.43	115.33	88.00	73.00	60.67	55.57	45.50	45.78
35	5.56	5.57	177.00	119.67	91.50	5.63	61.33	5.67	47.75	47.89
36	5.71	5.73	5.75	5.76	5.78	74.00	63.00	53.43	50.00	5.86
37	5.87	5.89	187.00	187.50	125.67	77.00	64.67	77.40	52.25	190.50
38	6.03	6.05	6.06	129.67	98.00	80.00	66.33	58.29	54.50	45.22

39	6.19	6.21	197.00	6.24	101.50	83.00	68.00	60.71	56.75	69.50
40	6.35	6.37	6.38	135.33	6.41	6.43	69.67	63.14	6.48	49.44
41	6.51	6.52	207.00	139.67	104.50	208.50	71.33	65.57	53.25	51.56
42	6.67	6.68	6.70	6.71	108.00	87.00	73.00	6.78	55.50	53.67
43	6.83	6.84	217.00	217.50	111.50	90.00	74.67	219.50	90.60	55.78
44	6.98	7.00	7.02	149.67	7.05	93.00	76.33	65.86	60.00	57.89
45	7.14	7.16	227.00	7.19	114.50	7.22	77.00	68.29	62.25	7.29
46	7.30	7.32	7.33	155.33	118.00	94.00	78.67	70.71	64.50	53.11
47	7.46	7.48	237.00	159.67	121.50	160.33	80.33	73.14	66.75	55.22
48	7.62	7.63	7.65	7.67	7.68	100.00	82.00	75.57	7.75	57.33
49	7.78	7.79	247.00	247.50	124.50	103.00	100.20	7.89	63.25	103.80
50	7.94	7.95	7.97	169.67	128.00	8.02	85.33	73.43	171.33	61.56
51	8.10	8.11	257.00	8.14	131.50	258.50	87.00	75.86	67.75	63.67
52	8.25	8.27	8.29	175.33	8.32	107.00	88.67	78.29	70.00	65.78
53	8.41	8.43	267.00	179.67	134.50	110.00	90.33	80.71	72.25	67.89
54	8.57	8.59	8.60	8.62	138.00	113.00	110.20	83.14	76.50	8.71
55	8.73	8.75	277.00	277.50	141.50	8.81	93.67	85.57	76.75	280.50
56	8.89	8.90	8.92	189.67	8.95	114.00	95.33	9.00	9.02	65.22
57	9.05	9.06	287.00	9.10	192.33	117.00	97.00	289.50	73.25	99.50
58	9.21	9.22	9.24	195.33	148.00	120.00	98.67	85.86	75.50	69.44
59	9.37	9.38	297.00	199.67	151.25	122.60	99.83	151.25	77.13	70.89
60	9.52	9.54	9.56	9.57	9.59	9.60	102.00	90.71	80.00	73.67
61	9.68	9.70	307.00	307.50	205.67	308.50	103.67	93.14	82.25	75.78
62	9.84	9.86	9.87	209.67	158.00	210.33	105.33	95.57	84.50	77.89
63	10.00	10.02	317.00	10.05	161.50	130.00	107.00	10.11	86.75	10.14

Quadro - 3.16 (continuação)

	10	11	12	13	14	15	16	17	18
0	0.16	0.17	0.19	0.21	0.22	0.24	0.25	0.27	0.29
1	1.75	1.76	1.78	1.79	1.81	1.83	1.84	1.86	1.87
2	3.33	106.50	3.37	107.50	3.40	108.50	3.43	109.50	3.46
3	104.33	105.67	4.95	157.50	106.67	5.00	106.33	107.67	5.05
4	104.50	105.75	6.54	104.25	105.50	106.75	6.60	105.25	106.50

5	8.10	256.50	104.40	105.60	106.80	8.17	104.20	174.33	106.60
6	9.68	9.70	9.71	9.73	9.75	9.76	106.67	106.83	107.00
7	104.43	105.57	106.71	107.86	11.33	103.14	104.29	105.43	106.57
8	103.25	104.38	105.50	106.63	107.75	108.88	12.95	103.13	104.25
9	102.11	103.22	104.33	105.44	106.56	107.67	108.78	109.89	14.57
10	16.03	102.10	103.20	104.30	105.40	106.50	107.60	108.70	109.80
11	112.00	17.63	102.09	103.18	104.27	105.36	106.45	107.55	108.64
12	123.00	111.09	19.24	102.08	103.17	104.25	105.33	106.42	107.50
13	134.00	121.18	110.33	20.84	102.08	103.15	104.23	105.31	106.38
14	145.00	131.27	119.67	109.69	22.44	102.07	103.14	104.21	105.29
15	156.00	141.36	129.00	118.38	109.14	24.05	102.07	103.13	104.20
16	167.00	151.45	138.33	127.08	117.29	108.67	25.65	102.06	103.13
17	178.00	161.55	147.67	135.77	125.43	116.33	108.25	27.25	102.06
18	189.00	171.64	157.00	144.46	133.57	124.00	115.50	107.88	28.86
19	200.00	181.73	166.33	153.15	141.71	131.67	122.75	114.76	107.56
20	31.90	191.82	175.67	161.85	149.86	139.33	130.00	121.65	114.11
21	212.00	201.91	185.00	170.54	158.00	147.00	137.25	128.53	120.67
22	223.00	35.10	194.33	179.23	166.14	154.67	144.50	135.41	127.22
23	234.00	211.09	203.67	187.92	174.29	162.33	151.75	142.29	133.78

24	245.00	221.18	38.29	196.62	182.43	170.00	159.00	149.18	140.33
25	256.00	231.27	210.33	849.67	190.57	177.67	166.25	156.06	146.89
26	267.00	241.36	219.67	41.48	198.71	185.33	173.50	162.94	153.44
27	278.00	251.45	229.00	209.69	206.86	193.00	180.75	169.82	160.00
28	289.00	261.55	355.50	218.38	44.67	200.67	188.00	176.71	166.56
29	300.00	271.64	247.67	227.08	209.14	208.33	195.25	183.59	173.11
30	47.78	281.73	257.00	235.77	217.29	47.86	202.50	190.47	179.67
31	1037.67	291.82	266.33	244.46	225.43	208.67	209.75	197.35	186.22
32	323.00	301.91	275.67	253.15	233.57	216.33	51.05	204.24	192.78
33	334.00	52.56	285.00	261.85	241.71	555.50	208.25	211.12	200.33
34	345.00	311.09	294.33	270.54	249.86	231.67	215.50	54.24	206.89
35	356.00	1172.33	303.67	279.23	258.00	356.50	222.75	1759.50	213.44
36	367.00	331.27	57.33	287.92	266.14	247.00	230.00	214.76	57.43
37	378.00	341.36	310.33	296.62	274.29	254.67	237.25	534.00	207.56
38	389.00	351.45	319.67	305.31	282.43	262.33	244.50	228.53	956.50
39	400.00	361.55	655.00	62.11	290.57	270.00	251.75	235.41	220.67
40	63.65	371.64	338.33	309.69	298.71	277.67	259.00	242.29	227.22
41	412.00	381.73	347.67	318.38	306.86	285.33	266.25	249.18	233.78
42	528.25	391.82	357.00	327.08	66.89	293.00	273.50	256.06	357.50

43	434.00	401.91	366.33	335.77	309.14	300.67	280.75	262.94	246.89
44	445.00	70.02	375.67	344.46	1473.33	308.33	288.00	269.82	253.44
45	456.00	411.09	385.00	353.15	325.43	71.67	295.25	276.71	260.00
46	467.00	421.18	394.33	361.85	333.57	308.67	302.50	283.59	266.56
47	478.00	1573.33	403.67	370.54	341.71	316.33	309.75	290.47	273.11
48	489.00	441.36	76.38	379.23	349.86	324.00	76.44	297.35	279.67
49	500.00	451.45	410.33	387.92	358.00	331.67	1639.67	304.24	286.22
50	79.52	461.55	419.67	396.62	366.14	339.33	315.50	311.12	292.78
51	512.00	471.64	429.00	405.31	374.29	347.00	322.75	81.22	300.33
52	523.00	481.73	655.50	82.75	382.43	354.67	330.00	307.88	306.89
53	534.00	491.82	447.67	2657.50	390.57	362.33	337.25	1774.33	313.44
54	545.00	501.91	457.00	418.38	398.71	370.00	344.50	321.65	86.00
55	556.00	87.48	466.33	427.08	406.86	377.67	351.75	328.53	307.56
56	567.00	1123.20	475.67	435.77	89.11	385.33	359.00	335.41	314.11
57	578.00	521.18	485.00	444.46	409.14	393.00	366.25	342.29	320.67
58	589.00	531.27	494.33	453.15	1940.00	400.67	373.50	349.18	327.22
59	600.00	848.43	503.67	461.85	425.43	408.33	380.75	356.06	333.78
60	95.40	551.45	95.43	470.54	433.57	95.48	388.00	362.94	340.33
61	2037.67	561.55	510.33	479.23	441.71	3058.50	395.25	369.82	346.89

| 6 2 | 623.00 | 571.64 | 1244.40 | 487.92 | 782.75 | 416.33 | 402.50 | 376.71 | 353.44 |
| 6 3 | 634.00 | 581.73 | 529.00 | 496.62 | 458.00 | 1581.75 | 409.75 | 383.59 | 360.00 |

Quadro - 3.16 (continuação)

	19	20	21	22	23	24	25	26	27	28
0	0.30	0.32	0.33	0.35	0.37	0.38	0.40	0.41	0.43	0.44
1	1.89	1.90	1.92	1.94	1.95	1.97	1.98	2.00	2.02	2.03
2	110.50	3.49	111.50	3.52	112.50	3.56	113.50	3.59	114.50	3.62
3	160.50	108.67	5.10	108.33	109.67	5.14	163.50	110.67	5.19	110.33
4	107.75	6.67	106.25	107.50	108.75	6.73	142.67	108.50	109.75	6.79
5	107.80	8.25	261.50	106.40	107.60	108.80	8.33	106.20	107.40	108.60
6	107.17	107.33	107.50	107.67	107.83	108.00	107.17	107.33	107.50	107.67
7	107.71	108.86	11.44	241.67	105.29	106.43	107.57	108.71	109.86	11.56
8	105.38	106.50	107.63	108.75	109.88	13.08	104.13	277.33	106.38	107.50
9	460.50	104.22	156.50	106.44	107.56	108.67	109.78	110.89	14.71	104.11
1 0	110.90	16.19	103.10	104.20	105.30	106.40	107.50	108.60	109.70	110.80
1 1	109.73	110.82	111.91	17.81	103.09	104.18	105.27	106.36	107.45	108.55
1 2	108.58	109.67	110.75	111.83	112.92	19.43	103.08	104.17	105.25	157.50
1 3	107.46	108.54	109.62	110.69	111.77	112.85	453.67	21.05	103.08	104.15
1 4	106.36	107.43	108.50	109.57	110.64	111.71	112.79	113.86	114.93	22.67
1 5	105.27	106.33	107.40	108.47	109.53	110.60	111.67	112.73	113.80	114.87

16	104.19	105.25	106.31	107.38	108.44	109.50	110.56	111.63	112.69	113.75
17	103.12	104.18	105.24	106.29	107.35	108.41	109.47	110.53	111.59	112.65
18	102.06	103.11	104.17	105.22	106.28	107.33	108.39	109.44	110.50	111.56
19	30.46	102.05	103.11	104.16	105.21	106.26	107.32	108.37	109.42	110.47
20	107.26	32.06	102.05	103.10	104.15	105.20	106.25	107.30	108.35	109.40
21	113.53	107.00	33.67	102.05	103.10	104.14	105.19	106.24	107.29	108.33
22	119.79	113.00	106.76	35.27	102.05	103.09	104.14	105.18	106.23	107.27
23	126.05	119.00	112.52	106.55	36.87	102.04	103.09	104.13	105.17	106.22
24	132.32	125.00	118.29	112.09	106.35	38.48	102.04	103.08	104.13	105.17
25	138.58	131.00	124.05	117.64	111.70	106.17	40.08	102.04	103.08	104.12
26	144.84	137.00	129.81	123.18	117.04	111.33	106.00	41.68	102.04	103.08
27	151.11	143.00	135.57	128.73	122.39	116.50	111.00	105.85	43.29	102.04
28	157.37	149.00	141.33	134.27	127.74	121.67	116.00	110.69	105.70	44.89
29	163.63	155.00	147.10	139.82	133.09	126.83	121.00	115.54	110.41	105.57
30	169.89	161.00	152.86	145.36	138.43	132.00	126.00	120.38	115.11	110.14
31	176.16	167.00	158.62	150.91	143.78	137.17	131.00	125.23	119.81	114.71
32	182.42	173.00	164.38	156.45	149.13	142.33	136.00	130.08	124.52	119.29
33	188.68	179.00	170.14	162.00	154.48	147.50	141.00	134.92	129.22	123.86
34	194.95	185.00	175.90	167.55	159.83	152.67	146.00	139.77	133.93	128.43

35	201.21	191.00	181.67	173.09	165.17	157.83	151.00	144.62	138.63	133.00
36	207.47	197.00	187.43	178.64	170.52	163.00	156.00	149.46	143.33	137.57
37	213.74	203.00	193.19	184.18	175.87	168.17	161.00	154.31	148.04	142.14
38	60.62	209.00	198.95	189.73	181.22	173.33	166.00	159.15	152.74	146.71
39	207.26	215.00	204.71	195.27	186.57	178.50	171.00	164.00	157.44	151.29
40	213.53	63.81	210.48	200.82	191.91	183.67	176.00	168.85	162.15	155.86
41	219.79	207.00	206.24	206.36	197.26	188.83	181.00	173.69	166.85	160.43
42	226.05	213.00	67.00	211.91	202.61	194.00	186.00	178.54	171.56	165.00
43	232.32	219.00	206.76	217.45	207.96	199.17	191.00	183.38	176.26	169.57
44	238.58	1477.33	212.52	70.19	213.30	204.33	196.00	188.23	180.96	174.14
45	244.84	231.00	218.29	206.55	218.65	209.50	201.00	193.08	185.67	178.71
46	251.11	237.00	224.05	212.09	73.38	214.67	206.00	197.92	190.37	183.29
47	257.37	243.00	229.81	217.64	206.35	219.83	211.00	202.77	195.07	187.86
48	263.63	249.00	235.57	223.18	211.70	76.57	216.00	207.62	199.78	192.43
49	269.89	255.00	358.50	228.73	217.04	206.17	221.00	212.46	204.48	197.00
50	276.16	261.00	247.10	234.27	222.39	211.33	79.76	217.31	209.19	201.57
51	282.42	267.00	252.86	239.82	227.74	216.50	2563.50	222.15	213.89	206.14
52	288.68	273.00	258.62	245.36	233.09	221.67	211.00	82.95	218.59	210.71
53	294.95	279.00	264.38	250.91	238.43	226.83	216.00	205.85	223.30	215.29

54	301.21	285.00	270.14	256.45	243.78	232.00	221.00	210.69	86.14	219.86
55	307.47	291.00	275.90	262.00	249.13	237.17	557.50	215.54	205.70	224.43
56	313.74	297.00	281.67	267.55	254.48	359.50	231.00	220.38	210.41	89.33
57	90.78	303.00	287.43	273.09	259.83	247.50	236.00	225.23	957.50	1910.33
58	307.26	309.00	293.19	278.64	265.17	252.67	241.00	230.08	219.81	210.14
59	313.53	315.00	298.95	284.18	270.52	257.83	246.00	234.92	224.52	214.71
60	319.79	95.56	304.71	289.73	275.87	263.00	251.00	239.77	229.22	219.29
61	326.05	307.00	310.48	295.27	281.22	268.17	256.00	244.62	233.93	223.86
62	332.32	1038.67	306.24	300.82	286.57	273.33	261.00	249.46	238.63	228.43
63	338.58	319.00	100.33	306.36	291.91	278.50	266.00	254.31	360.50	233.00

Quadro - 3.16 (continuação)

	29	30	31	32	33	34	35	36	37	38
0	0.46	0.48	0.49	0.51	0.52	0.54	0.56	0.57	0.59	0.60
1	2.05	2.06	2.08	2.10	2.11	2.13	2.14	2.16	2.17	2.19
2	115.50	3.65	116.50	3.68	117.50	3.71	118.50	3.75	119.50	3.78
3	111.67	5.24	166.50	112.67	5.29	112.33	113.67	5.33	169.50	114.67
4	108.25	109.50	110.75	6.86	109.25	110.50	111.75	6.92	146.67	111.50
5	109.80	8.41	266.50	179.33	109.60	110.80	8.49	108.20	109.40	110.60
6	107.83	108.00	108.17	108.33	108.50	108.67	107.83	108.00	108.17	108.33
7	105.14	106.29	185.75	108.57	109.71	110.86	11.67	106.14	149.40	108.43

8	108.63	109.75	110.88	13.21	105.13	106.25	107.38	108.50	109.63	110.75
9	105.22	106.33	107.44	108.56	109.67	110.78	111.89	14.86	469.50	106.22
10	111.90	16.35	344.67	105.20	106.30	107.40	108.50	109.60	110.70	111.80
11	109.64	110.73	111.82	112.91	17.98	104.09	380.33	106.27	107.36	108.45
12	107.42	108.50	109.58	110.67	111.75	112.83	113.92	19.62	104.08	105.17
13	105.23	106.31	107.38	108.46	109.54	110.62	111.69	112.77	113.85	114.92
14	103.07	104.14	105.21	106.29	107.36	108.43	109.50	110.57	111.64	112.71
15	115.93	24.29	103.07	104.13	258.50	106.27	158.50	108.40	109.47	110.53
16	114.81	115.88	116.94	25.90	103.06	104.13	105.19	106.25	107.31	108.38
17	113.71	114.76	115.82	116.88	117.94	27.52	868.50	104.12	251.14	106.24
18	112.61	113.67	114.72	115.78	117.83	118.89	119.94	29.14	103.06	461.50
19	111.53	112.58	113.63	114.68	115.74	116.79	117.84	118.89	119.95	30.76
20	110.45	111.50	112.55	113.60	114.65	115.70	116.75	117.80	118.85	119.90
21	109.38	110.43	111.48	112.52	113.57	114.62	115.67	116.71	117.76	118.81
22	108.32	109.36	110.41	111.45	112.50	113.55	114.59	115.64	116.68	117.73
23	107.26	108.30	109.35	110.39	111.43	112.48	113.52	114.57	115.61	116.65
24	106.21	107.25	108.29	109.33	110.38	111.42	112.46	113.50	114.54	115.58
25	105.16	106.20	107.24	108.28	109.32	110.36	111.40	112.44	113.48	114.52
26	104.12	105.15	106.19	107.23	108.27	109.31	110.35	111.38	112.42	113.46

27	103.07	104.11	105.15	106.19	107.22	108.26	109.30	110.33	111.37	112.41
28	102.04	103.07	104.11	105.14	106.18	107.21	108.25	109.29	110.32	111.36
29	46.49	102.03	103.07	104.10	105.14	106.17	107.21	108.24	109.28	110.31
30	105.45	48.10	102.03	103.07	104.10	105.13	106.17	107.20	108.23	109.27
31	109.90	105.33	49.70	102.03	103.06	104.10	105.13	106.16	107.19	108.23
32	114.34	109.67	105.23	51.30	102.03	103.06	104.09	105.13	106.16	107.19
33	118.79	114.00	109.45	105.13	52.90	102.03	103.06	104.09	105.12	106.15
34	123.24	118.33	113.68	109.25	105.03	54.51	102.03	103.06	104.09	105.12
35	127.69	122.67	117.90	113.38	109.06	104.94	56.11	102.03	103.06	104.09
36	132.14	127.00	122.13	117.50	113.09	108.88	104.86	57.71	102.03	103.06
37	136.59	131.33	126.35	121.63	117.12	112.82	108.71	104.78	59.32	102.03
38	141.03	135.67	130.58	125.75	121.15	116.76	112.57	108.56	104.70	60.92
39	145.48	140.00	134.81	129.88	125.18	120.71	116.43	112.33	108.41	104.63
40	149.93	144.33	139.03	134.00	129.21	124.65	120.29	116.11	112.11	108.26
41	154.38	148.67	143.26	138.13	133.24	128.59	124.14	119.89	115.81	111.89
42	158.83	153.00	147.48	142.25	137.27	132.53	128.00	123.67	119.51	115.53
43	163.28	157.33	151.71	146.38	141.30	136.47	131.86	127.44	123.22	119.16
44	167.72	161.67	155.94	150.50	145.33	140.41	135.71	131.22	126.92	122.79
45	172.17	166.00	160.16	154.63	149.36	144.35	139.57	135.00	130.62	126.42

46	176.62	170.33	164.39	158.75	153.39	148.29	143.43	138.78	134.32	130.05
47	181.07	174.67	168.61	162.88	157.42	152.24	147.29	142.56	138.03	133.68
48	185.52	179.00	172.84	167.00	161.45	156.18	151.14	146.33	141.73	137.32
49	189.97	183.33	177.06	171.13	165.48	160.12	155.00	150.11	145.43	140.95
50	194.41	187.67	181.29	175.25	169.52	164.06	158.86	153.89	149.14	144.58
51	198.86	192.00	185.52	179.38	173.55	168.00	162.71	157.67	152.84	148.21
52	203.31	196.33	189.74	183.50	177.58	171.94	166.57	161.44	156.54	151.84
53	207.76	200.67	193.97	187.63	181.61	175.88	170.43	165.22	160.24	155.47
54	212.21	205.00	198.19	191.75	185.64	179.82	174.29	169.00	163.95	159.11
55	216.66	209.33	202.42	195.88	189.67	183.76	178.14	172.78	167.65	162.74
56	221.10	213.67	206.65	200.00	193.70	187.71	182.00	176.56	171.35	166.37
57	225.55	218.00	210.87	204.13	197.73	191.65	185.86	180.33	175.05	170.00
58	92.52	222.33	215.10	208.25	201.76	195.59	189.71	184.11	178.76	173.63
59	2965.50	226.67	219.32	212.38	205.79	199.53	193.57	187.89	182.46	177.26
60	209.90	95.71	223.55	216.50	209.82	203.47	197.43	191.67	186.16	180.89
61	214.34	205.33	227.77	220.63	213.85	207.41	201.29	195.44	189.86	184.53
62	218.79	1559.50	98.90	224.75	217.88	211.35	205.14	199.22	193.57	188.16
63	532.42	214.00	2111.33	228.88	221.91	215.29	209.00	203.00	197.27	191.79

Quadro - 3.16 (continuação)

	39	40	41	42	43	44	45	46	47	48
0	0.62	0.63	0.65	0.67	0.68	0.70	0.71	0.73	0.75	0.76
1	2.21	2.22	2.24	2.25	2.27	2.29	2.30	2.32	2.33	2.35
2	120.50	3.81	121.50	3.84	122.50	3.87	123.50	3.90	124.50	3.94
3	5.38	114.33	115.67	5.43	172.50	116.67	5.48	116.33	117.67	5.52
4	112.75	6.98	111.25	112.50	113.75	7.05	112.25	113.50	114.75	7.11
5	111.80	8.57	271.50	110.40	111.60	112.80	8.65	110.20	184.33	112.60
6	108.50	108.67	108.83	109.00	109.17	109.33	108.50	108.67	108.83	109.00
7	109.57	110.71	111.86	11.78	372.50	108.29	109.43	110.57	111.71	112.86
8	111.88	13.33	106.13	107.25	171.60	109.50	110.63	111.75	112.88	13.46
9	159.50	108.44	109.56	110.67	111.78	112.89	15.00	106.11	107.22	108.33
10	112.90	16.51	105.10	132.25	107.30	108.40	109.50	110.60	111.70	112.80
11	109.55	110.64	111.73	112.82	113.91	18.16	105.09	106.18	385.33	108.36
12	209.50	107.33	108.42	109.50	110.58	111.67	112.75	113.83	114.92	19.81
13	21.25	104.08	105.15	106.23	107.31	108.38	109.46	110.54	111.62	112.69
14	113.79	114.86	115.93	22.89	104.07	483.33	106.21	107.29	108.36	109.43
15	111.60	112.67	113.73	114.80	115.87	116.93	24.52	104.07	105.13	106.20
16	109.44	110.50	111.56	112.63	113.69	114.75	115.81	116.88	117.94	26.16
17	107.29	108.35	109.41	110.47	111.53	112.59	113.65	114.71	115.76	116.82
18	105.17	106.22	107.28	159.50	109.39	110.44	111.50	112.56	113.61	114.67

19	103.05	104.11	105.16	106.21	107.26	108.32	109.37	110.42	111.47	112.53
20	120.95	32.38	103.05	104.10	105.15	685.33	107.25	108.30	109.35	110.40
21	119.86	120.90	111.95	34.00	103.05	104.10	105.14	106.19	107.24	108.29
22	118.77	119.82	120.86	121.91	122.95	35.62	103.05	104.09	105.14	106.18
23	117.70	118.74	119.78	120.83	121.87	122.91	123.96	37.24	103.04	104.09
24	116.63	117.67	118.71	119.75	120.79	121.83	122.88	123.92	124.96	38.86
25	115.56	116.60	117.64	118.68	119.72	120.76	121.80	122.84	123.88	124.92
26	114.50	115.54	116.58	117.62	118.65	119.69	120.73	121.77	122.81	123.85
27	113.44	114.48	115.52	116.56	117.59	118.63	119.67	120.70	121.74	122.78
28	112.39	113.43	114.46	115.50	116.54	117.57	118.61	119.64	120.68	121.71
29	111.34	112.38	113.41	114.45	115.48	116.52	117.55	118.59	119.62	120.66
30	110.30	111.33	112.37	113.40	114.43	115.47	116.50	117.53	118.57	119.60
31	109.26	110.29	111.32	112.35	113.39	114.42	115.45	116.48	117.52	118.55
32	108.22	109.25	110.28	111.31	112.34	113.38	114.41	115.44	116.47	117.50
33	107.18	108.21	109.24	110.27	111.30	112.33	113.36	114.39	115.42	116.45
34	106.15	107.18	108.21	109.24	110.26	111.29	112.32	113.35	114.38	115.41
35	105.11	106.14	107.17	108.20	109.23	110.26	111.29	112.31	113.34	114.37
36	104.08	105.11	106.14	107.17	108.19	109.22	110.25	111.28	112.31	113.33
37	103.05	104.08	105.11	106.14	107.16	108.19	109.22	110.24	111.27	112.30

38	102.03	103.05	104.08	105.11	106.13	107.16	108.18	109.21	110.24	111.26
39	62.52	102.03	103.05	104.08	105.10	106.13	107.15	108.18	109.21	110.23
40	104.56	64.13	102.03	103.05	104.08	105.10	106.13	107.15	108.18	109.20
41	108.13	104.50	65.73	101.02	101.05	101.07	101.10	101.12	101.15	101.17
42	111.69	108.00	103.44	67.33	103.49	103.51	103.54	103.56	103.59	103.61
43	115.26	111.50	105.88	105.90	68.94	105.95	105.98	106.00	106.02	106.05
44	118.82	115.00	108.32	108.34	108.37	70.54	108.41	108.44	108.46	108.49
45	122.38	118.50	110.76	110.78	110.80	110.83	72.14	110.88	110.90	110.93
46	125.95	122.00	113.20	113.22	113.24	113.27	113.29	73.75	113.34	113.37
47	129.51	125.50	115.63	115.66	115.68	115.71	115.73	115.76	75.35	115.80
48	133.08	129.00	118.07	118.10	118.12	118.15	118.17	118.20	118.22	76.95
49	136.64	132.50	120.51	120.54	120.56	120.59	120.61	120.63	120.66	120.68
50	140.21	136.00	122.95	122.98	123.00	123.02	123.05	123.07	123.10	123.12
51	143.77	139.50	125.39	125.41	125.44	125.46	125.49	125.51	125.54	125.56
52	147.33	143.00	127.83	127.85	127.88	127.90	127.93	127.95	127.98	128.00
53	150.90	146.50	97.11	97.13	97.15	97.16	97.18	97.20	97.22	97.24
54	154.46	150.00	98.93	98.95	98.96	98.98	99.00	99.02	99.04	99.05
55	158.03	153.50	100.75	100.76	100.78	100.80	100.82	100.84	100.85	100.87
56	161.59	157.00	102.56	102.58	102.60	102.62	102.64	102.65	102.67	102.69

57	165.15	160.50	104.38	104.40	104.42	104.44	104.45	104.47	104.49	104.51
58	168.72	164.00	106.20	106.22	106.24	106.25	106.27	106.29	106.31	106.33
59	172.28	167.50	108.02	108.04	108.05	108.07	108.09	108.11	108.13	108.15
60	175.85	171.00	109.84	109.85	109.87	109.89	109.91	109.93	109.95	109.96
61	179.41	174.50	111.65	111.67	111.69	111.71	111.73	111.75	111.76	111.78
62	182.97	178.00	113.47	113.49	113.51	113.53	113.55	113.56	113.58	113.60
63	186.54	181.50	115.29	115.31	115.33	115.35	115.36	115.38	115.40	115.42

Quadro - 3.16 (continuação)

	49	50	51	52	53	54	55	56	57	58
0	0.78	0.79	0.81	0.83	0.84	0.86	0.87	0.89	0.90	0.92
1	2.37	2.38	2.40	2.41	2.43	2.44	2.46	2.48	2.49	2.51
2	125.50	3.97	126.50	4.00	127.50	4.03	128.50	4.06	129.50	4.10
3	175.50	118.67	5.57	118.33	119.67	5.62	178.50	120.67	5.67	120.33
4	113.25	114.50	115.75	7.17	114.25	115.50	116.75	7.24	153.33	116.50
5	113.80	8.73	276.50	112.40	113.60	114.80	8.81	112.20	113.40	114.60
6	130.80	109.33	109.50	109.67	109.83	131.80	110.17	110.33	110.50	110.67
7	11.89	108.14	109.29	110.43	111.57	112.71	113.86	12.00	379.50	110.29
8	107.13	285.33	109.38	110.50	111.63	113.75	113.88	13.59	108.13	109.25
9	193.80	110.56	111.67	112.78	113.89	15.14	478.50	108.22	162.50	110.44
10	113.90	16.67	106.10	107.20	108.30	109.40	110.50	111.60	112.70	113.80

11	109.45	110.55	111.64	112.73	113.82	114.91	18.33	232.20	107.18	108.27
12	105.08	106.17	107.25	160.50	109.42	110.50	111.58	112.67	113.75	114.83
13	113.77	114.85	115.92	21.46	677.50	106.15	107.23	108.31	109.38	110.46
14	110.50	111.57	112.64	113.71	114.79	115.86	116.93	23.11	105.07	488.00
15	107.27	108.33	109.40	110.47	111.53	112.60	113.67	114.73	115.80	116.87
16	550.67	105.13	106.19	107.25	108.31	109.38	110.44	111.50	112.56	113.63
17	117.88	118.94	27.79	104.06	586.33	106.18	107.24	108.29	109.35	110.41
18	115.72	116.78	118.83	119.89	120.94	29.43	104.06	105.11	106.17	107.22
19	113.58	114.63	115.68	116.74	117.79	118.84	119.89	120.95	31.06	104.05
20	111.45	112.50	113.55	114.60	115.65	116.70	117.75	118.80	119.85	120.90
21	160.50	110.38	111.43	112.48	113.52	114.57	115.62	116.67	117.71	118.76
22	107.23	108.27	109.32	110.36	111.41	112.45	113.50	114.55	115.59	116.64
23	105.13	106.17	107.22	108.26	109.30	110.35	111.39	112.43	113.48	114.52
24	103.04	104.08	105.13	106.17	107.21	108.25	109.29	161.50	111.38	112.42
25	125.96	40.48	1276.50	104.08	105.12	106.16	260.50	108.24	109.28	110.32
26	124.88	125.92	126.96	42.10	103.04	104.08	105.12	106.15	107.19	108.23
27	123.81	124.85	125.89	126.93	127.96	43.71	103.04	104.07	462.50	106.15
28	122.75	123.79	124.82	125.86	126.89	127.93	128.96	45.33	953.33	104.07
29	121.69	122.72	123.76	124.79	125.83	126.86	127.90	128.93	129.97	46.95

30	120.63	121.67	122.70	123.73	124.77	125.80	126.83	127.87	128.90	129.93
31	119.58	120.61	121.65	122.68	123.71	124.74	125.77	126.81	127.84	128.87
32	118.53	119.56	120.59	121.63	122.66	123.69	124.72	125.75	126.78	127.81
33	117.48	118.52	119.55	120.58	121.61	122.64	123.67	124.70	125.73	126.76
34	116.44	117.47	118.50	119.53	120.56	121.59	122.62	123.65	124.68	125.71
35	115.40	116.43	117.46	118.49	119.51	120.54	121.57	122.60	123.63	124.66
36	114.36	115.39	116.42	117.44	118.47	119.50	120.53	121.56	122.58	123.61
37	113.32	114.35	115.38	116.41	117.43	118.46	119.49	120.51	121.54	122.57
38	112.29	113.32	114.34	115.37	116.39	117.42	118.45	119.47	120.50	121.53
39	111.26	112.28	113.31	114.33	115.36	116.38	117.41	118.44	119.46	120.49
40	110.23	111.25	112.28	113.30	114.33	115.35	116.38	117.40	118.43	119.45
41	101.20	101.22	101.24	101.27	75.51	75.53	75.55	75.56	75.58	75.60
42	103.63	103.66	103.68	103.71	77.33	77.35	77.36	77.38	77.40	77.42
43	106.07	106.10	106.12	106.15	79.15	79.16	79.18	79.20	79.22	79.24
44	108.51	108.54	108.56	108.59	80.96	80.98	81.00	81.02	81.04	81.05
45	110.95	110.98	111.00	111.02	82.78	82.80	82.82	82.84	82.85	82.87
46	113.39	113.41	113.44	113.46	84.60	84.62	84.64	84.65	84.67	84.69
47	115.83	115.85	115.88	115.90	86.42	86.44	86.45	86.47	86.49	86.51
48	118.27	118.29	118.32	118.34	88.24	88.25	88.27	88.29	88.31	88.33

49	78.56	120.73	120.76	120.78	120.80	90.07	90.09	90.11	90.13	90.15
50	123.15	80.16	123.20	123.22	123.24	91.89	91.91	91.93	91.95	91.96
51	125.59	125.61	81.76	125.66	125.68	93.71	93.73	93.75	93.76	93.78
52	128.02	128.05	128.07	83.37	128.12	95.53	95.55	95.56	95.58	95.60
53	130.46	130.49	130.51	130.54	84.97	101.02	101.04	101.06	101.08	101.09
54	99.07	99.09	99.11	99.13	102.89	86.57	102.92	102.94	102.96	102.98
55	100.89	100.91	100.93	100.95	104.77	104.79	88.17	104.83	104.85	104.87
56	102.71	102.73	102.75	102.76	106.66	106.68	106.70	89.78	106.74	106.75
57	104.53	104.55	104.56	104.58	108.55	108.57	108.58	108.60	91.38	108.64
58	106.35	106.36	106.38	106.40	110.43	110.45	110.47	110.49	110.51	92.98
59	108.16	108.18	108.20	108.22	112.32	112.34	112.36	112.38	112.40	112.42
60	109.98	110.00	110.02	110.04	114.21	114.23	114.25	114.26	114.28	114.30
61	111.80	111.82	111.84	111.85	116.09	116.11	116.13	116.15	116.17	116.19
62	113.62	113.64	113.65	113.67	117.98	118.00	118.02	118.04	118.06	118.08
63	115.44	115.45	115.47	115.49	119.87	119.89	119.91	119.92	119.94	119.96

Quadro - 3.16 (continuação)

	59	60	61	62	63
0	0.94	0.95	0.97	0.98	1.00
1	2.52	2.54	2.56	2.57	2.59
2	130.50	4.13	131.50	4.16	131.50

3	121.67	5.71	181.50	122.67	5.76
4	117.75	7.30	154.67	117.50	118.75
5	115.80	8.89	281.50	189.33	115.60
6	110.83	111.00	111.17	111.33	113.50
7	192.75	112.57	113.71	114.86	12.11
8	110.38	111.50	112.63	113.75	114.88
9	111.56	112.67	113.78	114.89	15.29
10	114.90	16.83	354.67	108.20	109.30
11	169.57	110.45	111.55	112.64	113.73
12	115.92	20.00	106.08	254.40	108.25
13	111.54	112.62	113.69	114.77	115.85
14	107.21	108.29	109.36	188.75	111.50
15	117.93	24.76	781.50	106.13	393.75
16	114.69	115.75	116.81	117.88	118.94
17	111.47	112.53	113.59	114.65	115.71
18	108.28	109.33	110.39	111.44	112.50
19	105.11	106.16	107.21	108.26	109.32
20	121.95	32.70	104.05	345.67	106.15
21	119.81	120.86	121.90	112.95	34.33
22	117.68	118.73	119.77	120.82	121.86
23	115.57	116.61	117.65	118.70	119.74
24	113.46	114.50	115.54	116.58	117.63
25	111.36	112.40	113.44	114.48	115.52
26	109.27	110.31	111.35	112.38	113.42
27	107.19	108.22	109.26	110.30	162.50
28	105.11	106.14	107.18	108.21	109.25
29	1480.50	104.07	105.10	106.14	251.92
30	130.97	48.57	103.03	767.50	105.10
31	129.90	130.94	131.97	50.19	1055.33
32	128.84	129.88	130.91	131.94	132.97
33	127.79	128.82	129.85	130.88	131.91
34	126.74	127.76	128.79	129.82	130.85
35	125.69	126.71	127.74	128.77	129.80
36	124.64	125.67	126.69	127.72	128.75
37	123.59	124.62	125.65	126.68	127.70
38	122.55	123.58	124.61	125.63	126.66

39	121.51	122.54	123.56	124.59	125.62
40	120.48	121.50	122.53	123.55	124.58
41	75.62	75.64	75.65	75.67	75.69
42	77.44	77.45	77.47	77.49	77.51
43	79.25	79.27	79.29	79.31	79.33
44	81.07	81.09	81.11	81.13	81.15
45	82.89	82.91	82.93	82.95	82.96
46	84.71	84.73	84.75	84.76	84.78
47	86.53	86.55	86.56	86.58	86.60
48	88.35	88.36	88.38	88.40	88.42
49	90.16	90.18	90.20	90.22	90.24
50	91.98	92.00	92.02	92.04	92.05
51	93.80	93.82	93.84	93.85	93.87
52	95.62	95.64	95.65	95.67	95.69
53	101.11	101.13	101.15	101.17	101.19
54	103.00	103.02	103.04	103.06	103.08
55	104.89	104.91	104.92	104.94	104.96
56	106.77	106.79	106.81	106.83	106.85
57	108.66	108.68	108.70	108.72	108.74
58	110.55	110.57	110.58	110.60	110.62
59	94.59	112.45	112.47	112.49	112.51
60	114.32	96.19	114.36	114.38	114.40
61	116.21	116.23	97.79	116.26	116.28
62	118.09	118.11	118.13	99.40	118.17
63	119.98	120.00	120.02	120.04	101.00

Considere a Tabela - 3.15. As entradas destacadas representam números que se repetem mais do que uma vez. Por outras palavras, verificamos que as entradas da Tabela - 3.15 não são únicas. Mas para encriptar uma sequência de ADN precisamos de entradas únicas. Para tal, dividimos a coluna 1 por 2, a coluna 3, ..., a coluna 64 por 293, ou seja, todas as 64 colunas são divididas pelos primeiros 64 números primos { 2, 3, ..., 293 }. A tabela resultante é apresentada na Tabela - 3.16. Observamos que as entradas da Tabela ainda não são únicas (destacado na Tabela 3. 16). Para cada par (a_i , b_j), (a_k , b_l), $d_{ij} = d_{kl}$, adicionamos um número aleatório qualquer, digamos 10, a d_{ij} ou a d_{kl} . A tabela resultante é apresentada na Tabela - 3.17. Todas as entradas da tabela - 3.17 são únicas e designaremos esta tabela por tabela de encriptação.

Quadro - 3.17

	0	1	2	3	4	5	6	7	8	9	10	11	12
0	0.00	0.02	0.03	0.05	0.06	0.08	0.10	0.11	0.13	0.14	0.16	0.17	0.19
1	0.16	0.17	0.19	0.21	0.22	0.24	0.25	0.27	0.29	0.30	1.75	1.76	1.78
2	0.32	0.33	0.35	12.50	0.38	13.50	0.41	14.50	0.44	15.50	3.33	106.50	3.37
3	0.48	0.49	17.00	0.52	12.33	13.67	0.57	19.50	14.67	0.62	104.33	105.67	4.95
4	0.63	0.65	0.67	15.33	0.70	12.25	13.50	14.75	0.76	13.25	104.50	105.75	6.54
5	0.79	0.81	27.00	19.67	14.50	0.87	12.20	13.40	14.60	15.80	8.10	256.50	104.40
6	0.95	0.97	0.98	1.00	18.00	14.00	1.05	1.06	1.08	1.10	9.68	9.70	9.71
7	1.11	1.13	37.00	37.50	21.50	17.00	1.21	1.22	12.14	13.29	104.43	105.57	106.71
8	1.27	1.29	1.30	29.67	1.33	20.00	1.37	13.43	2.40	12.13	103.25	104.38	105.50
9	1.43	1.44	47.00	1.48	24.50	23.00	1.52	15.86	13.25	1.57	102.11	103.22	104.33
10	1.59	1.60	1.62	35.33	28.00	1.67	1.68	18.29	15.50	13.11	16.03	102.10	103.20
11	1.75	1.76	57.00	39.67	31.50	58.50	1.84	20.71	17.75	15.22	112.00	17.63	102.09
12	1.90	1.92	1.94	1.95	1.97	27.00	2.00	23.14	20.00	17.33	123.00	111.09	19.24
13	2.06	2.08	67.00	67.50	34.50	30.00	2.16	25.57	22.25	19.44	134.00	121.18	110.33
14	2.22	2.24	2.25	49.67	38.00	33.00	2.32	2.33	23.50	21.56	145.00	131.27	119.67
15	2.38	2.40	77.00	2.43	41.50	2.46	2.48	23.43	26.75	23.67	156.00	141.36	129.00
16	2.54	2.56	2.57	55.33	2.60	34.00	31.67	25.86	2.67	25.78	167.00	151.45	138.33
17	2.70	2.71	87.00	59.67	44.50	60.33	33.33	28.29	23.25	27.89	178.00	161.55	147.67
18	2.86	2.87	2.89	2.90	48.00	40.00	35.00	30.71	25.50	3.00	189.00	171.64	157.00
19	3.02	3.03	97.00	97.50	51.50	43.00	36.67	33.14	27.75	100.50	200.00	181.73	166.33
20	3.17	3.19	3.21	69.67	3.24	3.25	38.33	35.57	30.00	25.22	31.90	191.82	175.67
21	3.33	3.35	107.00	3.38	54.50	108.50	40.00	3.44	32.25	39.50	212.00	201.91	185.00
22	3.49	3.51	3.52	75.33	58.00	47.00	41.67	76.67	34.50	29.44	223.00	35.10	194.33
23	3.65	3.67	117.00	79.67	61.50	50.00	43.33	35.86	36.75	31.56	234.00	211.09	203.67
24	3.81	3.83	3.84	3.86	3.87	53.00	45.00	38.29	3.94	33.67	245.00	221.18	38.29
25	3.97	3.98	127.00	127.50	85.67	4.05	45.67	40.71	33.25	35.78	256.00	231.27	210.33
26	4.13	4.14	4.16	89.67	68.00	54.00	47.33	43.14	91.33	37.89	267.00	241.36	219.67
27	4.29	4.30	137.00	4.33	71.50	57.00	49.00	45.57	37.75	4.43	278.00	251.45	229.00
28	4.44	4.46	4.48	95.33	4.51	60.00	50.67	4.56	40.00	33.11	289.00	261.55	355.50
29	4.60	4.62	147.00	99.67	74.50	63.00	52.33	43.43	42.25	35.22	300.00	271.64	247.67
30	4.76	4.78	4.79	4.81	78.00	4.84	54.00	45.86	44.50	37.33	47.78	281.73	257.00

31	4.92	4.94	157.00	157.50	81.50	158.50	55.67	82.25	46.75	39.44	1037.67	291.82	266.33
32	5.08	5.10	5.11	109.67	5.14	110.33	57.33	50.71	5.21	41.56	323.00	301.91	275.67
33	5.24	5.25	167.00	5.29	84.50	70.00	59.00	53.14	43.25	43.67	334.00	52.56	285.00
34	5.40	5.41	5.43	115.33	88.00	73.00	60.67	55.57	45.50	45.78	345.00	311.09	294.33
35	5.56	5.57	177.00	119.67	91.50	5.63	61.33	5.67	47.75	47.89	356.00	1172.33	303.67
36	5.71	5.73	5.75	5.76	5.78	74.00	63.00	53.43	50.00	5.86	367.00	331.27	57.33
37	5.87	5.89	187.00	187.50	125.67	77.00	64.67	77.40	52.25	190.50	378.00	341.36	310.33
38	6.03	6.05	6.06	129.67	98.00	80.00	66.33	58.29	54.50	45.22	389.00	351.45	319.67
39	6.19	6.21	197.00	6.24	101.50	83.00	68.00	60.71	56.75	69.50	400.00	361.55	655.00
40	6.35	6.37	6.38	135.33	6.41	6.43	69.67	63.14	6.48	49.44	63.65	371.64	338.33
41	6.51	6.52	207.00	139.67	104.50	208.50	71.33	65.57	53.25	51.56	412.00	381.73	347.67
42	6.67	6.68	6.70	6.71	108.00	87.00	73.00	6.78	55.50	53.67	528.25	391.82	357.00
43	6.83	6.84	217.00	217.50	111.50	90.00	74.67	219.50	90.60	55.78	434.00	401.91	366.33
44	6.98	7.00	7.02	149.67	7.05	93.00	76.33	65.86	60.00	57.89	445.00	70.02	375.67
45	7.14	7.16	227.00	7.19	114.50	7.22	77.00	68.29	62.25	7.29	456.00	411.09	385.00
46	7.30	7.32	7.33	155.33	118.00	94.00	78.67	70.71	64.50	53.11	467.00	421.18	394.33
47	7.46	7.48	237.00	159.67	121.50	160.33	80.33	73.14	66.75	55.22	478.00	1573.33	403.67
48	7.62	7.63	7.65	7.67	7.68	100.00	82.00	75.57	7.75	57.33	489.00	441.36	76.38
49	7.78	7.79	247.00	247.50	124.50	103.00	100.20	7.89	63.25	103.80	500.00	451.45	410.33
50	7.94	7.95	7.97	169.67	128.00	8.02	85.33	73.43	171.33	61.56	79.52	461.55	419.67
51	8.10	8.11	257.00	8.14	131.50	258.50	87.00	75.86	67.75	63.67	512.00	471.64	429.00
52	8.25	8.27	8.29	175.33	8.32	107.00	88.67	78.29	70.00	65.78	523.00	481.73	655.50
53	8.41	8.43	267.00	179.67	134.50	110.00	90.33	80.71	72.25	67.89	534.00	491.82	447.67
54	8.57	8.59	8.60	8.62	138.00	113.00	110.20	83.14	76.50	8.71	545.00	501.91	457.00
55	8.73	8.75	277.00	277.50	141.50	8.81	93.67	85.57	76.75	280.50	556.00	87.48	466.33
56	8.89	8.90	8.92	189.67	8.95	114.00	95.33	9.00	9.02	65.22	567.00	1123.20	475.67
57	9.05	9.06	287.00	9.10	192.33	117.00	97.00	289.50	73.25	99.50	578.00	521.18	485.00
58	9.21	9.22	9.24	195.33	148.00	120.00	98.67	85.86	75.50	69.44	589.00	531.27	494.33
59	9.37	9.38	297.00	199.67	151.25	122.60	99.83	151.25	77.13	70.89	600.00	848.43	503.67
60	9.52	9.54	9.56	9.57	9.59	9.60	102.00	90.71	80.00	73.67	95.40	551.45	95.43
61	9.68	9.70	307.00	307.50	205.67	308.50	103.67	93.14	82.25	75.78	2037.67	561.55	510.33
62	9.84	9.86	9.87	209.67	158.00	210.33	105.33	95.57	84.50	77.89	623.00	571.64	1244.40
63	10.00	10.02	317.00	10.05	161.50	130.00	107.00	10.11	86.75	10.14	634.00	581.73	529.00

Quadro 3.17 (continuação)

	13	14	15	16	17	18	19	20	21	22	23	24
0	0.21	0.22	0.24	0.25	0.27	0.29	0.30	0.32	0.33	0.35	0.37	0.38
1	1.79	1.81	1.83	1.84	1.86	1.87	1.89	1.90	1.92	1.94	1.95	1.97

2	107.50	3.40	108.50	3.43	109.50	3.46	110.50	3.49	111.50	3.52	112.50	3.56
3	157.50	106.67	5.00	106.33	107.67	5.05	160.50	108.67	5.10	108.33	109.67	5.14
4	104.25	105.50	106.75	6.60	105.25	106.50	107.75	6.67	106.25	107.50	108.75	6.73
5	105.60	106.80	8.17	104.20	174.33	106.60	107.80	8.25	261.50	106.40	107.60	108.80
6	9.73	9.75	9.76	106.67	106.83	107.00	107.17	107.33	107.50	107.67	107.83	108.00
7	107.86	11.33	103.14	104.29	105.43	106.57	107.71	108.86	11.44	241.67	105.29	106.43
8	106.63	107.75	108.88	12.95	103.13	104.25	105.38	106.50	107.63	108.75	109.88	13.08
9	105.44	106.56	107.67	108.78	109.89	14.57	460.50	104.22	156.50	106.44	107.56	108.67
10	104.30	105.40	106.50	107.60	108.70	109.80	110.90	16.19	103.10	104.20	105.30	106.40
11	103.18	104.27	105.36	106.45	107.55	108.64	109.73	110.82	111.91	17.81	103.09	104.18
12	102.08	103.17	104.25	105.33	106.42	107.50	108.58	109.67	110.75	111.83	112.92	19.43
13	20.84	102.08	103.15	104.23	105.31	106.38	107.46	108.54	109.62	110.69	111.77	112.85
14	109.69	22.44	102.07	103.14	104.21	105.29	106.36	107.43	108.50	109.57	110.64	111.71
15	118.38	109.14	24.05	102.07	103.13	104.20	105.27	106.33	107.40	108.47	109.53	110.60
16	127.08	117.29	108.67	25.65	102.06	103.13	104.19	105.25	106.31	107.38	108.44	109.50
17	135.77	125.43	116.33	108.25	27.25	102.06	103.12	104.18	105.24	106.29	107.35	108.41
18	144.46	133.57	124.00	115.50	107.88	28.86	102.06	103.11	104.17	105.22	106.28	107.33
19	153.15	141.71	131.67	122.75	114.76	107.56	30.46	102.05	103.11	104.16	105.21	106.26
20	161.85	149.86	139.33	130.00	121.65	114.11	107.26	32.06	102.05	103.10	104.15	105.20
21	170.54	158.00	147.00	137.25	128.53	120.67	113.53	107.00	33.67	102.05	103.10	104.14

22	179.23	166.14	154.67	144.50	135.41	127.22	119.79	113.00	106.76	35.27	102.05	103.09
23	187.92	174.29	162.33	151.75	142.29	133.78	126.05	119.00	112.52	106.55	36.87	102.04
24	196.62	182.43	170.00	159.00	149.18	140.33	132.32	125.00	118.29	112.09	106.35	38.48
25	849.67	190.57	177.67	166.25	156.06	146.89	138.58	131.00	124.05	117.64	111.70	106.17
26	41.48	198.71	185.33	173.50	162.94	153.44	144.84	137.00	129.81	123.18	117.04	111.33
27	209.69	206.86	193.00	180.75	169.82	160.00	151.11	143.00	135.57	128.73	122.39	116.50
28	218.38	44.67	200.67	188.00	176.71	166.56	157.37	149.00	141.33	134.27	127.74	121.67
29	227.08	209.14	208.33	195.25	183.59	173.11	163.63	155.00	147.10	139.82	133.09	126.83
30	235.77	217.29	47.86	202.50	190.47	179.67	169.89	161.00	152.86	145.36	138.43	132.00
31	244.46	225.43	208.67	209.75	197.35	186.22	176.16	167.00	158.62	150.91	143.78	137.17
32	253.15	233.57	216.33	51.05	204.24	192.78	182.42	173.00	164.38	156.45	149.13	142.33
33	261.85	241.71	555.50	208.25	211.12	200.33	188.68	179.00	170.14	162.00	154.48	147.50
34	270.54	249.86	231.67	215.50	54.24	206.89	194.95	185.00	175.90	167.55	159.83	152.67
35	279.23	258.00	356.50	222.75	1759.50	213.44	201.21	191.00	181.67	173.09	165.17	157.83
36	287.92	266.14	247.00	230.00	214.76	57.43	207.47	197.00	187.43	178.64	170.52	163.00
37	296.62	274.29	254.67	237.25	534.00	207.56	213.74	203.00	193.19	184.18	175.87	168.17
38	305.31	282.43	262.33	244.50	228.33	936.30	60.62	209.00	198.93	189.73	181.22	173.33
39	62.11	290.57	270.00	251.75	235.41	220.67	207.26	215.00	204.71	195.27	186.57	178.50
40	309.69	298.71	277.67	259.00	242.29	227.22	213.53	63.81	210.48	200.82	191.91	183.67
41	318.38	306.86	285.33	266.25	249.18	233.78	219.79	207.00	206.24	206.36	197.26	188.83

42	327.08	66.89	293.00	273.50	256.06	357.50	226.05	213.00	67.00	211.91	202.61	194.00
43	335.77	309.14	300.67	280.75	262.94	246.89	232.32	219.00	206.76	217.45	207.96	199.17
44	344.46	1473.33	308.33	288.00	269.82	253.44	238.58	1477.33	212.52	70.19	213.30	204.33
45	353.15	325.43	71.67	295.25	276.71	260.00	244.84	231.00	218.29	206.55	218.65	209.50
46	361.85	333.57	308.67	302.50	283.59	266.56	251.11	237.00	224.05	212.09	73.38	214.67
47	370.54	341.71	316.33	309.75	290.47	273.11	257.37	243.00	229.81	217.64	206.35	219.83
48	379.23	349.86	324.00	76.44	297.35	279.67	263.63	249.00	235.57	223.18	211.70	76.57
49	387.92	358.00	331.67	1639.67	304.24	286.22	269.89	255.00	358.50	228.73	217.04	206.17
50	396.62	366.14	339.33	315.50	311.12	292.78	276.16	261.00	247.10	234.27	222.39	211.33
51	405.31	374.29	347.00	322.75	81.22	300.33	282.42	267.00	252.86	239.82	227.74	216.50
52	82.75	382.43	354.67	330.00	307.88	306.89	288.68	273.00	258.62	245.36	233.09	221.67
53	2657.50	390.57	362.33	337.25	1774.33	313.44	294.95	279.00	264.38	250.91	238.43	226.83
54	418.38	398.71	370.00	344.50	321.65	86.00	301.21	285.00	270.14	256.45	243.78	232.00
55	427.08	406.86	377.67	351.75	328.53	307.56	307.47	291.00	275.90	262.00	249.13	237.17
56	435.77	89.11	385.33	359.00	335.41	314.11	313.74	297.00	281.67	267.55	254.48	359.50
57	444.46	409.14	393.00	366.25	342.29	320.67	90.78	303.00	287.43	273.09	259.83	247.50
58	453.15	1940.00	400.67	373.50	349.18	327.22	307.26	309.00	293.19	278.64	265.17	252.67
59	461.85	425.43	408.33	380.75	356.06	333.78	313.53	315.00	298.95	284.18	270.52	257.83
60	470.54	433.57	95.48	388.00	362.94	340.33	319.79	95.56	304.71	289.73	275.87	263.00
61	479.23	441.71	3058.50	395.25	369.82	346.89	326.05	307.00	310.48	295.27	281.22	268.17

| 62 | 487.92 | 782.75 | 416.33 | 402.50 | 376.71 | 353.44 | 332.32 | 1038.67 | 306.24 | 300.82 | 286.57 | 273.33 |
| 63 | 496.62 | 458.00 | 1581.75 | 409.75 | 383.59 | 360.00 | 338.58 | 319.00 | 100.33 | 306.36 | 291.91 | 278.50 |

Quadro - 3.17 (continuação)

	25	26	27	28	29	30	31	32	33	34	35	36
0	0.40	0.41	0.43	0.44	0.46	0.48	0.49	0.51	0.52	0.54	0.56	0.57
1	1.98	2.00	2.02	2.03	2.05	2.06	2.08	2.10	2.11	2.13	2.14	2.16
2	113.50	3.59	114.50	3.62	115.50	3.65	116.50	3.68	117.50	3.71	118.50	3.75
3	163.50	110.67	5.19	110.33	111.67	5.24	166.50	112.67	5.29	112.33	113.67	5.33
4	142.67	108.50	109.75	6.79	108.25	109.50	110.75	6.86	109.25	110.50	111.75	6.92
5	8.33	106.20	107.40	108.60	109.80	8.41	266.50	179.33	109.60	110.80	8.49	108.20
6	107.17	107.33	107.50	107.67	107.83	108.00	108.17	108.33	108.50	108.67	107.83	108.00
7	107.57	108.71	109.86	11.56	105.14	106.29	185.75	108.57	109.71	110.86	11.67	106.14
8	104.13	277.33	106.38	107.50	108.63	109.75	110.88	13.21	105.13	106.25	107.38	108.50
9	109.78	110.89	14.71	104.11	105.22	106.33	107.44	108.56	109.67	110.78	111.89	14.86
10	107.50	108.60	109.70	110.80	111.90	16.35	344.67	105.20	106.30	107.40	108.50	109.60
11	105.27	106.36	107.45	108.55	109.64	110.73	111.82	112.91	17.98	104.09	380.33	106.27
12	103.08	104.17	105.25	157.50	107.42	108.50	109.58	110.67	111.75	112.83	113.92	19.62
13	453.67	21.05	103.08	104.15	105.23	106.31	107.38	108.46	109.54	110.62	111.69	112.77
14	112.79	113.86	114.93	22.67	103.07	104.14	105.21	106.29	107.36	108.43	109.50	110.57
15	111.67	112.73	113.80	114.87	115.93	24.29	103.07	104.13	258.50	106.27	158.50	108.40
16	110.56	111.63	112.69	113.75	114.81	115.88	116.94	25.90	103.06	104.13	105.19	106.25
17	109.47	110.53	111.59	112.65	113.71	114.76	115.82	116.88	117.94	27.52	868.50	104.12
18	108.39	109.44	110.50	111.56	112.61	113.67	114.72	115.78	117.83	118.89	119.94	29.14
19	107.32	108.37	109.42	110.47	111.53	112.58	113.63	114.68	115.74	116.79	117.84	118.89
20	106.25	107.30	108.35	109.40	110.45	111.50	112.55	113.60	114.65	115.70	116.75	117.80
21	105.19	106.24	107.29	108.33	109.38	110.43	111.48	112.52	113.57	114.62	115.67	116.71
22	104.14	105.18	106.23	107.27	108.32	109.36	110.41	111.45	112.50	113.55	114.59	115.64
23	103.09	104.13	105.17	106.22	107.26	108.30	109.35	110.39	111.43	112.48	113.52	114.57
24	102.04	103.08	104.13	105.17	106.21	107.25	108.29	109.33	110.38	111.42	112.46	113.50
25	40.08	102.04	103.08	104.12	105.16	106.20	107.24	108.28	109.32	110.36	111.40	112.44
26	106.00	41.68	102.04	103.08	104.12	105.15	106.19	107.23	108.27	109.31	110.35	111.38
27	111.00	105.85	43.29	102.04	103.07	104.11	105.15	106.19	107.22	108.26	109.30	110.33
28	116.00	110.69	105.70	44.89	102.04	103.07	104.11	105.14	106.18	107.21	108.25	109.29
29	121.00	115.54	110.41	105.57	46.49	102.03	103.07	104.10	105.14	106.17	107.21	108.24
30	126.00	120.38	115.11	110.14	105.45	48.10	102.03	103.07	104.10	105.13	106.17	107.20

31	131.00	125.23	119.81	114.71	109.90	105.33	49.70	102.03	103.06	104.10	105.13	106.16
32	136.00	130.08	124.52	119.29	114.34	109.67	105.23	51.30	102.03	103.06	104.09	105.13
33	141.00	134.92	129.22	123.86	118.79	114.00	109.45	105.13	52.90	102.03	103.06	104.09
34	146.00	139.77	133.93	128.43	123.24	118.33	113.68	109.25	105.03	54.51	102.03	103.06
35	151.00	144.62	138.63	133.00	127.69	122.67	117.90	113.38	109.06	104.94	56.11	102.03
36	156.00	149.46	143.33	137.57	132.14	127.00	122.13	117.50	113.09	108.88	104.86	57.71
37	161.00	154.31	148.04	142.14	136.59	131.33	126.35	121.63	117.12	112.82	108.71	104.78
38	166.00	159.15	152.74	146.71	141.03	135.67	130.58	125.75	121.15	116.76	112.57	108.56
39	171.00	164.00	157.44	151.29	145.48	140.00	134.81	129.88	125.18	120.71	116.43	112.33
40	176.00	168.85	162.15	155.86	149.93	144.33	139.03	134.00	129.21	124.65	120.29	116.11
41	181.00	173.69	166.85	160.43	154.38	148.67	143.26	138.13	133.24	128.59	124.14	119.89
42	186.00	178.54	171.56	165.00	158.83	153.00	147.48	142.25	137.27	132.53	128.00	123.67
43	191.00	183.38	176.26	169.57	163.28	157.33	151.71	146.38	141.30	136.47	131.86	127.44
44	196.00	188.23	180.96	174.14	167.72	161.67	155.94	150.50	145.33	140.41	135.71	131.22
45	201.00	193.08	185.67	178.71	172.17	166.00	160.16	154.63	149.36	144.35	139.57	135.00
46	206.00	197.92	190.37	183.29	176.62	170.33	164.39	158.75	153.39	148.29	143.43	138.78
47	211.00	202.77	195.07	187.86	181.07	174.67	168.61	162.88	157.42	152.24	147.29	142.56
48	216.00	207.62	199.78	192.43	185.52	179.00	172.84	167.00	161.45	156.18	151.14	146.33
49	221.00	212.46	204.48	197.00	189.97	183.33	177.06	171.13	165.48	160.12	155.00	150.11
50	79.76	217.31	209.19	201.57	194.41	187.67	181.29	175.25	169.52	164.06	158.86	153.89
51	2563.50	222.15	213.89	206.14	198.86	192.00	185.52	179.38	173.55	168.00	162.71	157.67
52	211.00	82.95	218.59	210.71	203.31	196.33	189.74	183.50	177.58	171.94	166.57	161.44
53	216.00	205.85	223.30	215.29	207.76	200.67	193.97	187.63	181.61	175.88	170.43	165.22
54	221.00	210.69	86.14	219.86	212.21	205.00	198.19	191.75	185.64	179.82	174.29	169.00
55	557.50	215.54	205.70	224.43	216.66	209.33	202.42	195.88	189.67	183.76	178.14	172.78
56	231.00	220.38	210.41	89.33	221.10	213.67	206.65	200.00	193.70	187.71	182.00	176.56
57	236.00	225.23	957.50	1910.33	225.55	218.00	210.87	204.13	197.73	191.65	185.86	180.33
58	241.00	230.08	219.81	210.14	92.52	222.33	215.10	208.25	201.76	195.59	189.71	184.11
59	246.00	234.92	224.52	214.71	2965.50	226.67	219.32	212.38	205.79	199.53	193.57	187.89
60	251.00	239.77	229.22	219.29	209.90	95.71	223.55	216.50	209.82	203.47	197.43	191.67
61	256.00	244.62	233.93	223.86	214.34	205.33	227.77	220.63	213.85	207.41	201.29	195.44
62	261.00	249.46	238.63	228.43	218.79	1559.50	98.90	224.75	217.88	211.35	205.14	199.22
63	266.00	254.31	360.50	233.00	532.42	214.00	2111.33	228.88	221.91	215.29	209.00	203.00

Quadro - 3.17 (continuação)

	37	38	39	40	41	42	43	44	45	46
0	0.59	0.60	0.62	0.63	0.65	0.67	0.68	0.70	0.71	0.73

1	2.17	2.19	2.21	2.22	2.24	2.25	2.27	2.29	2.30	2.32
2	119.50	3.78	120.50	3.81	121.50	3.84	122.50	3.87	123.50	3.90
3	169.50	114.67	5.38	114.33	115.67	5.43	172.50	116.67	5.48	116.33
4	146.67	111.50	112.75	6.98	111.25	112.50	113.75	7.05	112.25	113.50
5	109.40	110.60	111.80	8.57	271.50	110.40	111.60	112.80	8.65	110.20
6	108.17	108.33	108.50	108.67	108.83	109.00	109.17	109.33	108.50	108.67
7	149.40	108.43	109.57	110.71	111.86	11.78	372.50	108.29	109.43	110.57
8	109.63	110.75	111.88	13.33	106.13	107.25	171.60	109.50	110.63	111.75
9	469.50	106.22	159.50	108.44	109.56	110.67	111.78	112.89	15.00	106.11
10	110.70	111.80	112.90	16.51	105.10	132.25	107.30	108.40	109.50	110.60
11	107.36	108.45	109.55	110.64	111.73	112.82	113.91	18.16	105.09	106.18
12	104.08	105.17	209.50	107.33	108.42	109.50	110.58	111.67	112.75	113.83
13	113.85	114.92	21.25	104.08	105.15	106.23	107.31	108.38	109.46	110.54
14	111.64	112.71	113.79	114.86	115.93	22.89	104.07	483.33	106.21	107.29
15	109.47	110.53	111.60	112.67	113.73	114.80	115.87	116.93	24.52	104.07
16	107.31	108.38	109.44	110.50	111.56	112.63	113.69	114.75	115.81	116.88
17	251.14	106.24	107.29	108.35	109.41	110.47	111.53	112.59	113.65	114.71
18	103.06	461.50	105.17	106.22	107.28	139.30	109.39	110.44	111.50	112.56
19	119.95	30.76	103.05	104.11	105.16	106.21	107.26	108.32	109.37	110.42
20	118.85	119.90	120.95	32.38	103.05	104.10	105.15	685.33	107.25	108.30

21	117.76	118.81	119.86	120.90	111.95	34.00	103.05	104.10	105.14	106.19
22	116.68	117.73	118.77	119.82	120.86	121.91	122.95	35.62	103.05	104.09
23	115.61	116.65	117.70	118.74	119.78	120.83	121.87	122.91	123.96	37.24
24	114.54	115.58	116.63	117.67	118.71	119.75	120.79	121.83	122.88	123.92
25	113.48	114.52	115.56	116.60	117.64	118.68	119.72	120.76	121.80	122.84
26	112.42	113.46	114.50	115.54	116.58	117.62	118.65	119.69	120.73	121.77
27	111.37	112.41	113.44	114.48	115.52	116.56	117.59	118.63	119.67	120.70
28	110.32	111.36	112.39	113.43	114.46	115.50	116.54	117.57	118.61	119.64
29	109.28	110.31	111.34	112.38	113.41	114.45	115.48	116.52	117.55	118.59
30	108.23	109.27	110.30	111.33	112.37	113.40	114.43	115.47	116.50	117.53
31	107.19	108.23	109.26	110.29	111.32	112.35	113.39	114.42	115.45	116.48
32	106.16	107.19	108.22	109.25	110.28	111.31	112.34	113.38	114.41	115.44
33	105.12	106.15	107.18	108.21	109.24	110.27	111.30	112.33	113.36	114.39
34	104.09	105.12	106.15	107.18	108.21	109.24	110.26	111.29	112.32	113.35
35	103.06	104.09	105.11	106.14	107.17	108.20	109.23	110.26	111.29	112.31
36	102.03	103.06	104.08	105.11	106.14	107.17	108.19	109.22	110.25	111.28
37	59.32	102.03	103.05	104.08	105.11	106.14	107.16	108.19	109.22	110.24
38	104.70	60.92	102.03	103.05	104.08	105.11	106.13	107.16	108.18	109.21
39	108.41	104.63	62.52	102.03	103.05	104.08	105.10	106.13	107.15	108.18
40	112.11	108.26	104.56	64.13	102.03	103.05	104.08	105.10	106.13	107.15

41	115.81	111.89	108.13	104.50	65.73	101.02	101.05	101.07	101.10	101.12
42	119.51	115.53	111.69	108.00	103.44	67.33	103.49	103.51	103.54	103.56
43	123.22	119.16	115.26	111.50	105.88	105.90	68.94	105.95	105.98	106.00
44	126.92	122.79	118.82	115.00	108.32	108.34	108.37	70.54	108.41	108.44
45	130.62	126.42	122.38	118.50	110.76	110.78	110.80	110.83	72.14	110.88
46	134.32	130.05	125.95	122.00	113.20	113.22	113.24	113.27	113.29	73.75
47	138.03	133.68	129.51	125.50	115.63	115.66	115.68	115.71	115.73	115.76
48	141.73	137.32	133.08	129.00	118.07	118.10	118.12	118.15	118.17	118.20
49	145.43	140.95	136.64	132.50	120.51	120.54	120.56	120.59	120.61	120.63
50	149.14	144.58	140.21	136.00	122.95	122.98	123.00	123.02	123.05	123.07
51	152.84	148.21	143.77	139.50	125.39	125.41	125.44	125.46	125.49	125.51
52	156.54	151.84	147.33	143.00	127.83	127.85	127.88	127.90	127.93	127.95
53	160.24	155.47	150.90	146.50	97.11	97.13	97.15	97.16	97.18	97.20
54	163.95	159.11	154.46	150.00	98.93	98.95	98.96	98.98	99.00	99.02
55	167.65	162.74	158.03	153.50	100.75	100.76	100.78	100.80	100.82	100.84
56	171.35	166.37	161.59	157.00	102.56	102.58	102.60	102.62	102.64	102.65
57	175.05	170.00	165.15	160.50	104.38	104.40	104.43	104.41	104.45	104.47
58	178.76	173.63	168.72	164.00	106.20	106.22	106.24	106.25	106.27	106.29
59	182.46	177.26	172.28	167.50	108.02	108.04	108.05	108.07	108.09	108.11
60	186.16	180.89	175.85	171.00	109.84	109.85	109.87	109.89	109.91	109.93

61	189.86	184.53	179.41	174.50	111.65	111.67	111.69	111.71	111.73	111.75
62	193.57	188.16	182.97	178.00	113.47	113.49	113.51	113.53	113.55	113.56
63	197.27	191.79	186.54	181.50	115.29	115.31	115.33	115.35	115.36	115.38

Quadro - 3.17 (continuação)

	47	48	49	50	51	52	53	54	55	56
0	0.75	0.76	0.78	0.79	0.81	0.83	0.84	0.86	0.87	0.89
1	2.33	2.35	2.37	2.38	2.40	2.41	2.43	2.44	2.46	2.48
2	124.50	3.94	125.50	3.97	126.50	4.00	127.50	4.03	128.50	4.06
3	117.67	5.52	175.50	118.67	5.57	118.33	119.67	5.62	178.50	120.67
4	114.75	7.11	113.25	114.50	115.75	7.17	114.25	115.50	116.75	7.24
5	184.33	112.60	113.80	8.73	276.50	112.40	113.60	114.80	8.81	112.20
6	108.83	109.00	130.80	109.33	109.50	109.67	109.83	131.80	110.17	110.33
7	111.71	112.86	11.89	108.14	109.29	110.43	111.57	112.71	113.86	12.00
8	112.88	13.46	107.13	285.33	109.38	110.50	111.63	113.75	113.88	13.59
9	107.22	108.33	193.80	110.56	111.67	112.78	113.89	15.14	478.50	108.22
10	111.70	112.80	113.90	16.67	106.10	107.20	108.30	109.40	110.50	111.60
11	385.33	108.36	109.45	110.55	111.64	112.73	113.82	114.91	18.33	232.20
12	114.92	19.81	105.08	106.17	107.25	160.50	109.42	110.50	111.58	112.67
13	111.62	112.69	113.77	114.85	115.92	21.46	677.50	106.15	107.23	108.31
14	108.36	109.43	110.50	111.57	112.64	113.71	114.79	115.86	116.93	23.11
15	105.13	106.20	107.27	108.33	109.40	110.47	111.53	112.60	113.67	114.73

16	117.94	26.16	550.67	105.13	106.19	107.25	108.31	109.38	110.44	111.50
17	115.76	116.82	117.88	118.94	27.79	104.06	586.33	106.18	107.24	108.29
18	113.61	114.67	115.72	116.78	118.83	119.89	120.94	29.43	104.06	105.11
19	111.47	112.53	113.58	114.63	115.68	116.74	117.79	118.84	119.89	120.95
20	109.35	110.40	111.45	112.50	113.55	114.60	115.65	116.70	117.75	118.80
21	107.24	108.29	160.50	110.38	111.43	112.48	113.52	114.57	115.62	116.67
22	105.14	106.18	107.23	108.27	109.32	110.36	111.41	112.45	113.50	114.55
23	103.04	104.09	105.13	106.17	107.22	108.26	109.30	110.35	111.39	112.43
24	124.96	38.86	103.04	104.08	105.13	106.17	107.21	108.25	109.29	161.50
25	123.88	124.92	125.96	40.48	1276.50	104.08	105.12	106.16	260.50	108.24
26	122.81	123.85	124.88	125.92	126.96	42.10	103.04	104.08	105.12	106.15
27	121.74	122.78	123.81	124.85	125.89	126.93	127.96	43.71	103.04	104.07
28	120.68	121.71	122.75	123.79	124.82	125.86	126.89	127.93	128.96	45.33
29	119.62	120.66	121.69	122.72	123.76	124.79	125.83	126.86	127.90	128.93
30	118.57	119.60	120.63	121.67	122.70	123.73	124.77	125.80	126.83	127.87
31	117.52	118.55	119.58	120.61	121.65	122.68	123.71	124.74	125.77	126.81
32	116.47	117.50	118.53	119.56	120.59	121.63	122.66	123.69	124.72	125.75
33	115.42	116.45	117.48	118.52	119.55	120.58	121.61	122.64	123.67	124.70
34	114.38	115.41	116.44	117.47	118.50	119.53	120.56	121.59	122.62	123.65
35	113.34	114.37	115.40	116.43	117.46	118.49	119.51	120.54	121.57	122.60

36	112.31	113.33	114.36	115.39	116.42	117.44	118.47	119.50	120.53	121.56
37	111.27	112.30	113.32	114.35	115.38	116.41	117.43	118.46	119.49	120.51
38	110.24	111.26	112.29	113.32	114.34	115.37	116.39	117.42	118.45	119.47
39	109.21	110.23	111.26	112.28	113.31	114.33	115.36	116.38	117.41	118.44
40	108.18	109.20	110.23	111.25	112.28	113.30	114.33	115.35	116.38	117.40
41	101.15	101.17	101.20	101.22	101.24	101.27	75.51	75.53	75.55	75.56
42	103.59	103.61	103.63	103.66	103.68	103.71	77.33	77.35	77.36	77.38
43	106.02	106.05	106.07	106.10	106.12	106.15	79.15	79.16	79.18	79.20
44	108.46	108.49	108.51	108.54	108.56	108.59	80.96	80.98	81.00	81.02
45	110.90	110.93	110.95	110.98	111.00	111.02	82.78	82.80	82.82	82.84
46	113.34	113.37	113.39	113.41	113.44	113.46	84.60	84.62	84.64	84.65
47	75.35	115.80	115.83	115.85	115.88	115.90	86.42	86.44	86.45	86.47
48	118.22	76.95	118.27	118.29	118.32	118.34	88.24	88.25	88.27	88.29
49	120.66	120.68	78.56	120.73	120.76	120.78	120.80	90.07	90.09	90.11
50	123.10	123.12	123.15	80.16	123.20	123.22	123.24	91.89	91.91	91.93
51	125.54	125.56	125.59	125.61	81.76	125.66	125.68	93.71	93.73	93.75
52	127.98	128.00	128.02	128.05	128.07	83.37	128.12	95.53	95.55	95.56
53	97.22	97.24	130.46	130.49	130.51	130.54	84.97	101.02	101.04	101.06
54	99.04	99.05	99.07	99.09	99.11	99.13	102.89	86.57	102.92	102.94
55	100.85	100.87	100.89	100.91	100.93	100.95	104.77	104.79	88.17	104.83

5 6	102.67	102.69	102.71	102.73	102.75	102.76	106.66	106.68	106.70	89.78
5 7	104.49	104.51	104.53	104.55	104.56	104.58	108.55	108.57	108.58	108.60
5 8	106.31	106.33	106.35	106.36	106.38	106.40	110.43	110.45	110.47	110.49
5 9	108.13	108.15	108.16	108.18	108.20	108.22	112.32	112.34	112.36	112.38
6 0	109.95	109.96	109.98	110.00	110.02	110.04	114.21	114.23	114.25	114.26
6 1	111.76	111.78	111.80	111.82	111.84	111.85	116.09	116.11	116.13	116.15
6 2	113.58	113.60	113.62	113.64	113.65	113.67	117.98	118.00	118.02	118.04
6 3	115.40	115.42	115.44	115.45	115.47	115.49	119.87	119.89	119.91	119.92

Quadro - 3.17 (continuação)

	57	58	59	60	61	62	63
0	0.90	0.92	0.94	0.95	0.97	0.98	1.00
1	2.49	2.51	2.52	2.54	2.56	2.57	2.59
2	129.50	4.10	130.50	4.13	131.50	4.16	131.50
3	5.67	120.33	121.67	5.71	181.50	122.67	5.76
4	153.33	116.50	117.75	7.30	154.67	117.50	118.75
5	113.40	114.60	115.80	8.89	281.50	189.33	115.60
6	110.50	110.67	110.83	111.00	111.17	111.33	113.50
7	379.50	110.29	192.75	112.57	113.71	114.86	12.11
8	108.13	109.25	110.38	111.50	112.63	113.75	114.88
9	162.50	110.44	111.56	112.67	113.78	114.89	15.29
10	112.70	113.80	114.90	16.83	354.67	108.20	109.30
11	107.18	108.27	169.57	110.45	111.55	112.64	113.73
12	113.75	114.83	115.92	20.00	106.08	254.40	108.25
13	109.38	110.46	111.54	112.62	113.69	114.77	115.85
14	105.07	488.00	107.21	108.29	109.36	188.75	111.50
15	115.80	116.87	117.93	24.76	781.50	106.13	393.75
16	112.56	113.63	114.69	115.75	116.81	117.88	118.94
17	109.35	110.41	111.47	112.53	113.59	114.65	115.71
18	106.17	107.22	108.28	109.33	110.39	111.44	112.50

19	31.06	104.05	105.11	106.16	107.21	108.26	109.32
20	119.85	120.90	121.95	32.70	104.05	345.67	106.15
21	117.71	118.76	119.81	120.86	121.90	112.95	34.33
22	115.59	116.64	117.68	118.73	119.77	120.82	121.86
23	113.48	114.52	115.57	116.61	117.65	118.70	119.74
24	111.38	112.42	113.46	114.50	115.54	116.58	117.63
25	109.28	110.32	111.36	112.40	113.44	114.48	115.52
26	107.19	108.23	109.27	110.31	111.35	112.38	113.42
27	462.50	106.15	107.19	108.22	109.26	110.30	162.50
28	953.33	104.07	105.11	106.14	107.18	108.21	109.25
29	129.97	46.95	1480.50	104.07	105.10	106.14	251.92
30	128.90	129.93	130.97	48.57	103.03	767.50	105.10
31	127.84	128.87	129.90	130.94	131.97	50.19	1055.33
32	126.78	127.81	128.84	129.88	130.91	131.94	132.97
33	125.73	126.76	127.79	128.82	129.85	130.88	131.91
34	124.68	125.71	126.74	127.76	128.79	129.82	130.85
35	123.63	124.66	125.69	126.71	127.74	128.77	129.80
36	122.58	123.61	124.64	125.67	126.69	127.72	128.75
37	121.54	122.57	123.59	124.62	125.65	126.68	127.70
38	120.50	121.53	122.55	123.58	124.61	125.63	126.66
39	119.46	120.49	121.51	122.54	123.56	124.59	125.62
40	118.43	119.45	120.48	121.50	122.53	123.55	124.58
41	75.58	75.60	75.62	75.64	75.65	75.67	75.69
42	77.40	77.42	77.44	77.45	77.47	77.49	77.51
43	79.22	79.24	79.25	79.27	79.29	79.31	79.33
44	81.04	81.05	81.07	81.09	81.11	81.13	81.15
45	82.85	82.87	82.89	82.91	82.93	82.95	82.96
46	84.67	84.69	84.71	84.73	84.75	84.76	84.78
47	86.49	86.51	86.53	86.55	86.56	86.58	86.60
48	88.31	88.33	88.35	88.36	88.38	88.40	88.42
49	90.13	90.15	90.16	90.18	90.20	90.22	90.24
50	91.95	91.96	91.98	92.00	92.02	92.04	92.05
51	93.76	93.78	93.80	93.82	93.84	93.85	93.87
52	95.58	95.60	95.62	95.64	95.65	95.67	95.69
53	101.08	101.09	101.11	101.13	101.15	101.17	101.19
54	102.96	102.98	103.00	103.02	103.04	103.06	103.08
55	104.85	104.87	104.89	104.91	104.92	104.94	104.96
56	106.74	106.75	106.77	106.79	106.81	106.83	106.85
57	91.38	108.64	108.66	108.68	108.70	108.72	108.74

58	110.51	92.98	110.55	110.57	110.58	110.60	110.62
59	112.40	112.42	94.59	112.45	112.47	112.49	112.51
60	114.28	114.30	114.32	96.19	114.36	114.38	114.40
61	116.17	116.19	116.21	116.23	97.79	116.26	116.28
62	118.06	118.08	118.09	118.11	118.13	99.40	118.17
63	119.94	119.96	119.98	120.00	120.02	120.04	101.00

Quadro - 3.18

	0	1	2	3	4	5	6	7	8
0	0.0000	0.0053	0.0063	0.0068	0.0058	0.0061	0.0056	0.0058	0.0055
1	0.0794	0.0582	0.0381	0.0295	0.0202	0.0183	0.0149	0.0142	0.0124
2	0.1587	0.1111	0.0698	1.7857	0.0346	1.0385	0.0243	0.7632	0.0193
3	0.2381	0.1640	3.4000	0.0748	1.1212	1.0513	0.0336	1.0263	0.6377
4	0.3175	0.2169	0.1333	2.1905	0.0635	0.9423	0.7941	0.7763	0.0331
5	10.3968	0.2698	5.4000	2.8095	1.3182	0.0672	0.7176	0.7053	0.6348
6	10.4762	0.3228	0.1968	0.1429	1.6364	1.0769	0.0616	0.0560	0.0469
7	10.5556	0.3757	7.4000	5.3571	1.9545	1.3077	0.0710	0.0643	0.5280
8	0.6349	0.4286	0.2603	4.2381	0.1212	1.5385	0.0803	0.7068	0.1042
9	0.7143	0.4815	9.4000	0.2109	2.2273	1.7692	0.0896	0.8346	0.5761
10	0.7937	0.5344	0.3238	5.0476	2.5455	0.1282	0.0990	0.9624	0.6739
11	0.8730	0.5873	11.4000	5.6667	2.8636	1.5000	0.1083	1.0902	0.7717
12	0.9524	0.6402	0.3873	0.2789	0.1789	2.0769	0.1176	1.2180	0.8696
13	1.0317	0.6931	13.4000	9.6429	3.1364	2.3077	0.1270	1.3459	0.9674
14	1.1111	0.7460	0.4508	7.0952	3.4545	2.5385	0.1363	0.1228	1.0217

15	1.1905	0.7989	15.4000	0.3469	3.7727	0.1893	0.1457	1.2331	1.1630
16	1.2698	0.8519	0.5143	7.9048	0.2367	2.6154	1.8627	1.3609	0.1159
17	1.3492	0.9048	17.4000	8.5238	4.0455	4.6410	1.9608	1.4887	1.0109
18	1.4286	0.9577	0.5778	0.4150	4.3636	3.0769	2.0588	1.6165	1.1087
19	1.5079	1.0106	19.4000	13.9286	4.6818	3.3077	2.1569	1.7444	1.2065
20	1.5873	1.0635	0.6413	9.9524	0.2944	0.2503	2.2549	1.8722	1.3043
21	1.6667	1.1164	21.4000	0.4830	4.9545	8.3462	2.3529	0.1813	1.4022
22	1.7460	1.1693	0.7048	10.7619	5.2727	3.6154	2.4510	4.0351	1.5000
23	1.8254	11.2222	23.4000	11.3810	5.5909	3.8462	2.5490	1.8872	1.5978
24	1.9048	1.2751	0.7683	0.5510	0.3521	4.0769	2.6471	2.0150	0.1712
25	1.9841	1.3280	25.4000	18.2143	7.7879	0.3114	2.6863	2.1429	1.4457
26	2.0635	1.3810	0.8317	22.8095	6.1818	4.1538	2.7843	2.2707	3.9710
27	2.1429	1.4339	27.4000	0.6190	6.5000	4.3846	2.8824	2.3985	1.6413
28	2.2222	1.4868	0.8952	13.6190	0.4098	4.6154	2.9804	0.2398	1.7391
29	2.3016	1.5397	29.4000	14.2381	6.7727	4.8462	3.0784	2.2857	1.8370
30	2.3810	1.5926	0.9587	0.6871	7.0909	0.3724	3.1765	2.4135	1.9348
31	2.4603	1.6455	31.4000	22.5000	7.4091	12.1923	3.2745	4.3289	2.0326
32	2.5397	1.6984	1.0222	15.6667	0.4675	8.4872	3.3725	2.6692	0.2264
33	2.6190	1.7513	33.4000	0.7551	7.6818	5.3846	3.4706	2.7970	1.8804
34	2.6984	1.8042	1.0857	16.4762	8.0000	5.6154	3.5686	2.9248	1.9783

35	2.7778	1.8571	35.4000	17.0952	8.3182	0.4335	3.6078	0.2982	2.0761
36	2.8571	1.9101	1.1492	0.8231	0.5253	5.6923	3.7059	2.8120	2.1739
37	2.9365	1.9630	37.4000	26.7857	11.4242	5.9231	3.8039	4.0737	2.2717
38	3.0159	2.0159	1.2127	18.5238	8.9091	6.1538	3.9020	3.0677	2.3696
39	3.0952	2.0688	39.4000	0.8912	9.2273	6.3846	4.0000	3.1955	2.4674
40	3.1746	2.1217	1.2762	19.3333	0.5830	0.4945	4.0980	3.3233	0.2816
41	3.2540	2.1746	41.4000	19.9524	9.5000	16.0385	4.1961	3.4511	2.3152
42	3.3333	2.2275	1.3397	0.9592	9.8182	6.6923	4.2941	0.3567	2.4130
43	3.4127	2.2804	43.4000	31.0714	10.1364	6.9231	4.3922	11.5526	3.9391
44	3.4921	2.3333	1.4032	21.3810	0.6407	7.1538	4.4902	3.4662	2.6087
45	3.5714	2.3862	45.4000	1.0272	10.4091	0.5556	4.5294	3.5940	2.7065
46	3.6508	2.4392	1.4667	22.1905	10.7273	7.2308	4.6275	3.7218	2.8043
47	3.7302	2.4921	47.4000	22.8095	11.0455	12.3333	4.7255	3.8496	2.9022
48	3.8095	2.5450	1.5302	1.0952	0.6984	7.6923	4.8235	3.9774	0.3368
49	3.8889	2.5979	49.4000	35.3571	11.3182	7.9231	5.8941	0.4152	2.7500
50	3.9683	2.6508	1.5937	24.2381	11.6364	0.6166	5.0196	3.8647	7.4493
51	4.0476	2.7037	51.4000	1.1633	11.9545	19.8846	5.1176	3.9925	2.9457
52	4.1270	2.7566	1.6571	25.0476	0.7561	8.2308	5.2157	4.1203	3.0435
53	4.2063	12.8095	53.4000	25.6667	12.2273	8.4615	5.3137	4.2481	3.1413
54	4.2857	2.8624	1.7206	1.2313	12.5455	8.6923	6.4824	4.3759	3.3261

55	4.3651	2.9153	55.4000	39.6429	12.8636	0.6777	5.5098	4.5038	3.3370
56	4.4444	2.9683	1.7841	27.0952	0.8139	8.7692	5.6078	0.4737	0.3920
57	4.5238	3.0212	57.4000	1.2993	17.4848	9.0000	5.7059	15.2368	3.1848
58	4.6032	3.0741	1.8476	27.9048	13.4545	9.2308	5.8039	4.5188	3.2826
59	4.6825	3.1270	59.4000	28.5238	13.7500	9.4308	5.8725	7.9605	3.3533
60	4.7619	3.1799	1.9111	1.3673	0.8716	0.7387	6.0000	4.7744	3.4783
61	4.8413	3.2328	61.4000	43.9286	18.6970	23.7308	6.0980	4.9023	3.5761
62	4.9206	3.2857	1.9746	29.9524	14.3636	16.1795	6.1961	5.0301	3.6739
63	5.0000	3.3386	63.4000	1.4354	14.6818	10.0000	6.2941	0.5322	3.7717

Quadro - 3.18 (continuação)

	9	10	11	12	13	14	15	16	17
0	0.005	0.0051	0.005	0.0046	0.0048	0.0047	0.0045	0.00472	0.0044
1	0.01	0.0563	0.0476	0.0434	0.0417	0.038	0.0344	0.0312	0.0304
2	0.535	0.1075	2.8784	0.0821	2.5	0.0723	2.0472	0.0581	1.7951
3	0.021	3.3656	2.8559	0.1208	3.6628	2.2695	0.0943	1.8023	1.765
4	0.457	3.371	2.8581	0.1595	2.4244	2.2447	2.0142	0.1119	1.7254
5	0.545	0.2611	6.9324	2.5463	2.4558	2.2723	0.1542	1.7661	2.8579
6	0.038	0.3123	0.2621	0.2369	0.2263	0.2074	0.1842	1.8079	1.751
7	0.458	3.3687	2.8533	2.6028	2.5083	0.2411	1.9461	1.7676	1.7283
8	0.418	3.3306	2.8209	2.5732	2.4797	2.2926	2.0542	0.2195	1.6906
9	0.054	3.2939	2.7898	2.5447	2.4522	2.2671	2.0314	1.8437	1.8015
10	0.452	0.5172	2.7595	2.5171	2.4256	2.2426	2.0094	1.8237	1.782
11	0.525	3.6129	0.47661	2.49	2.3996	2.2186	1.988	1.8043	1.763
12	0.598	3.9677	3.0025	0.469	2.374	2.19	1.967	1.7853	1.7445
13	0.8	4.3226	3.2752	2.6911	0.49	2.1718	1.9463	1.7666	1.7264
14	0.743	4.6774	3.5479	2.9187	2.551	0.47754	1.9259	1.7482	1.7084

15	0.816	5.0323	3.8206	3.1463	2.7531	2.3222	0.453	1.7299	1.6907
16	0.889	5.3871	4.0934	3.374	2.9553	2.4954	2.0503	0.434	1.6732
17	0.96	5.7419	4.3661	3.6016	3.1574	2.6687	2.195	1.8347	0.4468
18	0.103	6.0968	4.6388	3.8293	3.3596	2.8419	2.3396	1.9576	1.7686
19	3.466	6.4516	4.9115	4.0569	3.5617	3.0152	2.4843	2.0805	1.8814
20	0.87	1.0292	5.1843	4.2846	3.7639	3.1884	2.6289	2.2034	1.9942
21	1.362	6.8387	5.457	4.5122	3.966	3.3617	2.7736	2.3263	2.107
22	1.015	7.1935	0.9485	4.7398	4.1682	3.535	2.9182	2.4492	2.2199
23	1.088	7.5484	5.7052	4.9675	4.3703	3.7082	3.0629	2.572	2.3327
24	1.161	7.9032	5.9779	0.9338	4.5725	3.8815	3.2075	2.6949	2.4455
25	1.234	8.2581	6.2506	5.1301	19.7597	4.0547	3.3522	2.8178	2.5583
26	1.307	8.6129	6.5233	5.3577	0.9646	4.228	3.4969	2.9407	2.6712
27	0.153	8.9677	6.7961	5.5854	4.8766	4.4012	3.6415	3.0636	2.784
28	1.142	9.3226	7.0688	8.6707	5.0787	0.9504	3.7862	3.1864	2.8968
29	1.215	9.6774	7.3415	6.0407	5.2809	4.4498	3.9308	3.3093	3.0096
30	1.287	1.5412	7.6143	6.2683	5.483	4.6231	0.90296	3.4322	3.1225
31	1.36	33.4731	7.887	6.4959	5.6852	4.7964	3.9371	3.5551	3.2353
32	1.433	10.4194	8.1597	6.7236	5.8873	4.9696	4.0818	0.8652	3.3481
33	1.506	10.7742	1.4204	6.9512	6.0894	5.1429	10.4811	3.5297	3.4609
34	1.579	11.129	8.4079	7.1789	6.2916	5.3161	4.3711	3.6525	0.8891
35	1.651	11.4839	31.6847	7.4065	6.4937	5.4894	6.7264	3.7754	28.8443
36	0.202	11.8387	8.9533	1.3984	6.6959	5.6626	4.6604	3.8983	3.5207
37	6.569	12.1935	9.226	7.5691	6.898	5.8359	4.805	4.0212	8.7541
38	1.55	12.5484	9.4988	7.7967	7.1002	6.0091	4.9497	4.1441	3.7464
39	2.397	12.9032	9.7715	15.9756	1.4444	6.1824	5.0943	4.2669	3.8592
40	1.705	2.053	10.0442	8.252	7.2021	6.3556	5.239	4.3898	3.972
41	1.778	13.2903	10.317	8.4797	7.4043	6.5289	5.3836	4.5127	4.0849
42	1.851	17.0403	10.5897	8.7073	7.6064	1.4232	5.5283	4.6356	4.1977
43	1.923	14	10.8624	8.935	7.8086	6.5775	5.673	4.7585	4.3105

44	1.996	14.3548	1.8923	9.1626	8.0107	31.3475	5.8176	4.8814	4.4233
45	0.251	14.7097	11.1106	9.3902	8.2129	6.924	1.3522	5.0042	4.5362
46	1.831	15.0645	11.3833	9.6179	8.415	7.0973	5.8239	5.1271	4.649
47	1.904	15.4194	42.5225	9.8455	8.6172	7.2705	5.9686	5.25	4.7618
48	1.977	15.7742	11.9287	1.863	8.8193	7.4438	6.1132	1.2957	4.8746
49	3.579	16.129	12.2015	10.0081	9.0215	7.617	6.2579	27.791	4.9875
50	2.123	2.5653	12.4742	10.2358	9.2236	7.7903	6.4025	5.3475	5.1003
51	2.195	16.5161	12.7469	10.4634	9.4258	7.9635	6.5472	5.4703	1.3315
52	2.268	16.871	13.0197	15.9878	1.9243	8.1368	6.6918	5.5932	5.0473
53	2.341	17.2258	13.2924	10.9187	61.8023	8.31	6.8365	5.7161	29.0874
54	0.301	17.5806	13.5651	11.1463	9.7299	8.4833	6.9811	5.839	5.2729
55	9.672	17.9355	2.3642	11.374	9.932	8.6565	7.1258	5.9619	5.3857
56	2.249	18.2903	30.3568	11.6016	10.1342	1.896	7.2704	6.0847	5.4986
57	3.431	18.6452	14.086	11.8293	10.3363	8.7052	7.4151	6.2076	5.6114
58	2.395	19	14.3587	12.0569	10.5385	41.2766	7.5597	6.3305	5.7242
59	2.444	19.3548	22.9305	12.2846	10.7406	9.0517	7.7044	6.4534	5.837
60	2.54	3.0773	14.9042	2.3275	10.9428	9.2249	1.8014	6.5763	5.9499
61	2.613	65.7312	15.1769	12.4472	11.1449	9.3982	57.7075	6.6992	6.0627
62	2.686	20.0968	15.4496	30.3512	11.347	16.6543	7.8553	6.822	6.1755
63	0.35	20.4516	15.7224	12.9024	11.5492	9.7447	29.8443	6.9449	6.2883

Quadro - 3.18 (continuação)

	18	19	20	21	22	23	24	25	26
0	0.004	0.00425	0.0043	0.00422	0.00421	0.0041	0.00393	0.0039	0.00401
1	0.028	0.0266	0.0261	0.02	0.02333	0.0219	0.0203	0.0196	0.0194
2	0.0516	1.5563	0.0478	1.4114	0.04245	1.264	0.0367	1.1238	0.0348
3	0.0753	2.2606	1.4886	0.0645	1.3052	1.2322	0.053	1.6188	1.0744
4	1.5896	1.5176	0.0913	1.3449	1.2952	1.2219	0.0694	1.412	1.0534
5	1.591	1.5183	0.1131	3.3101	1.2819	1.209	1.1216	0.0825	1.031
6	1.597	1.5094	1.4703	1.36	1.2972	1.2116	1.1134	1.0611	1.0421

7	1.5906	1.5171	1.4912	0.1449	2.9116	1.183	1.0972	1.0651	1.0555
8	1.556	1.4842	1.4589	1.3623	1.3102	1.2346	0.1348	1.0309	2.6926
9	0.2175	6.4859	1.4277	1.981	1.2825	1.2085	1.1203	1.0869	1.0766
10	1.6388	1.562	0.2218	1.305	1.2554	1.1831	1.096	1.0644	1.0544
11	1.6214	1.5455	1.5181	1.4166	0.2146	1.1583	1.074	1.0423	1.032
12	1.6045	1.5293	1.5023	1.4019	1.3474	1.2687	0.2003	1.0206	1.0113
13	1.5878	1.5135	1.4868	1.3875	1.3336	1.2558	1.1634	4.4917	0.2043
14	1.5714	1.498	1.4716	1.3734	1.32	1.2432	1.1517	1.1167	1.1054
15	1.5552	1.4826	1.4566	1.3595	1.3068	1.2307	1.1402	1.1056	1.094
16	1.5392	1.467	1.4418	1.3457	1.2937	1.2184	1.1289	1.0947	1.0837
17	1.5233	1.4524	1.4271	1.3321	1.2807	1.2062	1.1176	1.0839	1.0731
18	0.4307	1.4374	1.4125	1.3186	1.2677	1.1941	1.1065	1.0732	1.0626
19	1.6053	0.429	1.398	1.3051	1.254	1.1821	1.0955	1.0625	1.0521
20	1.7032	1.5107	0.4392	1.2918	1.2422	1.1702	1.0845	1.05	1.0417
21	1.801	1.599	1.4658	0.42621	1.2295	1.1584	1.0736	1.0415	1.0314
22	1.8988	1.6872	1.5479	1.3514	0.42493	1.1466	1.0628	1.0311	1.0212
23	1.9967	1.7754	1.6301	1.4244	1.2837	0.4143	1.052	1.0207	1.011
24	2.0945	1.8636	1.7123	1.4973	1.3505	1.1949	0.3967	1.0103	1.0008
25	2.1924	1.951	1.7945	1.5702	1.4173	1.255	1.0945	0.3968	0.9907
26	2.2902	2.04	1.8767	1.6432	1.4841	1.3151	1.1478	1.0495	0.404
27	2.3881	2.1282	1.9589	1.7161	1.5509	1.3752	1.201	1.099	1.0276
28	2.4859	2.2165	2.0411	1.789	1.6177	1.4353	1.2543	1.1485	1.0747
29	2.5837	2.3047	2.1233	1.862	1.6846	1.4954	1.3076	1.198	1.1217
30	2.6816	2.3929	2.2055	1.9349	1.7514	1.5554	1.3608	1.2475	1.1688
31	2.7794	2.4811	2.2877	2.0078	1.8182	1.6155	1.4141	1.297	1.2158
32	2.8773	2.5693	2.3699	2.0808	1.885	1.6756	1.4674	1.3465	1.2629
33	2.99	2.6575	2.4521	2.1537	1.9518	1.7357	1.5206	1.396	1.3099
34	3.0879	2.7457	2.5342	2.2266	2.0186	1.7958	1.5739	1.4455	1.357
35	3.1857	2.834	2.6164	2.2996	2.0854	1.8559	1.6271	1.495	1.404
36	0.8571	2.9222	2.6986	2.3725	2.1522	1.916	1.6804	1.5446	1.4511

37	3.0978	3.0104	2.7808	2.4454	2.2191	1.9761	1.7337	1.5941	1.4981
38	14.276	0.8538	2.863	2.5184	2.2859	2.0362	1.7869	1.6436	1.545
39	3.2935	2.9192	2.9452	2.5913	2.3527	2.0962	1.8402	1.6931	1.5922
40	3.3914	3.0074	0.8741	2.6643	2.4195	2.1563	1.8935	1.7426	1.6393
41	3.4892	3.0956	2.8356	2.6106	2.4863	2.2164	1.9467	1.7921	1.6863
42	5.3358	3.1838	2.9178	0.848	2.5531	2.2765	2	1.8416	1.7334
43	3.6849	3.2721	3	2.6172	2.6199	2.336	2.0533	1.8911	1.7804
44	3.7828	3.3603	20.2374	2.6902	0.8457	2.3967	2.1065	1.9406	1.8275
45	3.8806	3.4485	3.1644	2.7631	2.4885	2.4568	2.1598	1.9901	1.8745
46	3.9784	3.5367	3.2466	2.836	2.5553	0.8245	2.2131	2.0396	1.9216
47	4.0763	3.6249	3.3288	2.909	2.6221	2.3185	2.2663	12.0891	1.9686
48	4.1741	3.7131	3.411	2.9819	2.6889	2.3786	0.7894	12.1386	2.0157
49	4.272	3.8013	3.4932	4.538	2.7558	2.4387	2.1254	12.1881	2.0627
50	4.3698	3.8895	3.5753	3.1278	2.8226	2.4988	2.1787	0.7897	2.1098
51	4.4826	3.9778	3.6575	3.2007	2.8894	2.5589	2.232	25.3812	2.1568
52	4.5804	4.066	3.7397	3.2737	2.9562	2.619	2.2852	2.0891	0.8054
53	4.6783	4.1542	3.8219	3.3466	3.023	2.679	2.3385	2.1386	1.9985
54	1.2836	4.2424	3.9041	3.4195	3.0898	2.7391	2.3918	2.1881	2.0456
55	4.5904	4.3306	3.9863	3.4925	3.1566	2.7992	2.445	5.5198	2.0926
56	4.6882	4.4188	4.0685	3.5654	3.2234	2.8593	3.7062	2.2871	2.1397
57	4.7861	1.2786	4.1507	3.6383	3.2903	2.9194	2.5515	2.3366	2.1867
58	4.8839	4.3277	4.2329	3.7113	3.3571	2.9795	2.6048	2.3861	2.2338
59	4.9818	4.4159	4.3151	3.7842	3.4239	3.0396	2.6581	2.4356	2.2808
60	5.0796	4.5041	1.309	3.8571	3.4907	3.0997	2.7113	2.4851	2.3279
61	5.1774	4.5923	4.2055	3.9301	3.5575	3.1597	2.7646	2.5347	2.3749
62	5.2753	4.6805	14.2283	3.8764	3.6243	3.2198	2.8179	2.5842	2.422
63	5.3731	4.7687	4.3699	1.27	3.6911	3.2799	2.8711	2.6337	2.469

Quadro - 3.18 (continuação)

	27	28	29	30	31	32	33	34	35

0	0.0042	0.0041	0.0041	0.00374	0.0038	0.0037	0.00351	0.00357	0.00353
1	0.0188	0.0186	0.0181	0.0162	0.0159	0.0151	0.0142	0.0141	0.0136
2	1.0701	0.0332	1.0221	0.0287	0.8893	0.0265	0.7886	0.0246	0.7548
3	0.0485	1.0122	0.9882	0.0412	1.271	0.81	0.0355	0.7439	0.724
4	1.0257	0.0623	0.95	0.8622	0.8454	0.0493	0.7332	0.7318	0.7118
5	1.0037	0.9963	0.9717	0.0662	2.0344	1.2902	0.7356	0.7338	0.0541
6	1.0047	0.9878	0.9543	0.8504	0.8257	0.7794	0.7282	0.719	0.6868
7	1.0267	0.106	0.9305	0.8369	1.4179	0.7811	0.7363	0.7342	0.0743
8	0.9942	0.9862	0.9613	0.8642	0.8464	0.095	0.7055	0.7036	0.6839
9	0.1375	0.9551	0.931	0.8373	0.8202	0.781	0.736	0.7336	0.712
10	1.0252	1.0165	0.9903	0.1287	2.631	0.7568	0.7134	0.711	0.6911
11	1.0042	0.9958	0.9702	0.8719	0.8536	0.8123	0.1207	0.6893	2.4225
12	0.9836	1.445	0.9506	0.8543	0.8365	0.7962	0.75	0.747	0.7256
13	0.9633	0.9555	0.9312	0.8371	0.8197	0.7803	0.7352	0.7326	0.7114
14	1.0741	0.208	0.9121	0.82	0.8032	0.7646	0.7205	0.7181	0.6975
15	1.0636	1.0538	1.026	0.1912	0.78	0.7492	1.7349	0.7038	1.0096
16	1.0532	1.0436	1.016	0.9124	0.8927	0.1864	0.691	0.6896	0.67
17	1.0429	1.0335	1.0062	0.9037	0.8841	0.8409	0.7916	0.1823	5.5318
18	1.0327	1.023	0.9966	0.895	0.8757	0.8329	0.7908	0.7873	0.764
19	1.0226	1.0135	0.987	0.8864	0.867	0.8251	0.7768	0.7734	0.7506
20	1.0126	1.003	0.9774	0.878	0.8592	0.8173	0.7695	0.766	0.7436
21	1.0027	0.9939	0.968	0.8695	0.851	0.8095	0.7622	0.7591	0.7367
22	0.9928	0.9842	0.9586	0.8611	0.8428	0.8018	0.75503	0.752	0.7299
23	0.9829	0.9745	0.9492	0.8528	0.8347	0.7942	0.7479	0.7449	0.7231
24	0.9731	0.9648	0.9399	0.8445	0.8267	0.7866	0.7408	0.7379	0.7163
25	0.9634	0.9552	0.9306	0.8362	0.8186	0.779	0.7337	0.7309	0.7096
26	0.9536	0.9457	0.9214	0.828	0.8106	0.771	0.7266	0.7239	0.7028
27	0.40453	0.9361	0.9122	0.8198	0.8027	0.7639	0.7196	0.7169	0.696
28	0.9879	0.4118	0.903	0.8116	0.7947	0.7564	0.7126	0.71	0.6895
29	1.0318	0.9685	0.411	0.8034	0.7868	0.7489	0.7056	0.7031	0.6828

30	1.0758	1.0105	0.9332	0.378	0.7789	0.7415	0.6987	0.6962	0.6762
31	1.1198	1.0524	0.9725	0.8294	0.3794	0.734	0.6917	0.6894	0.6696
32	1.1637	1.0944	1.0119	0.8635	0.8033	0.3691	0.6848	0.6825	0.663
33	1.2077	1.1363	1.0513	0.8976	0.8355	0.7563	0.3551	0.6757	0.6564
34	1.2516	1.1782	1.0906	0.9318	0.8678	0.7857	0.7049	0.361	0.6499
35	1.2956	1.2202	1.13	0.9659	0.9	0.8156	0.7319	0.695	0.3574
36	1.3396	1.2621	1.1694	1	0.9323	0.8453	0.759	0.7211	0.6679
37	1.3835	1.3041	1.2087	1.0341	0.9645	0.875	0.786	0.7472	0.6924
38	1.4275	1.346	1.2481	1.0682	0.9968	0.9047	0.8131	0.7733	0.717
39	1.4714	1.3879	1.2875	1.1024	1.0291	0.9344	0.8401	0.7994	0.7416
40	1.5154	1.4299	1.3268	1.1365	1.0613	0.964	0.8672	0.8255	0.7662
41	1.5594	1.4718	1.3662	1.1706	1.0936	0.9937	0.8942	0.8516	0.7907
42	1.6033	1.5138	1.4056	1.2047	1.1258	1.0234	0.9213	0.8777	0.8153
43	1.6473	1.5557	1.4449	1.2388	1.1581	1.0531	0.9483	0.9038	0.8399
44	1.6912	1.5976	1.4843	1.273	1.1903	1.0827	0.9754	0.9299	0.8644
45	1.7352	1.6396	1.5236	1.3071	1.2226	1.1124	1.0024	0.956	0.889
46	1.7792	1.6815	1.563	1.3412	1.2549	1.1421	1.0295	0.9821	0.9136
47	1.8231	1.7235	1.6024	1.3753	1.2871	1.1718	1.0565	1.0082	0.9381
48	1.8671	1.7654	1.6417	1.4094	1.3194	1.2014	1.0836	1.0343	0.9627
49	1.911	1.8073	1.6811	1.4436	1.3516	1.2311	1.1106	1.0604	0.9873
50	1.955	1.8493	1.7205	1.4777	1.3839	1.2608	1.1377	1.0865	1.0118
51	1.999	1.8912	1.7598	1.5118	1.4162	1.2905	1.1647	1.1126	1.0364
52	2.0429	1.9332	1.7992	1.5459	1.4484	1.3201	1.1918	1.1387	1.061
53	2.0869	1.9751	1.8386	1.5801	1.4807	1.3498	1.2188	1.1648	1.0855
54	0.8051	2.017	1.8779	1.6142	1.5129	1.3795	1.2459	1.1909	1.1101
55	1.9225	2.059	1.9173	1.6483	1.5452	1.4092	1.2729	1.217	1.1347
56	1.9664	0.8196	1.9567	1.6824	1.5774	1.4388	1.3	1.2431	1.1592
57	8.9486	17.526	1.996	1.7165	1.6097	1.4685	1.327	1.2692	1.1838
58	2.0543	1.9279	0.8188	1.7507	1.642	1.4982	1.3541	1.2953	1.2084

5 9	2.0983	1.9699	26.2434	1.7848	1.6742	1.5279	1.3811	1.3214	1.2329
6 0	2.1423	2.0118	1.8575	0.7537	1.7065	1.5576	1.4082	1.3475	1.2575
6 1	2.1862	2.0537	1.8969	1.6168	1.7387	1.5872	1.4352	1.3736	1.2821
6 2	2.2302	2.0957	1.9362	12.2795	0.755	1.6169	1.4623	1.3997	1.3066
6 3	3.3692	2.1376	4.7117	1.685	16.117	1.6466	1.4893	1.4258	1.3312

Quadro - 3.18 (continuação)

	36	37	38	39	40	41	42	43	44
0	0.00351	0.00352	0.003	0.00345	0.00351	0.00342	0.0035	0.00346	0.00351
1	0.0132	0.013	0.0127	0.0116	0.0123	0.012	0.0117	0.011	0.0115
2	0.023	0.715	0.0218	0.6309	0.021	0.6361	0.0199	0.621	0.0195
3	0.0327	1.015	0.6628	0.02817	0.63167	0.6056	0.0281	0.8756	0.5863
4	0.0425	0.8782	0.6445	0.5903	0.0386	0.5825	0.5829	0.577	0.0354
5	0.6638	0.6551	0.6393	0.5853	0.0474	1.4215	0.57	0.56649	0.5668
6	0.6626	0.6477	0.6262	0.5681	0.6004	0.5698	0.5648	0.554	0.5494
7	0.6512	0.8946	0.6268	0.5737	0.6117	0.5856	0.061	1.8909	0.5441
8	0.6656	0.65	0.64	0.5857	0.0737	0.5556	0.55414	0.8711	0.55025
9	0.0911	2.8114	0.614	0.8351	0.5991	0.5736	0.5734	0.568	0.5673
1 0	0.6724	0.6629	0.6462	0.5911	0.09131	0.5502	0.6852	0.54	0.54472
1 1	0.652	0.6429	0.6269	0.5735	0.6113	0.585	0.584	0.5782	0.0912
1 2	0.1204	0.623	0.6079	1.0969	0.594	0.5676	0.5674	0.5613	0.5611
1 3	0.6918	0.6817	0.6643	0.1113	0.57501	0.55054	0.55043	0.54471	0.5446
1 4	0.6784	0.6685	0.6515	0.5957	0.6346	0.607	0.1186	0.52828	2.4288
1 5	0.665	0.6555	0.6389	0.5843	0.6225	0.5955	0.5948	0.5882	0.5876
1 6	0.6518	0.6426	0.6264	0.573	0.6105	0.5841	0.5835	0.5771	0.5766
1 7	0.6388	1.5038	0.6141	0.5618	0.5986	0.5728	0.5724	0.5661	0.5658
1 8	0.1788	0.617	2.6676	0.55061	0.5869	0.5617	0.8264	0.5553	0.555
1 9	0.7294	0.7182	0.1778	0.53954	0.5752	0.5506	0.5503	0.5445	0.5443
2 0	0.7227	0.7117	0.69	0.6332	0.1789	0.53953	0.5394	0.5338	3.4439
2 1	0.716	0.7052	0.686	0.6275	0.668	0.5861	0.1762	0.523	0.5231
2 2	0.7094	0.698	0.6805	0.6218	0.662	0.6328	0.6317	0.6241	0.179
2 3	0.7029	0.6923	0.6743	0.6162	0.656	0.6271	0.626	0.6186	0.6177

24	0.6963	0.6859	0.6681	0.6106	0.6501	0.6215	0.6205	0.6132	0.6122
25	0.6898	0.6795	0.66	0.605	0.6442	0.6159	0.6149	0.6077	0.6068
26	0.6833	0.6732	0.6558	0.5995	0.6383	0.6104	0.6094	0.6023	0.6015
27	0.6769	0.6669	0.649	0.5939	0.6325	0.6048	0.6039	0.5969	0.5961
28	0.6705	0.6606	0.643	0.5884	0.6267	0.59929	0.5984	0.5916	0.5908
29	0.6641	0.6543	0.6376	0.583	0.6209	0.5938	0.593	0.5862	0.5855
30	0.6577	0.6481	0.6316	0.5775	0.6151	0.5883	0.58756	0.5809	0.5802
31	0.6513	0.6419	0.6256	0.572	0.6093	0.5828	0.5821	0.5756	0.575
32	0.6449	0.6357	0.6196	0.5666	0.60359	0.5774	0.5767	0.5703	0.5697
33	0.6386	0.6295	0.6136	0.5612	0.5979	0.5719	0.5714	0.565	0.5645
34	0.6323	0.6233	0.6076	0.55674	0.5921	0.5665	0.566	0.55972	0.5592
35	0.6259	0.6171	0.6017	0.55034	0.5864	0.56111	0.5606	0.5545	0.5541
36	0.3541	0.6109	0.595	0.54494	0.5807	0.5558	0.55527	0.5492	0.54886
37	0.6428	0.3552	0.5898	0.5396	0.57503	0.55041	0.5499	0.544	0.5437
38	0.666	0.627	0.352	0.53417	0.5694	0.5449	0.54459	0.5387	0.5385
39	0.6892	0.64913	0.604	0.3273	0.5637	0.5395	0.53926	0.5335	0.5333
40	0.7123	0.6713	0.6258	0.5475	0.3543	0.5342	0.53394	0.5283	0.5281
41	0.7355	0.6935	0.6468	0.56612	0.57735	0.3441	0.5234	0.51294	0.50791
42	0.7587	0.7156	0.6678	0.5848	0.5967	0.5416	0.3489	0.5253	0.5202
43	0.7819	0.7378	0.688	0.6034	0.616	0.5543	0.5487	0.3499	0.5324
44	0.805	0.76	0.7098	0.6221	0.6354	0.56711	0.56135	0.5501	0.3545
45	0.8282	0.7822	0.7308	0.6408	0.6547	0.5799	0.574	0.5625	0.5569
46	0.8514	0.8043	0.7517	0.6594	0.674	0.5926	0.5866	0.57484	0.5692
47	0.8746	0.8265	0.7727	0.6781	0.6934	0.6054	0.5993	0.5872	0.5814
48	0.8978	0.8487	0.7937	0.6967	0.7127	0.6181	0.6119	0.5996	0.5937
49	0.9209	0.8709	0.8147	0.7154	0.732	0.631	0.6245	0.612	0.606
50	0.9441	0.893	0.8357	0.7341	0.7514	0.6437	0.6372	0.6244	0.6182
51	0.9673	0.9152	0.8567	0.7527	0.7707	0.6565	0.6498	0.6367	0.6305
52	0.9905	0.9374	0.877	0.7714	0.7901	0.6693	0.6625	0.6491	0.6427

53	1.0136	0.9595	0.8987	0.79	0.8094	0.508	0.5033	0.49312	0.4882
54	1.0368	0.9817	0.9197	0.8087	0.8287	0.5179	0.51267	0.5024	0.4973
55	1.06	1.0039	0.9407	0.8274	0.8481	0.5275	0.52209	0.5116	0.5065
56	1.0832	1.0261	0.9617	0.846	0.8674	0.537	0.53151	0.52081	0.51566
57	1.1063	1.0482	0.9827	0.8647	0.8867	0.5465	0.5409	0.5392	0.5248
58	1.1295	1.0704	1.004	0.8833	0.9061	0.556	0.5504	0.53927	0.5339
59	1.1527	1.0926	1.0246	0.902	0.9254	0.5655	0.5598	0.54851	0.5431
60	1.1759	1.1147	1.0456	0.9207	0.9448	0.5751	0.5691	0.5577	0.5522
61	1.199	1.1369	1.0666	0.9393	0.9641	0.5846	0.5786	0.567	0.5614
62	1.2222	1.1591	1.0876	0.958	0.9834	0.5941	0.588	0.5762	0.5705
63	1.2454	1.1813	1.1086	0.9766	1.0028	0.6036	0.5975	0.5854	0.5796

Quadro - 3.18 (continuação)

	45	46	47	48	49	50	51	52	53
0	0.003338	0.003327	0.0032	0.0033	0.00333	0.00349	0.00354	0.00355	0.00354
1	0.0109	0.01039	0.01027	0.0103	0.01015	0.0148	0.0105	0.0104	0.0102
2	0.58531	0.01751	0.548	0.017	0.53836	0.0175	0.5524	0.0172	0.533
3	0.026	0.5217	0.51835	0.0241	0.7532	0.5228	0.0243	0.507	0.5008
4	0.532	0.509	0.50551	0.0311	0.486	0.5411	0.50546	0.0308	0.46683
5	0.041	0.494	0.812	0.491	0.489	0.0385	1.2074	0.4824	0.47531
6	0.5142	0.4873	0.4794	0.476	0.561	0.4816	0.4782	0.4707	0.4596
7	0.5186	0.4958	0.49213	0.493	0.051	0.4764	0.478	0.4739	0.4669
8	0.5243	0.50112	0.497	0.0588	0.4598	1.257	0.4776	0.4742	0.46705
9	0.0711	0.4758	0.47234	0.4731	0.8318	0.48703	0.4876	0.484	0.47652
10	0.519	0.496	0.4925	0.492	0.4888	0.0734	0.4633	0.4601	0.4531
11	0.4981	0.47615	1.6975	0.4732	0.4698	0.48698	0.4875	0.4838	0.4762
12	0.5344	0.5105	0.50624	0.0865	0.451	0.46769	0.4683	0.6888	0.4578
13	0.5188	0.49569	0.4917	0.4921	0.4883	0.5059	0.5062	0.0921	2.8347
14	0.5034	0.48111	0.4773	0.4779	10.4742	0.49151	0.4919	0.488	0.4803
15	0.1162	10.4667	0.46314	0.4638	0.4604	0.4772	0.47773	0.47411	0.4667

16	0.5489	0.5241	0.5195	0.1142	2.3634	0.4631	0.4637	0.4603	0.4532
17	0.5386	0.51438	0.51	0.5101	0.50593	0.524	0.1214	0.44661	2.4533
18	0.5284	0.5047	0.5005	0.5007	0.4967	0.5144	0.5189	0.5145	0.506
19	0.5183	0.4952	0.4911	0.4914	0.48746	0.505	0.5052	0.501	0.4928
20	0.5082	0.4857	0.4817	0.4822	0.47833	0.4956	0.49585	0.4918	0.4839
21	0.4983	0.47619	0.4724	0.4729	10.6888	0.48626	0.4866	0.48273	0.475
22	0.48837	0.4668	0.4632	0.4637	0.4602	0.47697	0.4774	0.4737	0.46615
23	0.5875	0.167	0.45394	0.4545	0.4512	0.46773	0.4682	0.4646	0.4573
24	0.5823	0.5557	0.5505	0.1697	0.4422	0.45852	0.4591	0.4557	0.4486
25	0.5773	0.5509	0.5457	0.5455	0.54061	0.1783	5.5742	0.4467	0.4398
26	0.5722	0.5461	0.542	0.5408	0.5359	0.5547	0.5544	0.1807	0.4311
27	0.5671	0.5413	0.5363	0.5362	0.5314	0.55	0.5497	0.5447	0.5354
28	0.5621	0.5365	0.5316	0.5315	0.5268	0.5453	0.5451	0.5402	0.5309
29	0.5571	0.5318	0.52696	0.5269	0.5223	0.5406	0.5404	0.5356	0.52648
30	0.5521	0.5271	0.52232	0.5223	0.5177	0.536	0.5358	0.531	0.52204
31	0.5472	0.52235	0.51769	0.5177	0.51322	0.5313	0.5312	0.5265	0.51762
32	0.5422	0.51766	0.51308	0.5131	0.5087	0.5267	0.5266	0.522	0.51321
33	0.5373	0.5298	0.50848	0.5085	0.50423	0.5221	0.52208	0.5175	0.5088
34	0.5323	0.50831	0.5039	0.504	0.4997	0.51749	0.517	0.513	0.5044
35	0.5274	0.5037	0.49931	0.4994	0.4953	0.51291	0.5129	0.5085	0.5001
36	0.5225	0.499	0.4947	0.4949	0.4908	0.5083	0.5084	0.5041	0.49571
37	0.51761	0.4944	0.4902	0.4904	0.4864	0.50375	0.5038	0.4996	0.4913
38	0.5127	0.4897	0.4856	0.4859	0.4819	0.4992	0.4993	0.4951	0.48701
39	0.5078	0.4851	0.48108	0.4814	0.4775	0.4946	0.4948	0.4907	0.4827
40	0.503	0.4805	0.47654	0.4769	0.4731	0.49009	0.4903	0.4863	0.4783
41	0.47914	0.4535	0.4456	0.4418	0.43431	0.4459	0.44212	0.4346	0.3159
42	0.49069	0.4644	0.4563	0.4524	0.4448	0.45665	0.4528	0.4451	0.3235
43	0.5023	0.4753	0.4671	0.4631	0.45525	0.4674	0.46341	0.45556	0.3312
44	0.51381	0.48627	0.4778	0.4738	0.4657	0.47813	0.47407	0.466	0.3388

45	0.34191	0.4972	0.4886	0.4844	0.4761	0.4889	0.4847	0.4765	0.3464
46	0.5369	0.3307	0.4431	0.495	0.4867	0.49962	0.4954	0.487	0.354
47	0.5485	0.5191	0.3319	0.5057	0.4971	0.5104	0.50602	0.4974	0.3616
48	0.5601	0.53	0.5208	0.336	0.5076	0.5211	0.5167	0.5079	0.3692
49	0.5716	0.541	0.53154	0.527	0.3371	0.5319	0.5273	0.5184	0.5055
50	0.5832	0.5519	0.5423	0.5377	0.5285	0.3531	0.538	0.5288	0.5157
51	0.5947	0.5628	0.553	0.5483	0.539	0.5533	0.357	0.5393	0.5259
52	0.6063	0.5738	0.5638	0.559	0.5495	0.5641	0.5593	0.3578	0.5361
53	0.46058	0.4359	0.4283	0.4246	0.5599	0.5748	0.5699	0.5602	0.3555
54	0.4692	0.444	0.43628	0.4326	0.42521	0.4365	0.4328	0.4254	0.4305
55	0.47781	0.45218	0.4443	0.4405	0.43301	0.4445	0.4407	0.4332	0.4384
56	0.48643	0.46033	0.4523	0.4484	0.4408	0.4525	0.4487	0.441	0.4463
57	0.49501	0.4685	0.46031	0.4564	0.44861	0.46055	0.4566	0.4488	0.4542
58	0.50366	0.47664	0.46832	0.4643	0.4564	0.4686	0.46456	0.4567	0.46207
59	0.5123	0.4848	0.4763	0.4723	0.4642	0.4766	0.4725	0.4645	0.47
60	0.5209	0.4929	0.48434	0.4802	0.472	0.4846	0.4804	0.4723	0.4779
61	0.5295	0.5012	0.4924	0.4881	0.4798	0.4926	0.4884	0.4801	0.4858
62	0.5381	0.5093	0.5004	0.4961	0.48763	0.5006	0.4963	0.4879	0.4936
63	0.5467	0.5174	0.50837	0.504	0.49544	0.5086	0.5042	0.4957	0.5015

Quadro - 3.18 (continuação)

	54	55	56	57	58	59	60	61	62	63
0	0.0036	0.00348	0.00346	0.00344	0.0034	0.00356	0.00346	0.00345	0.00358	0.0034
1	0.0101	0.0098	0.0096	0.0095	0.0093	0.0093	0.0092	0.00909	0.0091	0.0088
2	0.0167	0.512	0.0158	0.4923	0.0152	0.4815	0.0149	0.468	0.0147	0.448
3	0.0233	0.7112	0.4695	0.0215	0.4473	0.449	0.0206	0.6459	0.4335	0.0197
4	0.47925	0.4651	0.0282	0.58302	0.4331	0.43451	0.0264	0.55042	0.4152	0.4053
5	0.47635	0.0351	0.435	0.4312	0.426	0.4273	0.0321	1.0018	0.669	0.3945
6	0.5469	0.438	0.4293	0.42015	0.4114	0.4089	0.4007	0.395	0.3934	0.3874
7	0.4676	0.4536	0.0467	1.443	0.41	0.7113	0.4064	0.4047	0.40468	0.0413
8	0.471	0.456	0.0529	0.4111	0.4061	0.4073	0.402	0.4008	0.4019	0.3921

9	0.0628	1.9064	0.4211	0.6179	0.4106	0.41164	0.4067	0.4049	0.40597	0.0522
10	0.4539	0.44024	0.4342	0.4285	0.423	0.424	0.0607	1.2622	0.3823	0.373
11	0.4768	0.073	0.9035	0.4075	0.4025	0.6257	0.3988	0.397	0.398	0.3881
12	0.4585	0.44456	0.43839	0.4325	0.4269	0.4277	0.0722	0.37752	0.8989	0.3695
13	0.44047	0.42721	0.42143	0.41591	0.4106	0.4116	0.4066	0.4046	0.4055	0.3954
14	0.4807	0.46585	0.0899	0.39951	1.8141	0.3956	0.3909	0.3892	0.667	0.3805
15	0.4672	0.4529	0.4464	0.4403	0.4344	0.4352	0.0894	2.7811	0.37503	1.3439
16	0.45384	0.44	0.4339	0.428	0.4224	0.4232	0.41787	0.4157	0.4165	0.4059
17	0.4406	0.4272	0.4214	0.4158	0.4105	0.4113	0.4062	0.40423	0.4051	0.3949
18	0.1221	0.4146	0.409	0.40368	0.3986	0.3995	0.3947	0.3928	0.3938	0.38396
19	0.4931	0.47767	0.4706	0.1181	0.3868	0.38784	0.38324	0.3815	0.3826	0.37309
20	0.4842	0.4691	0.4623	0.45571	0.4494	0.45	0.118	0.3703	1.2214	0.3623
21	0.47541	0.4606	0.454	0.44758	0.4415	0.4421	0.4363	0.4338	0.3991	0.1172
22	0.46662	0.45219	0.4457	0.4395	0.4336	0.4343	0.4286	0.4262	0.4269	0.4159
23	0.4579	0.4438	0.4375	0.4315	0.4257	0.42644	0.421	0.41869	0.4194	0.4087
24	0.4492	0.4354	0.6284	0.4235	0.4179	0.4187	0.4134	0.4112	0.412	0.4015
25	0.4405	1.0378	0.4212	0.4155	0.4101	0.4109	0.4058	0.4037	0.4045	0.3943
26	0.43185	0.4188	0.413	0.4076	0.4023	0.4032	0.3982	0.3962	0.3971	0.3871
27	0.1814	0.41051	0.405	1.7586	0.3946	0.3955	0.3907	0.3888	0.3897	0.5546
28	0.5308	0.5138	0.1764	3.6248	0.3869	0.3878	0.3832	0.3814	0.3824	0.3729
29	0.5264	0.5095	0.5017	0.4942	0.1745	5.4631	0.3757	0.374	0.375	0.8598
30	0.52219	0.5053	0.49754	0.4901	0.483	0.4833	0.1753	0.36667	2.712	0.3587
31	0.5176	0.5011	0.4934	0.4861	0.4791	0.4793	0.4727	0.4696	0.1774	3.6018
32	0.5132	0.4969	0.4893	0.4821	0.4751	0.4754	0.4689	0.4659	0.4662	0.4538
33	0.5089	0.4927	0.4852	0.4781	0.4712	0.4715	0.465	0.4621	0.4625	0.4502
34	0.5045	0.4885	0.4811	0.4741	0.4673	0.4677	0.4612	0.4583	0.4587	0.4466
35	0.5002	0.4843	0.477	0.4701	0.4634	0.4638	0.4575	0.4546	0.455	0.443
36	0.4959	0.4802	0.473	0.46612	0.4595	0.4599	0.4537	0.4509	0.4513	0.4394
37	0.4915	0.476	0.46892	0.46213	0.4556	0.4561	0.4499	0.4471	0.4476	0.43585
38	0.4872	0.4719	0.4649	0.4582	0.4518	0.4522	0.4461	0.4434	0.4439	0.4323
39	0.4829	0.4678	0.4608	0.45424	0.4479	0.4484	0.4424	0.4397	0.4402	0.4287
40	0.4786	0.4636	0.4568	0.4503	0.4441	0.4446	0.4386	0.436	0.4366	0.4252
41	0.3134	0.301	0.294	0.2874	0.281	0.279	0.2731	0.2692	0.2674	0.2583

42	0.3209	0.30822	0.3011	0.2943	0.2878	0.2857	0.2796	0.2757	0.2738	0.2645
43	0.3285	0.3155	0.3082	0.3012	0.2946	0.2925	0.2862	0.2822	0.2802	0.2707
44	0.336	0.3227	0.3152	0.30812	0.3013	0.2992	0.2927	0.2886	0.2867	0.2769
45	0.3436	0.33	0.3223	0.315	0.3081	0.30587	0.2993	0.2951	0.2931	0.2832
46	0.3511	0.3372	0.3294	0.3219	0.3148	0.3126	0.30588	0.3016	0.2995	0.2894
47	0.3566	0.3444	0.3365	0.3289	0.3216	0.3193	0.31244	0.3081	0.3059	0.2956
48	0.36621	0.3517	0.3435	0.3358	0.3284	0.326	0.319	0.3145	0.31237	0.3018
49	0.3737	0.3589	0.3506	0.3427	0.3351	0.3327	0.3256	0.321	0.3188	0.308
50	0.3813	0.3662	0.3577	0.3496	0.3419	0.3394	0.3321	0.3275	0.3252	0.3142
51	0.38883	0.37342	0.3648	0.3565	0.3486	0.3461	0.3387	0.3339	0.3316	0.3204
52	0.3964	0.3807	0.3718	0.3634	0.3554	0.3528	0.3453	0.3404	0.3381	0.3266
53	0.4192	0.40254	0.3932	0.3843	0.3758	0.3731	0.3651	0.36	0.3575	0.3454
54	0.3592	0.41006	0.4006	0.3915	0.3828	0.38007	0.3719	0.3667	0.3642	0.3518
55	0.4348	0.3513	0.40792	0.3987	0.3898	0.387	0.3787	0.3734	0.3708	0.3582
56	0.44265	0.4251	0.3493	0.40584	0.3969	0.394	0.3855	0.3801	0.3775	0.3647
57	0.4505	0.4326	0.4226	0.3475	0.4039	0.401	0.3923	0.3868	0.3842	0.3711
58	0.45831	0.4401	0.4299	0.4202	0.3457	0.4079	0.3992	0.3935	0.3908	0.3776
59	0.4661	0.44764	0.4373	0.4274	0.4179	0.349	0.406	0.4003	0.3975	0.384
60	0.474	0.4552	0.44461	0.4345	0.4249	0.4218	0.3473	0.407	0.4042	0.3904
61	0.4818	0.4627	0.4519	0.4417	0.4319	0.4288	0.4196	0.348	0.4108	0.3969
62	0.4896	0.4702	0.4593	0.4489	0.4389	0.4358	0.4264	0.4204	0.3512	0.4033
63	0.4975	0.4777	0.4666	0.45606	0.446	0.4427	0.433	0.4271	0.4242	0.3447

3.2.5 ALGORITMO DE ENCRIPTAÇÃO

Continuaremos a encriptar uma dada sequência de ADN. Como ilustração, consideremos a sequência de ADN **S: ATGCCAGCACAGA.**

Passo 1. Dividir S em segmentos, em que cada segmento contém k = 3 bits para gerar uma sequência de códons S_1 .

Para a nossa ilustração S_1 : **ATG CCA GCA CAG A.**

Nesta fase, observamos que se a sequência não for um múltiplo de 3, então o último segmento não é de tamanho 3. Para transformar este segmento num codão, seguimos o passo 2.

Passo 2. Adicione qualquer sequência aleatória de ADN a S_1, de modo a que cada segmento seja um códon. Chamemos a esta sequência S_2.

Para o nosso exemplo S_2 : **ATG CCA GCA CAG AAA.**

A partir do Passo 2, observamos que podemos ter de sufixar a sequência de ADN original com um bit de comprimento 1 ou 2. Podemos incluir uma string de comprimento 0 ou, de comprimento 1 ou, de comprimento 2 à sequência de ADN original. Para o identificar, passámos à etapa 3.

Passo 3. Prefixar S_2 da seguinte forma para gerar uma cadeia de caracteres S_3.

$$\text{Prefixo } S_2 \text{ com} = \begin{cases} \text{AAA}, & \text{if } S \equiv r \,(\mathrm{mod}\,3), r = 0. \\ \text{TTT}, & \text{if } S \equiv r \,(\mathrm{mod}\,3), r = 1. \\ \text{GGG}, & \text{if } S \equiv r \,(\mathrm{mod}\,3), r = 2. \end{cases}$$

Para o nosso exemplo, S_3 : **GGG ATG CCA GCA CAG AAA.**

Passo 4. Converter a sequência de codões S_3 numa sequência decimal S_4 utilizando a Tabela - 3.2.

Para a nossa ilustração, S_4 : **42 14 20 35 18 0**

Passo 5. Converter S_4 em segmentos de tamanho $k = 2$ da seguinte forma. Se S_4 é a sequência **a b c d** de números que definem S_5 como **ab bc cd**.

Para o nosso exemplo, S_5 : **4214 1420 2035 3518 180.**

Passo 6. Construa um circuito C_n, onde $n = |S_4|$ e organize os elementos em S_4 no sentido dos ponteiros do relógio. Rotulemos os vértices de C_n como $\{ x_1, x_2, ..., x_n \}$

Para o nosso exemplo, o circuito C_6 é como se vê na Fig. 3.11

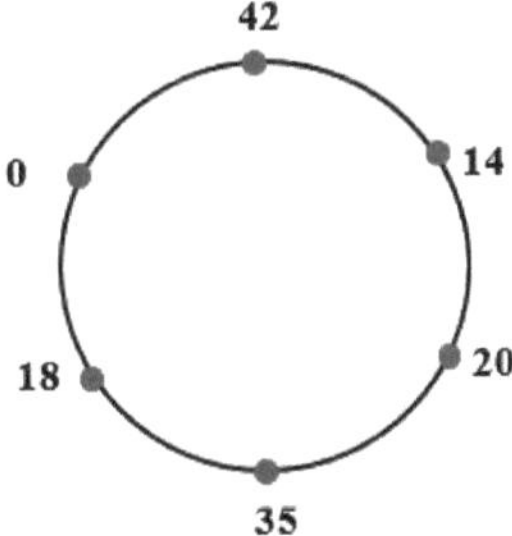

Fig. 3.11

Passo 7. Cada aresta em C_n é incidente em 2 vértices x_i , x_{i+1} (vamos traçá-la no sentido dos ponteiros do relógio a partir de x_1). Vamos agora adicionar pesos às arestas de C_n a partir da Tabela - 3.17. Cada aresta recebe o valor $_{di\ i+1}$ da Tabela - 3.17.

Para o nosso exemplo, o gráfico é o que se vê na Fig. 3.12.

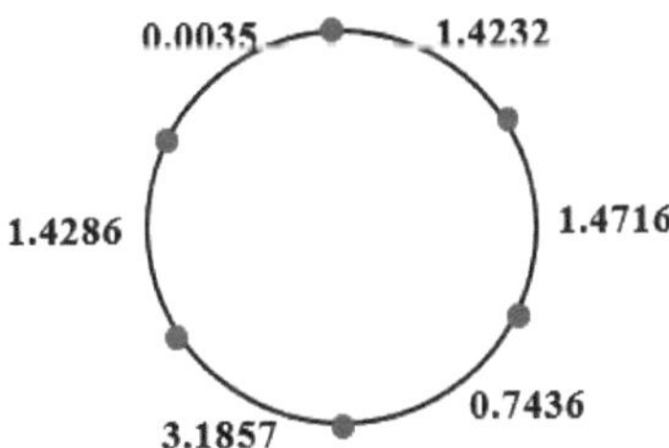

Fig. 3.12

Para garantir que a mensagem cifrada é segura, vamos continuar. Para algumas entradas da Fig. 3.12, vamos fixar diagramas de Hasse e para algumas entradas da Fig. 3.12, vamos fixar o Quadro - 3.17.

Para o nosso exemplo, vamos fixar 1,4716 e 0,7436 para os diagramas de Hasse e, para os restantes, utilizar a Tabela - 3.17.

Passo 8. Para as entradas, fixadas como diagrama de Hasse, digamos H_1 , H_2 , ..., H_k , continuamos como se segue.

317

a. Converter as casas decimais de 0 a 63 em números inteiros aleatórios maiores que 63. Para a nossa construção, utilizamos a seguinte conversão.

Número original	0	1	3	...	63
Número de conversão	64	65	66	...	127

Quadro - 3.19

b. Alterar os rótulos dos vértices na representação gráfica dos diagramas de Hasse H_1 , H_2 , ..., H_k utilizando (a) e rotular o diagrama de Hasse resultante como M_1 , M_2 , ..., M_k .

Para nossa ilustração, os gráficos são apresentados na Fig. 3.13.

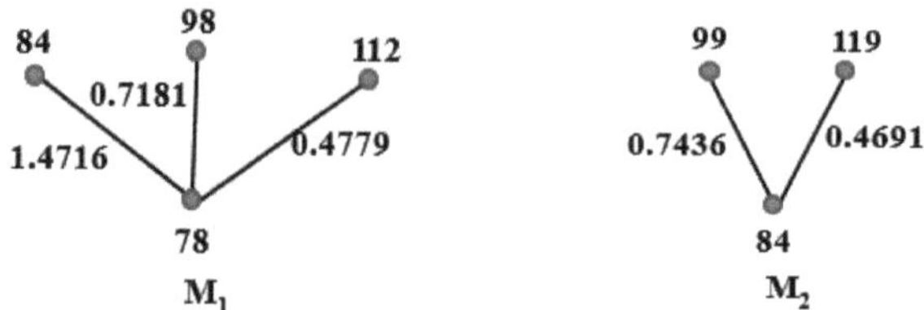

Fig. 3.13

Passo 9 Para as entradas fixadas no quadro, digamos b_1 , b_2 , ..., b_q . Continuemos da seguinte forma.

Fixar as entradas b_1 , b_2 , ..., b_q na Tabela - 3.18 e baralhar aleatoriamente as restantes entradas da tabela para gerar uma nova Tabela - 3.20. Note-se que as entradas relacionadas com a mensagem estão destacadas a cor-de-rosa. Além disso, quando comparada com a Tabela 3.18, observámos que as entradas da Tabela - 3.20 são diferentes. Além disso, a tabela não tem cabeçalho de linha e cabeçalho de coluna.

Para nossa ilustração, a tabela é a seguinte: Tabela - 3.20.

Passo 10 Enviar os gráficos M_1 , M_2 , ..., M_k , Tabela - 3.20 e o gráfico da Fig. 3.13 para o recetor.

Para o nosso exemplo, enviar M_1 , M_2 , Tabela - 3.20 e Fig. 3.13 para o recetor.

Quadro - 3.20

0.00472	0.0068	0.0043	0.006	0.00393	0.0061	0.0056	0.0058	0.0055	0.0051
0.0312	0.0295	0.0261	0.0202	0.0203	0.0183	0.015	0.014	0.0124	0.0563
0.0581	1.7857	0.0478	0.0346	0.0367	1.0385	0.024	0.7632	0.0193	0.1075
1.8023	0.0748	1.4886	1.1212	0.053	1.051	0.0336	1.0263	0.6377	3.3656
0.1119	2.1905	0.0913	0.0635	0.0694	0.9423	0.7941	0.7763	0.0331	3.371
1.7661	2.8095	0.1131	1.3182	1.1216	0.0672	0.7176	0.7053	0.6348	0.2611
1.8079	0.1429	1.4703	1.6364	1.1134	1.0769	0.0616	0.056	0.0469	0.3123
1.7676	5.3571	1.4912	1.9545	1.0972	1.3077	0.071	0.0643	0.528	3.3687
0.2195	4.2381	1.4589	0.1212	0.1348	1.5385	0.0803	0.7068	0.1042	3.3306
1.8437	0.2109	1.4277	2.2273	1.1203	1.7692	0.0896	0.8346	0.5761	3.2939
1.8237	5.0476	0.2218	2.5455	1.096	0.1282	0.099	0.9624	0.6739	0.5172
1.8043	5.6667	1.5181	2.8636	1.074	4.5	0.1083	1.0902	0.7717	3.6129
1.7853	0.2789	1.5023	0.178	0.2003	2.0769	0.1176	1.218	0.8696	3.9677
1.7666	9.6429	1.4868	3.1364	1.1634	2.3077	0.127	1.3459	0.9674	4.3226
1.7482	7.0952	1.4716	3.4545	1.1517	2.5385	0.1363	0.1228	1.0217	4.6774
1.7299	0.3469	1.4566	3.7727	1.1402	0.1893	0.1457	1.2331	1.163	5.0323
0.434	7.9048	1.4418	0.2367	1.1289	2.6154	1.8627	1.3609	0.1159	5.3871
1.8347	8.5238	1.4271	4.0455	1.1176	4.641	1.9608	1.4887	1.0109	5.7419
1.9576	0.415	1.4125	4.3636	1.1065	3.0769	2.0588	1.6165	1.1087	6.0968
2.0805	13.9286	1.398	4.6818	1.0955	3.3077	2.1569	1.7444	1.2065	6.4516
2.2034	9.9524	0.4392	0.2944	1.0845	0.2503	2.2349	1.8722	1.3043	1.0292
2.3263	0.48	1.4658	4.9545	1.0736	8.3462	2.3529	0.1813	1.4022	6.8387
2.4492	10.7619	1.5479	5.2727	1.0628	3.6154	2.451	4.0351	1.5	7.1935
2.572	11.381	1.6301	5.5909	1.052	3.8462	2.549	1.8872	1.5978	7.5484
2.6949	0.551	1.7123	0.3521	0.3967	4.0769	2.6471	2.015	0.1712	7.9032

2.8178	18.2143	1.7945	7.7879	1.0945	0.3114	2.6863	2.1429	1.4457	8.2581
2.9407	22.809	1.8767	6.1818	1.1478	4.1538	2.7843	2.2707	3.971	8.6129
3.0636	0.619	1.9589	6.5	1.201	4.3846	2.8824	2.3985	1.6413	8.9677
3.1864	13.619	2.0411	0.4098	1.2543	4.6154	2.9804	0.2398	1.7391	9.3226
3.3093	14.2381	2.1233	6.7727	1.3076	4.8462	3.0784	2.2857	1.837	9.6774
3.4322	0.6871	2.2055	7.0909	1.3608	0.3724	3.1765	2.4135	1.9348	1.5412
3.5551	22.5	2.2877	7.4091	1.4141	12.1923	3.2745	4.3289	2.0326	33.4731
0.8652	15.6667	2.3699	0.4675	1.4674	8.4872	3.3725	2.6692	0.2264	10.4194
3.5297	0.7551	2.4521	7.6818	1.5206	5.3846	3.4706	2.797	1.8804	10.7742
3.6525	16.4762	2.5342	8	1.5739	5.6154	3.5686	2.9248	1.9783	11.129
3.7754	17.0952	2.6164	8.3182	1.6271	0.43	3.6078	0.2982	2.0761	11.4839
3.8983	0.8231	2.6986	0.525	1.6804	5.6923	3.7059	2.812	2.1739	11.8387
4.0212	26.7857	2.7808	11.4242	1.7337	5.9231	3.8039	4.0737	2.2717	12.1935
4.1441	18.5238	2.863	8.9091	1.7869	6.1538	3.902	3.0677	2.3696	12.5484
4.2669	0.8912	2.9452	9.2273	1.8402	6.3846	4	3.1955	2.4674	12.9032
4.3898	19.3333	0.8741	0.58	1.8935	0.4945	4.098	3.3233	0.2816	2.053
4.5127	19.9524	2.8356	9.5	1.9467	16.0385	4.1961	3.4511	2.3152	13.2903
4.6356	0.9592	2.9178	9.8182	2	6.6923	4.2941	0.3567	2.413	17.0403
4.7585	31.0714	3	10.1364	2.0533	6.9231	4.3922	11.5526	3.9391	14
4.8814	21.381	20.2374	0.6407	2.1065	7.1538	4.4902	3.4662	2.6087	14.3548
5.0042	1.0272	3.1644	10.4091	2.1598	0.56	4.5294	3.594	2.7065	14.7097
5.1271	22.1905	3.2466	10.7273	2.2131	7.2308	4.6275	3.7218	2.8043	15.0645
5.25	22.8095	3.3288	11.0455	2.2663	12.3333	4.7255	3.8496	2.9022	15.4194
1.2957	1.0952	3.411	0.6984	0.7894	7.6923	4.8235	3.9774	0.3368	15.7742
27.791	35.3571	3.4932	11.3182	2.1254	7.9231	5.8941	0.4	2.75	16.129
5.3475	24.2381	3.5753	11.6364	2.1787	0.6166	5.0196	3.8647	7.4493	2.5653
5.4703	1.1633	3.6575	11.9545	2.232	19.8846	5.1176	3.9925	2.9457	16.5161
5.5932	25.0476	3.7397	0.7561	2.2852	8.2308	5.2157	4.1203	3.0435	16.871
5.7161	25.6667	3.8219	12.2273	2.3385	8.4615	5.3137	4.2481	3.1413	17.2258

5.839	1.2313	3.9041	12.5455	2.3918	8.6923	6.4824	4.3759	3.3261	17.5806
5.9619	39.6429	3.9863	12.8636	2.445	0.6777	5.5098	4.5038	3.337	17.9355
6.0847	27.0952	4.0685	0.8139	3.7062	8.7692	5.6078	0.5	0.392	18.2903
6.2076	1.2993	4.1507	17.4848	2.5515	9	5.7059	15.2368	3.1848	18.6452
6.3305	27.9048	4.2329	13.4545	2.6048	9.2308	5.8039	4.5188	3.2826	19
6.4534	28.5238	4.3151	13.75	2.6581	9.4308	5.8725	7.9605	3.3533	19.3548
6.5763	1.3673	1.309	0.8716	2.7113	0.7387	6	4.7744	3.4783	3.0773
6.6992	43.9286	4.2055	18.697	2.7646	23.7308	6.098	4.9023	3.5761	65.7312
6.822	29.9524	14.2283	14.3636	2.8179	16.1795	6.1961	5.0301	3.6739	20.0968
6.9449	1.4354	4.3699	14.6818	2.8711	10	6.2941	0.5322	3.7717	20.4516

Quadro - 3.20 (continuação)

0	0.005	0.0046	0.005	0.0048	0.0047	0.0045	0.0053	0.0044	0.004
0.0794	0.0476	0.0434	0.01	0.0417	0.038	0.0344	0.0582	0.0304	0.028
0.1587	2.8784	0.0821	0.535	2.5	0.0723	2.0472	0.1111	1.7951	0.0516
0.2381	2.8559	0.1208	0.021	3.6628	2.2695	0.0943	0.164	1.765	0.0753
0.3175	2.8581	0.1595	0.457	2.4244	2.2447	2.0142	0.2169	1.7254	1.5896
10.3968	6.9324	2.5463	0.545	2.4558	2.2723	0.1542	0.2698	2.8579	1.591
10.4762	0.2621	0.2369	0.038	0.2263	0.2074	0.1842	0.3228	1.751	1.597
10.5556	2.8533	2.6028	0.458	2.5083	0.2411	1.9461	0.37	1.7283	1.5906
0.6349	2.8209	2.5732	0.418	2.4797	2.2926	2.0542	0.42	1.6906	1.556
0.7143	2.7898	2.5447	0.054	2.4522	2.2671	2.0314	0.481	1.8015	0.2175
0.794	2.7595	2.5171	0.452	2.4256	2.2426	2.0094	0.534	1.782	1.6388
0.873	0.47661	2.49	0.525	2.3996	2.2186	1.988	0.5873	1.763	1.6214
0.9524	3.0025	0.469	0.598	2.374	2.19	1.967	0.6402	1.7445	1.6045
1.0317	3.2752	2.6911	0.8	0.49	2.1718	1.9463	0.6931	1.7264	1.5878
1.1111	3.5479	2.9187	0.743	2.551	0.47754	1.9259	0.746	1.7084	1.5714
1.1905	3.8206	3.1463	0.816	2.7531	2.3222	0.453	0.7989	1.6907	1.5552
1.2698	4.0934	3.374	0.889	2.9553	2.4954	2.0503	0.8519	1.6732	1.5392
1.3492	4.3661	3.6016	0.96	3.1574	2.6687	2.195	0.9048	0.4468	1.5233

1.4286	4.6388	3.8293	0.103	3.3596	2.8419	2.3396	0.9577	1.7686	0.4307
1.5079	4.9115	4.0569	3.466	3.5617	3.0152	2.4843	1.0106	1.8814	1.6053
1.5873	5.1843	4.2846	0.87	3.7639	3.1884	2.6289	1.0635	1.9942	1.7032
1.6667	5.457	4.5122	1.362	3.966	3.3617	2.7736	1.1164	2.107	1.801
1.746	0.9485	4.7398	1.015	4.1682	3.535	2.9182	1.1693	2.2199	1.8988
1.8254	5.7052	4.9675	1.088	4.3703	3.7082	3.0629	11.2222	2.3327	1.9967
1.9048	5.9779	0.9338	1.161	4.5725	3.8815	3.2075	1.2751	2.4455	2.0945
1.9841	6.2506	5.1301	1.234	19.7597	4.0547	3.3522	1.328	2.5583	2.1924
2.0635	6.5233	5.3577	1.307	0.9646	4.228	3.4969	1.381	2.6712	2.2902
2.143	6.7961	5.5854	0.153	4.8766	4.4012	3.6415	1.4339	2.784	2.3881
2.2222	7.0688	8.6707	1.142	5.0787	0.9504	3.7862	1.486	2.8968	2.4859
2.3016	7.3415	6.0407	1.215	5.2809	4.4498	3.9308	1.5397	3.0096	2.5837
2.381	7.6143	6.2683	1.287	5.483	4.6231	0.90296	1.5926	3.1225	2.6816
2.4603	7.887	6.4959	1.36	5.6852	4.7964	3.9371	1.6455	3.2353	2.7794
2.5397	8.1597	6.7236	1.433	5.8873	4.9696	4.0818	1.6984	3.3481	2.8773
2.62	1.4204	6.9512	1.506	6.0894	5.1429	10.4811	1.7513	3.4609	2.99
2.6984	8.4079	7.1789	1.579	6.2916	5.3161	4.3711	1.8042	0.8891	3.0879
2.7778	31.6847	7.4065	1.651	6.4937	5.4894	6.7264	1.8571	28.8443	3.1857
2.8571	8.9533	1.3984	0.202	6.6959	5.6626	4.6604	1.9101	3.5207	0.8571
2.9365	9.226	7.5691	6.569	6.898	5.8359	4.805	1.963	8.7541	3.0978
3.0159	9.4988	7.7967	1.55	7.1002	6.0091	4.9497	2.0159	3.7464	14.276
3.0952	9.7715	15.9756	2.397	1.4444	6.1824	5.0943	2.0688	3.8592	3.2935
3.1746	10.0442	8.252	1.705	7.2021	6.3556	5.239	2.1217	3.972	3.3914
3.254	10.317	8.4797	1.778	7.4043	6.5289	5.3836	2.1746	4.0849	3.4892
3.3333	10.5897	8.7073	1.851	7.6064	1.4232	5.5283	2.2275	4.1977	5.3358
3.4127	10.8624	8.935	1.923	7.8086	6.5775	5.673	2.2804	4.3105	3.6849
3.4921	1.8923	9.1626	1.996	8.0107	31.3475	5.8176	2.3333	4.4233	3.7828
3.5714	11.1106	9.3902	0.251	8.2129	6.924	1.3522	2.3862	4.5362	3.8806
3.6508	11.3833	9.6179	1.831	8.415	7.0973	5.8239	2.4392	4.649	3.9784

3.7302	42.5225	9.8455	1.904	8.6172	7.2705	5.9686	2.4921	4.7618	4.0763
3.8095	11.9287	1.863	1.977	8.8193	7.4438	6.1132	2.545	4.8746	4.1741
3.8889	12.2015	10.0081	3.579	9.0215	7.617	6.2579	2.5979	4.9875	4.272
3.9683	12.4742	10.2358	2.123	9.2236	7.7903	6.4025	2.6508	5.1003	4.3698
4.0476	12.7469	10.4634	2.195	9.4258	7.9635	6.5472	2.7037	1.3315	4.4826
4.127	13.0197	15.9878	2.268	1.9243	8.1368	6.6918	2.7566	5.0473	4.5804
4.2063	13.2924	10.9187	2.341	61.8023	8.31	6.8365	12.8095	29.0874	4.6783
4.2857	13.5651	11.1463	0.301	9.7299	8.4833	6.9811	2.8624	5.2729	1.2836
4.3651	2.3642	11.374	9.672	9.932	8.6565	7.1258	2.9153	5.3857	4.5904
4.4444	30.3568	11.6016	2.249	10.1342	1.896	7.2704	2.9683	5.4986	4.6882
4.5238	14.086	11.8293	3.431	10.3363	8.7052	7.4151	3.0212	5.6114	4.7861
4.6032	14.3587	12.0569	2.395	10.5385	41.2766	7.5597	3.0741	5.7242	4.8839
4.6825	22.9305	12.2846	2.444	10.7406	9.0517	7.7044	3.127	5.837	4.9818
4.7619	14.9042	2.3275	2.54	10.9428	9.2249	1.8014	3.1799	5.9499	5.0796
4.8413	15.1769	12.4472	2.613	11.1449	9.3982	57.7075	3.2328	6.0627	5.1774
4.9206	15.4496	30.3512	2.686	11.347	16.6543	7.8553	3.2857	6.1755	5.2753
5	15.7224	12.9024	0.35	11.5492	9.7447	29.8443	3.3386	6.2883	5.3731

Quadro - 3.20 (continuação)

0.0063	0.00422	0.00421	0.004102	0.0039	0.00401	0.0042	0.0041	0.0041	0.0037
0.0381	0.02	0.02333	0.0219	0.0196	0.0194	0.0188	0.0186	0.0181	0.0162
0.0698	1.4114	0.04245	1.264	1.1238	0.0348	1.0701	0.0332	1.0221	0.0287
3.4	0.0645	1.3052	1.2322	1.6188	1.0744	0.0485	1.0122	0.9882	0.0412
0.1333	1.3449	1.2952	1.2219	1.412	1.0534	1.0257	0.0623	0.95	0.8622
5.4	3.3101	1.2819	1.209	0.0825	1.031	1.0037	0.9963	0.9717	0.0662
0.1968	1.36	1.2972	1.2116	1.0611	1.0421	1.0047	0.9878	0.9543	0.8504
7.4	0.1449	2.9116	1.183	1.0651	1.0555	1.0267	0.106	0.9305	0.8369
0.2603	1.3623	1.3102	1.2346	1.0309	2.6926	0.9942	0.9862	0.9613	0.8642
9.4	1.981	1.2825	1.2085	1.0869	1.0766	0.1375	0.9551	0.931	0.8373

0.3238	1.305	1.2554	1.1831	1.0644	1.0544	1.0252	1.0165	0.9903	0.1287
11.4	1.4166	0.2146	1.1583	1.0423	1.032	1.0042	0.9958	0.9702	0.8719
0.3873	1.4019	1.3474	1.2687	1.0206	1.0113	0.9836	1.445	0.9506	0.8543
13.4	1.3875	1.3336	1.2558	4.4917	0.2043	0.9633	0.9555	0.9312	0.8371
0.4508	1.3734	1.32	1.2432	1.1167	1.1054	1.0741	0.208	0.9121	0.82
15.4	1.3595	1.3068	1.2307	1.1056	1.094	1.0636	1.0538	1.026	0.1912
0.5143	1.3457	1.2937	1.2184	1.0947	1.0837	1.0532	1.0436	1.016	0.9124
17.4	1.3321	1.2807	1.2062	1.0839	1.0731	1.0429	1.0335	1.0062	0.9037
0.5778	1.3186	1.2677	1.1941	1.0732	1.0626	1.0327	1.023	0.9966	0.895
19.4	1.3051	1.254	1.1821	1.0625	1.0521	1.0226	1.0135	0.987	0.8864
0.6413	1.2918	1.2422	1.1702	1.05	1.0417	1.0126	1.003	0.9774	0.878
21.4	0.42621	1.2295	1.1584	1.0415	1.0314	1.0027	0.9939	0.968	0.8695
0.7048	1.3514	0.42493	1.1466	1.0311	1.0212	0.9928	0.9842	0.9586	0.8611
23.4	1.4244	1.2837	0.4143	1.0207	1.011	0.9829	0.9745	0.9492	0.8528
0.7683	1.4973	1.3505	1.1949	1.0103	1.0008	0.9731	0.9648	0.9399	0.8445
25.4	1.5702	1.4173	1.255	0.3968	0.9907	0.9634	0.9552	0.9306	0.8362
0.8317	1.6432	1.4841	1.3151	1.0495	0.404	0.9536	0.9457	0.9214	0.828
27.4	1.7161	1.5509	1.3752	1.099	1.0276	0.40453	0.9361	0.9122	0.8198
0.8952	1.789	1.6177	1.4353	1.1485	1.0747	0.9879	0.4118	0.903	0.8116
29.4	1.862	1.6846	1.4954	1.198	1.1217	1.0318	0.9685	0.411	0.8034
0.9587	1.9349	1.7514	1.5554	1.2475	1.1688	1.0758	1.0105	0.9332	0.378
31.4	2.0078	1.8182	1.6155	1.297	1.2158	1.1198	1.0524	0.9725	0.8294
1.0222	2.0808	1.885	1.6756	1.3465	1.2629	1.1637	1.0944	1.0119	0.8635
33.4	2.1537	1.9518	1.7357	1.396	1.3099	1.2077	1.1363	1.0513	0.8976
1.0857	2.2266	2.0186	1.7958	1.4455	1.357	1.2516	1.1782	1.0906	0.9318
35.4	2.2996	2.0854	1.8559	1.495	1.404	1.2956	1.2202	1.13	0.9659
1.1492	2.3725	2.1522	1.916	1.5446	1.4511	1.3396	1.2621	1.1694	1
37.4	2.4454	2.2191	1.9761	1.5941	1.4981	1.3835	1.3041	1.2087	1.0341
1.2127	2.5184	2.2859	2.0362	1.6436	1.545	1.4275	1.346	1.2481	1.0682

39.4	2.5913	2.3527	2.0962	1.6931	1.5922	1.4714	1.3879	1.2875	1.1024
1.2762	2.6643	2.4195	2.1563	1.7426	1.6393	1.5154	1.4299	1.3268	1.1365
41.4	2.6106	2.4863	2.2164	1.7921	1.6863	1.5594	1.4718	1.3662	1.1706
1.3397	0.848	2.5531	2.2765	1.8416	1.7334	1.6033	1.5138	1.4056	1.2047
43.4	2.6172	2.6199	2.336	1.8911	1.7804	1.6473	1.5557	1.4449	1.2388
1.4032	2.6902	0.8457	2.3967	1.9406	1.8275	1.6912	1.5976	1.4843	1.273
45.4	2.7631	2.4885	2.4568	1.9901	1.8745	1.7352	1.6396	1.5236	1.3071
1.4667	2.836	2.5553	0.8245	2.0396	1.9216	1.7792	1.6815	1.563	1.3412
47.4	2.909	2.6221	2.3185	12.0891	1.9686	1.8231	1.7235	1.6024	1.3753
1.5302	2.9819	2.6889	2.3786	12.1386	2.0157	1.8671	1.7654	1.6417	1.4094
49.4	4.538	2.7558	2.4387	12.1881	2.0627	1.911	1.8073	1.6811	1.4436
1.5937	3.1278	2.8226	2.4988	0.7897	2.1098	1.955	1.8493	1.7205	1.4777
51.4	3.2007	2.8894	2.5589	25.3812	2.1568	1.999	1.8912	1.7598	1.5118
1.6571	3.2737	2.9562	2.619	2.0891	0.8054	2.0429	1.9332	1.7992	1.5459
53.4	3.3466	3.023	2.679	2.1386	1.9985	2.0869	1.9751	1.8386	1.5801
1.7206	3.4195	3.0898	2.7391	2.1881	2.0456	0.8051	2.017	1.8779	1.6142
55.4	3.4925	3.1566	2.7992	5.5198	2.0926	1.9225	2.059	1.9173	1.6483
1.7841	3.5654	3.2234	2.8593	2.2871	2.1397	1.9664	0.8196	1.9567	1.6824
57.4	3.6383	3.2903	2.9194	2.3366	2.1867	8.9486	17.526	1.996	1.7165
1.8476	3.7113	3.3571	2.9795	2.3861	2.2338	2.0543	1.9279	0.8188	1.7507
59.4	3.7842	3.4239	3.0396	2.4356	2.2808	2.0983	1.9699	26.243	1.7848
1.9111	3.8571	3.4907	3.0997	2.4851	2.3279	2.1423	2.0118	1.8575	0.7537
61.4	3.9301	3.5575	3.1597	2.5347	2.3749	2.1862	2.0537	1.8969	1.6168
1.9746	3.8764	3.6243	3.2198	2.5842	2.422	2.2302	2.0957	1.9362	12.28
63.4	1.27	3.6911	3.2799	2.6337	2.469	3.3692	2.1376	4.7117	1.685

Quadro - 3.20 (continuação)

0.0038	0.0037	0.00351	0.00357	0.00353	0.003505	0.00352	0.003	0.0035	0.00351
0.0159	0.0151	0.0142	0.0141	0.0136	0.0132	0.013	0.013	0.0116	0.0123

0.8893	0.0265	0.7886	0.0246	0.7548	0.023	0.715	0.0222	0.6309	0.021
1.271	0.81	0.0355	0.7439	0.724	0.0327	1.015	0.6663	0.0282	0.63167
0.8454	0.0493	0.7332	0.7318	0.7118	0.0425	0.8782	0.645	0.5903	0.0386
2.0344	1.2902	0.7356	0.7338	0.0541	0.6638	0.6551	0.639	0.5853	0.0474
0.8257	0.7794	0.7282	0.719	0.6868	0.6626	0.6477	0.626	0.5681	0.6004
1.4179	0.7811	0.7363	0.7342	0.0743	0.6512	0.8946	0.627	0.5737	0.6117
0.8464	0.095	0.7055	0.7036	0.6839	0.6656	0.65	0.64	0.5857	0.0737
0.8202	0.781	0.736	0.7336	0.712	0.0911	2.8114	0.614	0.8351	0.5991
2.631	0.7568	0.7134	0.711	0.6911	0.6724	0.6629	0.646	0.5911	0.09131
0.8536	0.8123	0.1207	0.6893	2.4225	0.652	0.6429	0.627	0.5735	0.6113
0.8365	0.7962	0.75	0.747	0.7256	0.1204	0.623	0.608	1.0969	0.594
0.8197	0.7803	0.7352	0.7326	0.7114	0.6918	0.6817	0.6664	0.1113	0.57501
0.8032	0.7646	0.7205	0.7181	0.6975	0.6784	0.6685	0.652	0.5957	0.6346
0.78	0.7492	1.7349	0.7038	1.0096	0.665	0.6555	0.639	0.5843	0.6225
0.8927	0.1864	0.691	0.6896	0.67	0.6518	0.6426	0.626	0.573	0.6105
0.8841	0.8409	0.7916	0.1823	5.5318	0.6388	1.5038	0.614	0.5618	0.5986
0.8757	0.8329	0.7908	0.7873	0.764	0.1788	0.617	2.668	0.5506	0.5869
0.867	0.8251	0.7768	0.7734	0.7506	0.7294	0.7182	0.178	0.5395	0.5752
0.8592	0.8173	0.7695	0.766	0.7436	0.7227	0.7117	0.69	0.6332	0.1789
0.851	0.8095	0.7622	0.7591	0.7367	0.716	0.7052	0.686	0.6275	0.668
0.8428	0.8018	0.75503	0.752	0.7299	0.7094	0.698	0.681	0.6218	0.662
0.8347	0.7942	0.7479	0.7449	0.7231	0.7029	0.6923	0.674	0.6162	0.656
0.8267	0.7866	0.7408	0.7379	0.7163	0.6963	0.6859	0.668	0.6106	0.6501
0.8186	0.779	0.7337	0.7309	0.7096	0.6898	0.6795	0.66	0.605	0.6442
0.8106	0.771	0.7266	0.7239	0.7028	0.6833	0.6732	0.656	0.5995	0.6383
0.8027	0.7639	0.7196	0.7169	0.696	0.6769	0.6669	0.649	0.5939	0.6325
0.7947	0.7564	0.7126	0.71	0.6895	0.6705	0.6606	0.643	0.5884	0.6267
0.7868	0.7489	0.7056	0.7031	0.6828	0.6641	0.6543	0.638	0.583	0.6209
0.7789	0.7415	0.6987	0.6962	0.6762	0.6577	0.6481	0.632	0.5775	0.6151

0.3794	0.734	0.6917	0.6894	0.6696	0.6513	0.6419	0.626	0.572	0.6093
0.8033	0.3691	0.6848	0.6825	0.663	0.6449	0.6357	0.62	0.5666	0.60359
0.8355	0.7563	0.3551	0.6757	0.6564	0.6386	0.6295	0.614	0.5612	0.5979
0.8678	0.7857	0.7049	0.361	0.6499	0.6323	0.6233	0.608	0.5567	0.5921
0.9	0.8156	0.7319	0.695	0.3574	0.6259	0.6171	0.602	0.5503	0.5864
0.9323	0.8453	0.759	0.7211	0.6679	0.3541	0.6109	0.595	0.5449	0.5807
0.9645	0.875	0.786	0.7472	0.6924	0.6428	0.3552	0.59	0.5396	0.57503
0.9968	0.9047	0.8131	0.7733	0.717	0.666	0.627	0.352	0.5342	0.5694
1.0291	0.9344	0.8401	0.7994	0.7416	0.6892	0.64913	0.604	0.3273	0.5637
1.0613	0.964	0.8672	0.8255	0.7662	0.7123	0.6713	0.626	0.5475	0.3543
1.0936	0.9937	0.8942	0.8516	0.7907	0.7355	0.6935	0.647	0.5661	0.57735
1.1258	1.0234	0.9213	0.8777	0.8153	0.7587	0.7156	0.668	0.5848	0.5967
1.1581	1.0531	0.9483	0.9038	0.8399	0.7819	0.7378	0.688	0.6034	0.616
1.1903	1.0827	0.9754	0.9299	0.8644	0.805	0.76	0.71	0.6221	0.6354
1.2226	1.1124	1.0024	0.956	0.889	0.8282	0.7822	0.731	0.6408	0.6547
1.2549	1.1421	1.0295	0.9821	0.9136	0.8514	0.8043	0.752	0.6594	0.674
1.2871	1.1718	1.0565	1.0082	0.9381	0.8746	0.8265	0.773	0.6781	0.6934
1.3194	1.2014	1.0836	1.0343	0.9627	0.8978	0.8487	0.794	0.6967	0.7127
1.3516	1.2311	1.1106	1.0604	0.9873	0.9209	0.8709	0.815	0.7154	0.732
1.3839	1.2608	1.1377	1.0865	1.0118	0.9441	0.893	0.836	0.7341	0.7514
1.4162	1.2905	1.1647	1.1126	1.0364	0.9673	0.9152	0.857	0.7527	0.7707
1.4484	1.3201	1.1918	1.1387	1.061	0.9905	0.9374	0.877	0.7714	0.7901
1.4807	1.3498	1.2188	1.1648	1.0855	1.0136	0.9595	0.899	0.79	0.8094
1.5129	1.3795	1.2459	1.1909	1.1101	1.0368	0.9817	0.92	0.8087	0.8287
1.5452	1.4092	1.2729	1.217	1.1347	1.06	1.0039	0.941	0.8274	0.8481
1.5774	1.4388	1.3	1.2431	1.1592	1.0832	1.0261	0.962	0.846	0.8674
1.6097	1.4685	1.327	1.2692	1.1838	1.1063	1.0482	0.983	0.8647	0.8867
1.642	1.4982	1.3541	1.2953	1.2084	1.1295	1.0704	1.004	0.8833	0.9061
1.6742	1.5279	1.3811	1.3214	1.2329	1.1527	1.0926	1.025	0.902	0.9254

1.7065	1.5576	1.4082	1.3475	1.2575	1.1759	1.1147	1.046	0.9207	0.9448
1.7387	1.5872	1.4352	1.3736	1.2821	1.199	1.1369	1.067	0.9393	0.9641
0.755	1.6169	1.4623	1.3997	1.3066	1.2222	1.1591	1.088	0.958	0.9834
16.117	1.6466	1.4893	1.4258	1.3312	1.2454	1.1813	1.109	0.9766	1.0028

Quadro - 3.20 (continuação)

0.0034	0.0035	0.00346	0.003509	0.00338	0.003445	0.00327	0.0032	0.003555
0.012	0.0117	0.011	0.0115	0.0109	0.00909	0.01039	0.01027	0.0093
0.6361	0.0199	0.621	0.0195	0.58531	0.468	0.01751	0.548	0.4815
0.6056	0.0281	0.8756	0.5863	0.026	0.6459	0.5217	0.51835	0.449
0.5825	0.5829	0.577	0.0354	0.532	0.55042	0.509	0.50551	0.43451
1.4215	0.57	0.56649	0.5668	0.041	1.0018	0.494	0.812	0.4273
0.5698	0.5648	0.554	0.5494	0.5142	0.395	0.4873	0.4794	0.4089
0.5856	0.061	1.8909	0.5441	0.5186	0.4047	0.4958	0.49213	0.7113
0.5556	0.55414	0.8711	0.55025	0.5243	0.4008	0.50112	0.497	0.4073
0.5736	0.5734	0.568	0.5673	0.0711	0.4049	0.4758	0.47234	0.41164
0.5502	0.6852	0.54	0.54472	0.519	1.2622	0.496	0.4925	0.424
0.585	0.584	0.5782	0.0912	0.4981	0.397	0.47615	1.6975	0.6257
0.5676	0.5674	0.5613	0.5611	0.5344	0.37752	0.5105	0.50624	0.4277
0.5505	0.55043	0.54471	0.5446	0.5188	0.4046	0.49569	0.4917	0.4116
0.607	0.1186	0.52828	2.4288	0.5034	0.3892	0.48111	0.4773	0.3956
0.5955	0.5948	0.5882	0.5876	0.1162	2.7811	10.4667	0.46314	0.4352
0.5841	0.5835	0.5771	0.5766	0.5489	0.4157	0.5241	0.5195	0.4232
0.5728	0.5724	0.5661	0.5658	0.5386	0.40423	0.51438	0.51	0.4113
0.5617	0.8264	0.5553	0.555	0.5284	0.3928	0.5047	0.5005	0.3995
0.5506	0.5503	0.5445	0.5443	0.5183	0.3815	0.4952	0.4911	0.38784
0.5395	0.5394	0.5338	3.4439	0.5082	0.3703	0.4857	0.4817	0.45
0.5861	0.1762	0.523	0.5231	0.4983	0.4338	0.47619	0.4724	0.4421
0.6328	0.6317	0.6241	0.179	0.48837	0.4262	0.4668	0.4632	0.4343

0.6271	0.626	0.6186	0.6177	0.5875	0.41869	0.167	0.45394	0.42644
0.6215	0.6205	0.6132	0.6122	0.5823	0.4112	0.5557	0.5505	0.4187
0.6159	0.6149	0.6077	0.6068	0.5773	0.4037	0.5509	0.5457	0.4109
0.6104	0.6094	0.6023	0.6015	0.5722	0.3962	0.5461	0.542	0.4032
0.6048	0.6039	0.5969	0.5961	0.5671	0.3888	0.5413	0.5363	0.3955
0.5993	0.5984	0.5916	0.5908	0.5621	0.3814	0.5365	0.5316	0.3878
0.5938	0.593	0.5862	0.5855	0.5571	0.374	0.5318	0.52696	5.4631
0.5883	0.58756	0.5809	0.5802	0.5521	0.36667	0.5271	0.52232	0.4833
0.5828	0.5821	0.5756	0.575	0.5472	0.4696	0.52225	0.51769	0.4793
0.5774	0.5767	0.5703	0.5697	0.5422	0.4659	0.51766	0.51308	0.4754
0.5719	0.5714	0.565	0.5645	0.5373	0.4621	0.5298	0.50848	0.4715
0.5665	0.566	0.55972	0.5592	0.5323	0.4583	0.50831	0.5039	0.4677
0.5611	0.5606	0.5545	0.5541	0.5274	0.4546	0.5037	0.49931	0.4638
0.5558	0.55527	0.5492	0.54886	0.5225	0.4509	0.499	0.4947	0.4599
0.5504	0.5499	0.544	0.5437	0.51761	0.4471	0.4944	0.4902	0.4561
0.5449	0.54459	0.5387	0.5385	0.5127	0.4434	0.4897	0.4856	0.4522
0.5395	0.53926	0.5335	0.5333	0.5078	0.4397	0.4851	0.48108	0.4484
0.5342	0.53394	0.5283	0.5281	0.503	0.436	0.4805	0.47654	0.4446
0.3441	0.5234	0.51294	0.50791	0.47914	0.2692	0.4535	0.4456	0.279
0.5416	0.3489	0.5253	0.5202	0.49069	0.2757	0.4644	0.4563	0.2857
0.5543	0.5487	0.3499	0.5324	0.5023	0.2822	0.4753	0.4671	0.2925
0.5671	0.56135	0.5501	0.3545	0.51381	0.2886	0.48627	0.4778	0.2992
0.5799	0.574	0.5625	0.5569	0.34191	0.2951	0.4972	0.4886	0.30587
0.5926	0.5866	0.57484	0.5692	0.5369	0.3016	0.3307	0.4431	0.3126
0.6054	0.5993	0.5872	0.5814	0.5485	0.3081	0.5191	0.3319	0.3193
0.6181	0.6119	0.5996	0.5937	0.5601	0.3145	0.53	0.5208	0.326
0.631	0.6245	0.612	0.606	0.5716	0.321	0.541	0.53154	0.3327
0.6437	0.6372	0.6244	0.6182	0.5832	0.3275	0.5519	0.5423	0.3394
0.6565	0.6498	0.6367	0.6305	0.5947	0.3339	0.5628	0.553	0.3461

0.6693	0.6625	0.6491	0.6427	0.6063	0.3404	0.5738	0.5638	0.3528
0.508	0.5033	0.49312	0.4882	0.46058	0.36	0.4359	0.4283	0.3731
0.5179	0.51267	0.5024	0.4973	0.4692	0.3667	0.444	0.43628	0.38007
0.5275	0.52209	0.5116	0.5065	0.47781	0.3734	0.45218	0.4443	0.387
0.537	0.53151	0.52081	0.51566	0.48643	0.3801	0.46033	0.4523	0.394
0.5465	0.5409	0.5392	0.5248	0.49501	0.3868	0.4685	0.46031	0.401
0.556	0.5504	0.53927	0.5339	0.50366	0.3935	0.47664	0.46832	0.4079
0.5655	0.5598	0.54851	0.5431	0.5123	0.4003	0.4848	0.4763	0.349
0.5751	0.5691	0.5577	0.5522	0.5209	0.407	0.4929	0.48434	0.4218
0.5846	0.5786	0.567	0.5614	0.5295	0.348	0.5012	0.4924	0.4288
0.5941	0.588	0.5762	0.5705	0.5381	0.4204	0.5093	0.5004	0.4358
0.6036	0.5975	0.5854	0.5796	0.5467	0.4271	0.5174	0.50837	0.4427

Quadro - 3.20 (continuação)

0.0033	0.0033	0.0035	0.00354	0.0034	0.0043	0.0036	0.00354
0.0103	0.0102	0.0148	0.0105	0.0088	0.0266	0.0104	0.0102
0.017	0.5384	0.0175	0.5524	0.448	1.5563	0.0172	0.533
0.0241	0.7532	0.5228	0.0243	0.0197	2.2606	0.507	0.5008
0.0311	0.486	0.5411	0.50546	0.4053	1.5176	0.0308	0.46683
0.491	0.489	0.0385	1.2074	0.3945	1.5183	0.4824	0.47531
0.476	0.561	0.4816	0.4782	0.3874	1.5094	0.4707	0.4596
0.493	0.051	0.4764	0.478	0.0413	1.5171	0.4739	0.4669
0.0588	0.4598	1.257	0.4776	0.3921	1.4842	0.4742	0.46705
0.4731	0.8318	0.487	0.4876	0.0522	6.4859	0.484	0.47652
0.492	0.4888	0.0734	0.4633	0.373	1.562	0.4601	0.4531
0.4732	0.4698	0.487	0.4875	0.3881	1.5455	0.4838	0.4762
0.0865	0.451	0.4677	0.4683	0.3695	1.5293	0.6888	0.4578
0.4921	0.4883	0.5059	0.5062	0.3954	1.5135	0.0921	2.8347
0.4779	10.474	0.4915	0.4919	0.3805	1.498	0.488	0.4803
0.4638	0.4604	0.4772	0.47773	1.3439	1.4826	0.4741	0.4667
0.1142	2.3634	0.4631	0.4637	0.4059	1.467	0.4603	0.4532
0.5101	0.5059	0.524	0.1214	0.3949	1.4524	0.4466	2.4533
0.5007	0.4967	0.5144	0.5189	0.38396	1.4374	0.5145	0.506
0.4914	0.4875	0.505	0.5052	0.37309	0.429	0.501	0.4928
0.4822	0.4783	0.4956	0.49585	0.3623	1.5107	0.4918	0.4839
0.4729	10.689	0.4863	0.4866	0.1172	1.599	0.4827	0.475
0.4637	0.4602	0.477	0.4774	0.4159	1.6872	0.4737	0.46615
0.4545	0.4512	0.4677	0.4682	0.4087	1.7754	0.4646	0.4573

0.1697	0.4422	0.4585	0.4591	0.4015	1.8636	0.4557	0.4486
0.5455	0.5406	0.1783	5.5742	0.3943	1.951	0.4467	0.4398
0.5408	0.5359	0.5547	0.5544	0.3871	2.04	0.1807	0.4311
0.5362	0.5314	0.55	0.5497	0.5546	2.1282	0.5447	0.5354
0.5315	0.5268	0.5453	0.5451	0.3729	2.2165	0.5402	0.5309
0.5269	0.5223	0.5406	0.5404	0.8598	2.3047	0.5356	0.52648
0.5223	0.5177	0.536	0.5358	0.3587	2.3929	0.531	0.52204
0.5177	0.5132	0.5313	0.5312	3.6018	2.4811	0.5265	0.51762
0.5131	0.5087	0.5267	0.5266	0.4538	2.5693	0.522	0.51321
0.5085	0.5042	0.5221	0.52208	0.4502	2.6575	0.5175	0.5088
0.504	0.4997	0.5175	0.517	0.4466	2.7457	0.513	0.5044
0.4994	0.4953	0.5129	0.5129	0.443	2.834	0.5085	0.5001
0.4949	0.4908	0.5083	0.5084	0.4394	2.9222	0.5041	0.49571
0.4904	0.4864	0.5038	0.5038	0.43585	3.0104	0.4996	0.4913
0.4859	0.4819	0.4992	0.4993	0.4323	0.8538	0.4951	0.48701
0.4814	0.4775	0.4946	0.4948	0.4287	2.9192	0.4907	0.4827
0.4769	0.4731	0.4901	0.4903	0.4252	3.0074	0.4863	0.4783
0.4418	0.4343	0.4459	0.44212	0.2583	3.0956	0.4346	0.3159
0.4524	0.4448	0.4567	0.4528	0.2645	3.1838	0.4451	0.3235
0.4631	0.4553	0.4674	0.46341	0.2707	3.2721	0.4556	0.3312
0.4738	0.4657	0.4781	0.47407	0.2769	3.3603	0.466	0.3388
0.4844	0.4761	0.4889	0.4847	0.2832	3.4485	0.4765	0.3464
0.495	0.4867	0.4996	0.4954	0.2894	3.5367	0.487	0.354
0.5057	0.4971	0.5104	0.50602	0.2956	3.6249	0.4974	0.3616
0.336	0.5076	0.5211	0.5167	0.3018	3.7131	0.5079	0.3692
0.527	0.3371	0.5319	0.5273	0.308	3.8013	0.5184	0.5055
0.5377	0.5285	0.3531	0.538	0.3142	3.8895	0.5288	0.5157
0.5483	0.539	0.5533	0.357	0.3204	3.9778	0.5393	0.5259
0.559	0.5495	0.5641	0.5593	0.3266	4.066	0.3578	0.5361
0.4246	0.5599	0.5748	0.5699	0.3454	4.1542	0.5602	0.3555
0.4326	0.4252	0.4365	0.4328	0.3518	4.2424	0.4254	0.4305
0.4405	0.433	0.4445	0.4407	0.3582	4.3306	0.4332	0.4384
0.4484	0.4408	0.4525	0.4487	0.3647	4.4188	0.441	0.4463
0.4564	0.4486	0.4606	0.4566	0.3711	1.2786	0.4488	0.4542
0.4643	0.4564	0.4686	0.46456	0.3776	4.3277	0.4567	0.46207
0.4723	0.4642	0.4766	0.4725	0.384	4.4159	0.4645	0.47
0.4802	0.472	0.4846	0.4804	0.3904	4.5041	0.4723	0.4779
0.4881	0.4798	0.4926	0.4884	0.3969	4.5923	0.4801	0.4858
0.4961	0.4876	0.5006	0.4963	0.4033	4.6805	0.4879	0.4936
0.504	0.4954	0.5086	0.5042	0.3447	4.7687	0.4957	0.5015

Quadro - 3.20 (continuação)

0.0036	0.00348	0.003458	0.00344	0.003422	0.003455	0.003575
0.0101	0.0098	0.0096	0.0095	0.00932	0.0092	0.0091
0.0167	0.512	0.0158	0.4923	0.0152	0.0149	0.0147

0.0233	0.7112	0.4695	0.0215	0.4473	0.0206	0.4335
0.47925	0.4651	0.0282	0.58302	0.4331	0.0264	0.4152
0.47635	0.0351	0.435	0.4312	0.426	0.0321	0.669
0.5469	0.438	0.4293	0.42015	0.4114	0.4007	0.3934
0.4676	0.4536	0.0467	1.443	0.41	0.4064	0.40468
0.471	0.456	0.0529	0.4111	0.4061	0.402	0.4019
0.0628	1.9064	0.4211	0.6179	0.41057	0.4067	0.40597
0.4539	0.44024	0.4342	0.4285	0.423	0.0607	0.3823
0.4768	0.073	0.9035	0.4075	0.4025	0.3988	0.398
0.4585	0.44456	0.43839	0.4325	0.42689	0.0722	0.8989
0.44047	0.42721	0.42143	0.41591	0.4106	0.4066	0.4055
0.4807	0.46585	0.0899	0.39951	1.8141	0.3909	0.667
0.4672	0.4529	0.4464	0.4403	0.4344	0.0894	0.37503
0.45384	0.44	0.4339	0.428	0.4224	0.41787	0.4165
0.4406	0.4272	0.4214	0.4158	0.4105	0.4062	0.4051
0.1221	0.4146	0.409	0.40368	0.3986	0.3947	0.3938
0.4931	0.47767	0.4706	0.1181	0.38681	0.38324	0.3826
0.4842	0.4691	0.4623	0.45571	0.4494	0.118	1.2214
0.47541	0.4606	0.454	0.44758	0.4415	0.4363	0.3991
0.46662	0.45219	0.4457	0.4395	0.4336	0.4286	0.4269
0.4579	0.4438	0.4375	0.4315	0.4257	0.421	0.4194
0.4492	0.4354	0.6284	0.4235	0.41791	0.4134	0.412
0.4405	1.0378	0.4212	0.4155	0.4101	0.4058	0.4045
0.43185	0.4188	0.413	0.4076	0.4023	0.3982	0.3971
0.1814	0.41051	0.405	1.7586	0.3946	0.3907	0.3897
0.5308	0.5138	0.1764	3.6248	0.3869	0.3832	0.3824
0.5264	0.5095	0.5017	0.4942	0.1745	0.3757	0.375
0.52219	0.5053	0.49754	0.4901	0.483	0.1753	2.712
0.5176	0.5011	0.4934	0.4861	0.4791	0.4727	0.1774
0.5132	0.4969	0.4893	0.4821	0.4751	0.4689	0.4662
0.5089	0.4927	0.4852	0.4781	0.4712	0.465	0.4625
0.5045	0.4885	0.4811	0.4741	0.4673	0.4612	0.4587
0.5002	0.4843	0.477	0.4701	0.4634	0.4575	0.455
0.4959	0.4802	0.473	0.46612	0.4595	0.4537	0.4513
0.4915	0.476	0.46892	0.46213	0.4556	0.4499	0.4476
0.4872	0.4719	0.4649	0.4582	0.4518	0.4461	0.4439
0.4829	0.4678	0.4608	0.45424	0.4479	0.4424	0.4402
0.4786	0.4636	0.4568	0.4503	0.4441	0.4386	0.4366
0.3134	0.301	0.294	0.2874	0.281	0.2731	0.2674
0.3209	0.30822	0.3011	0.2943	0.2878	0.2796	0.2738
0.3285	0.3155	0.3082	0.3012	0.2946	0.2862	0.2802
0.336	0.3227	0.3152	0.30812	0.3013	0.2927	0.2867
0.3436	0.33	0.3223	0.315	0.30808	0.2993	0.2931
0.3511	0.3372	0.3294	0.3219	0.3148	0.30588	0.2995
0.3566	0.3444	0.3365	0.3289	0.3216	0.31244	0.3059
0.36621	0.3517	0.3435	0.3358	0.3284	0.319	0.31237
0.3737	0.3589	0.3506	0.3427	0.3351	0.3256	0.3188

0.3813	0.3662	0.3577	0.3496	0.3419	0.3321	0.3252
0.38883	0.37342	0.3648	0.3565	0.3486	0.3387	0.3316
0.3964	0.3807	0.3718	0.3634	0.3554	0.3453	0.3381
0.4192	0.40254	0.3932	0.3843	0.3758	0.3651	0.3575
0.3592	0.41006	0.4006	0.3915	0.3828	0.3719	0.3642
0.4348	0.3513	0.40792	0.3987	0.3898	0.3787	0.3708
0.44265	0.4251	0.3493	0.40584	0.39686	0.3855	0.3775
0.4505	0.4326	0.4226	0.3475	0.4039	0.3923	0.3842
0.45831	0.4401	0.4299	0.4202	0.3457	0.3992	0.3908
0.4661	0.44764	0.4373	0.4274	0.4179	0.406	0.3975
0.474	0.4552	0.44461	0.4345	0.4249	0.3473	0.4042
0.4818	0.4627	0.4519	0.4417	0.4319	0.4196	0.4108
0.4896	0.4702	0.4593	0.4489	0.4389	0.4264	0.3512
0.4975	0.4777	0.4666	0.45606	0.446	0.433	0.4242

3.3 Conclusão

No método proposto, foram utilizados vários níveis de encriptação.

1. Para identificar se a sequência original é um múltiplo de 3, prefixámos a sequência original com AAA, TTT, GGG, que aparece como um valor de borda na Fig. 3.3. A não ser que este valor seja conhecido, a parte sufixada e prefixada da sequência não pode ser eliminada da sequência não pode ser eliminada da mensagem original.

2. Os diagramas de Hasse com diferentes relações parcialmente ordenadas são utilizados para diferentes pares de números (a, b), $0 \leq a, b \leq 63$. Quanto maior for o número de relações parcialmente ordenadas utilizadas, mais difícil se torna a descodificação.

3. Fixámos um vértice como vértice-chave nos grafos e na Fig. 3.3, sem o qual a sequência original não pode ser decifrada corretamente. Estes gráficos geram circuitos C_n, com os números dispostos no sentido dos ponteiros do relógio. Se o vértice-chave não for conhecido, são necessários n! para adivinhar o vértice-chave.

4. A tabela final é enviada para o recetor sem os cabeçalhos das linhas e das colunas. A ordem pela qual as linhas e colunas são dispostas depende do gráfico da Fig. 3.3.

5. A tabela final enviada ao recetor é uma tabela baralhada. Se o número de arestas fixadas para a análise da tabela for n, então as restantes entradas da tabela podem ser baralhadas de ((64×64) - n)! formas. Se utilizarmos os valores da tabela, a probabilidade de decifrar esta parte da mensagem original é $\dfrac{1}{((64\times64)-n)!}$.

   Isto é verdade para todas as arestas fixas do diagrama de Hasse. Assim, a possibilidade de decifrar a mensagem original para estas arestas é $\dfrac{k}{((64\times64)-n)!}$, onde q é o número de arestas fixadas a

   partir do diagrama de Hasse no passo - 8.

6. Nos diagramas de Hasse enviados ao recetor, os números originais de 0 a 63 não são utilizados. Em vez disso, é utilizado um novo conjunto de números inteiros. Mesmo que na pior das hipóteses se adivinhem os 64 números inteiros, (sem conhecer a relação parcialmente ordenada), os números não podem ser dispostos no diagrama de Hasse. Isto requer um mínimo de 64! maneiras de adivinhar os números originais. Note-se que 64 números podem ser escolhidos de (Z - 64)! maneiras, onde Z é o conjunto de todos os números inteiros. Isto é altamente impraticável de ser adivinhado.

7. Cada um dos grafos M_1 , M_2 , ..., M_k enviados ao recetor representa os diagramas de Hasse. Até que isto seja conhecido, torna-se difícil.

A partir destas discussões, compreendemos que é quase impossível adivinhar a técnica de encriptação. À medida que o número de relações parcialmente ordenadas utilizadas aumenta, mais difícil é para qualquer pessoa decifrar o ADN original. Para a encriptação, é utilizada uma combinação de tabela e diagrama de Hasse. É difícil adivinhar as arestas que utilizam a tabela e as arestas que utilizam os diagramas de Hasse. Assim, concluímos que o método proposto é um dos melhores e mais seguros métodos disponíveis para encriptar qualquer sequência de ADN. Com isto concluímos o livro, na esperança de que este pequeno esforço abra caminho para uma melhor comunicação de qualquer sequência de ADN segura. O segredo da mensagem é mantido usando a chave gráfica. Esperamos que, no futuro, alguém desenvolva uma chave de grafo melhor, que seja inquebrável e que continue a ser a melhor durante décadas e acrescente mais uma pena às aplicações da teoria dos grafos.

Referências

1. Narsingh Deo, Graph theory with applications to computer science, PHI learning private limited, 2013.

2. M. K. Venkataraman, N. Sridharan e N. Chandrasekaran, Discrete mathematics. Chennai, The National Publishing Company, 2007.

3. https://mathworld.wolfram.com/.

4. https://en.wikipedia.org/wiki/Graph_labeling.

5. T. W. Haynes, S.T. Hedetniemi e P.J. Slater, Fundamentals of domination in graphs. Marcel Dekker, Inc., Nova Iorque, 1998.

6. http://www.brighthub.com/computing/enterprisecurity/articles/652 54.aspx.

7. https://www.genome.gov/genetics-glossary/Deoxyribonucleic-Acid.

8. https://www.biologyonline.com/dictionary/codon.

9. https://access.redhat.com/blogs/766093/posts/1976023.

10. chneier.com/essays/archives/1997/01/why_cryptography_is.html.

11. https://en.wikipedia.org/wiki/Claude_Shannon.

12. https://web.mit.edu/6.933/www/Fall2001/Shannon1.pdf

13. https://onlinelibrary.wiley.com/doi/epdf/10.1002/j.1538-7305.1948.tb01338.x.

14. https://en.wikipedia.org/wiki/Claude_Shannon.

15. https://en.wikipedia.org/wiki/Julius_Petersen.

16. Henry Martyn Mulder, Julius Petersen's theory of regular graphs, Discrete Mathematics 100, 157-175, (1992).

17. http://data.conferenceworld.in/ICSTM2/P1928-1938.pdf.

18. Shubham Agarwal, Anand Singh Uniyal, Prime weighted graph in cryptographic system for secure communication, International

Journal of Pure and Applied Mathematics, 105 (3), 325 - 338, (2015).

19. Yishu Wang, Ye Yuan, Yuliang Ma, Guoren Wang, Gráficos dependentes do tempo: Definições, aplicações e algoritmos, Ciência e Engenharia de Dados, 4, 352-366, (2019).

20. http://mathshistory.standrews.ac.uk/Biographies/Kruskal_Joseph.html.

21. https://en.wikipedia.org/wiki/Minimum_spanning_tree.

22. S. Sumathy, B. Upendra Kumar, Secure key exchange and encryption mechanism for group communication in wireless Ad hock networks, International Journal on Applications of Graph Theory in Wireless Ad Hock Networks and Sensor Networks (Graph-Hoc), 2 (1), 10 - 16, (2010).

23. Wael Mahmoud Al Etaiwi, Encryption algorithm using graph theory, Journal of scientific research and report, 3(19), 2519 - 2527, (2014).

24. Uma Dixit, Cryptography a graph theory approach, International Journal of Advance Research in Science and Engineering, 6 (1), 218 - 221, (2017).

25. Najlea Falah Hameed Al Saffar, Sistema de criptografia de chave pública baseado na teoria dos grafos, Journal of Engineering and Applied Sciences, 14 (1), 219 - 223, (2019).

26. Parijit Kedia, Sumeet Agarawal, Encryption using Venn diagrams and graphs, International Journal of Advanced Computer Technology, 4 (1), 94 - 99, (2015).

27. https://www.sccs.swarthmore.edu/users/10/mkelly1/rsa.pdf.

28. https://en.wikipedia.org/wiki/RSA_(cryptosystem).

29. https://my.eng.utah.edu/~nmcdonal/Tutorials/EncryptionResearchReview.pdf.

30. https://people.csail.mit.edu/rivest/Rsapaper.pdf.

31. Sadhu Narayana Naidu, Itha Aravinda Kousik, SumaiyaThaseen, Partilha segura de dados utilizando um algoritmo, nomeadamente o KAN, International Journal of Innovative Technology and Exploring Engineering, 8 (9), 2960 - 2966, (2019).

32. V. Kala Devi, K. Marimuthu, Uma nova técnica de encriptação utilizando a dimensão métrica de desvio, Journal of Informatics and Mathematical Sciences, 9 (3), 949 - 955, (2017).

33. https://www.researchgate.net/publication/1956813_Secret_Sharin g_for_nColorable_Graphs_with_Application_to_Public_Key_Cry ptography.

34. Awni M.Gaftan, Akram S. Mohammed, Osama H. Subhi, Criptografia utilizando polinómios de Hosaya para grupos gráficos de modulen inteiros e grupos diedros com propriedade de imersão, Ibn Al-Haitham Jour. for Pure & Appl. Sci., 13 (3), 151 - 159, (2018).

35. CH. Suneetha, D. Sravan Kumar, A. Chandra sekhar , A block chiper using graph structures and logical XOR operation, International Journal of Computer Applications, 33 (7), 6 - 10, (2011).

36. P. Amudha, A.C. Charles, Sagayaraj, A.C. Shantha Sheela, An application of graph theory in cryptography, International Journal of Pure and Applied Mathematics, 119 (13), 375 - 384.

37. https://searchsecurity.techtarget.com/definition/elliptical-curve-cryptography.

38. https://www.ams.org/journals/mcom/1987-48-177/S0025-5718-1987-0866109-5/S0025-5718-1987-0866109-5.pdf.

39. https://www.scribd.com/document/62790332/Review-of-Cryptanalysis-of-Elliptic-Curve-Cryptography.

40. https://www.researchgate.net/publication/221355411_Use_of_Elli
    ptic_Curves_in_ Cryptography.

41. Shraddhali N. Patil, Dhanashree H. Parab, Akshay Nambly, Linda
    Mary John, Encriptação de mensagens utilizando notas musicais
    por algoritmo genético, Revista Internacional de Investigação em
    Aplicações e Gestão de Engenharia, 3 (1), 63 - 66, (2017).

42. https://www.genome.gov/genetics-glossary/Codon.

43. https://mathshistory.st-andrews.ac.uk/Biographies/Hasse/.

44. https://www.degruyter.com/document/doi/10.1515/crll.1923.152.1
    29/html?lang=de.

I want morebooks!

Buy your books fast and straightforward online - at one of world's fastest growing online book stores! Environmentally sound due to Print-on-Demand technologies.

Buy your books online at
www.morebooks.shop

Compre os seus livros mais rápido e diretamente na internet, em uma das livrarias on-line com o maior crescimento no mundo! Produção que protege o meio ambiente através das tecnologias de impressão sob demanda.

Compre os seus livros on-line em
www.morebooks.shop

MIX
Papier aus verantwortungsvollen Quellen
Paper from responsible sources
FSC® C105338

FSC
www.fsc.org

Printed by Books on Demand GmbH, Norderstedt / Germany